Die verborgenen Spielregeln des Universums

Band II:

Wie die Welt wirklich funktioniert

Wir müssen die Zukunft wohl neu denken

Zu diesem Buch:

Spiele bestehen in der Regel aus zwei Dingen, aus der „Hardware" wie Spielkarten oder dem Spielplan mit den Spielsteinen und aus der „Software", den Spielregeln. Nachdem der Wissenschaftler Dr. Michael Harder im Band I dieser Reihe „Die verborgenen Spielregeln des Universums" mit der Weiterentwicklung von Einsteins Allgemeiner Relativitätstheorie eine neue Sicht auf die Hardware der Welt formuliert hat, geht es in diesem Band II nun um etwas noch Wichtigeres, es geht nun um unser reales Leben auf diesem Planeten und um die Gesetze, die es bestimmen.

Was ist also Leben? Welche Spielregeln hat die Natur für unsere Welt und unser Leben vorgesehen? Und was hat das mit all den Krisen zu tun, die wir gerade erleben?

In seiner Suche stößt der Autor auf die vier Gesetze der Zeit, mit denen gleichzeitig ein grundlegender Dualismus offen in Erscheinung tritt. Es ist der Dualismus von Ordnung und Chaos, der in eine Welt führt, in der Logik und Beweisbarkeit in den Hintergrund treten. Es sind nun ganz andere, nämlich die Spielregeln der komplexen Systeme, um die die Physik gerne einen großen Bogen macht, die aber den Lauf und die Lebendigkeit der Welt und damit unser aller Leben bestimmen und prägen. Und erst, wenn wir endlich diese Spielregeln der Natur erkennen und akzeptieren, werden wir die Krisen und die Komplexität der modernen Welt meistern können.

Denn genau darum geht es jetzt: wenn wir unsere Art des Lebens erhalten wollen, müssen wir dringend herausfinden, wie die Welt wirklich funktioniert.

Zum Autor:

Der Naturwissenschaftler Dr. Michael Harder gehört zu den wichtigen interdisziplinären Wissenschaftlern in Deutschland. Nach seinem physikalisch-chemischen Studium in Kiel promovierte er 1980 in Chemie mit Nebenfach Wirtschaftswissenschaften, arbeitete dann in der BASF AG an der Forschung und Entwicklung von Datenträgern und wechselte schließlich zur Leitung eines systemischen Beratungsbüros für Umweltfragen in Freiburg. Zwischenzeitlich gehörte er zur Endauswahl der Wissenschafts-Astronauten der D2-Mission.
Nach einem familienbedingten Rückzug ins Privatleben gründete er 2002 das Büro für Interdisziplinäre Wissenschaften in Staufen. Seitdem forscht er interdisziplinär nach den Zusammenhängen der einzelnen wissenschaftlichen Fachbereiche. Er ist Autor von Fachbüchern wie „Einsteins Irrtümer" und „Physiconomics" und hält u.a. Vorträge zu fundamentalen Fragen im Grenzbereich von Physik und Ökonomie.

Michael Harder

Die verborgenen Spielregeln des Universums

Band II:

Wie die Welt wirklich funktioniert

Für Sven und Jannis

2. überarbeitete Auflage Oktober 2022
Herstellung und Verlag: BoD - Books on Demand, Norderstedt
© 2022 Michael Harder
ISBN 9-783756-834594

Bibliografische Information der Deutschen Nationalbibliothek
Die deutsche Nationalbibliothek verzeichnet diese Publikation in der
Deutschen Nationalbibliografie; detaillierte bibliografische Daten sind im
Internet über http:/dnb.de-nb.de abrufbar.

Inhalt

Seite

Teil 2: Die Wissenschaft von der Lebendigkeit: Komplexe Systeme

Teil 3: Der Umgang mit Komplexität und Instabilität

Anmerkungen zu diesem Buch

In meinem Bemühen, die Welt noch während meiner Lebenszeit besser zu verstehen und sie mit wachen Augen zu sehen, folgt nach einer neuen Antwort auf die Frage, woraus denn unsere Welt überhaupt besteht, nun die Suche danach, welche Spielregeln die Natur für uns vorgesehen hat. Mit den Ergebnissen dieser Suche bin ich heute so zufrieden, dass ich vorerst nicht mehr vorhabe, ein weiteres wissenschaftliches Buch zu schreiben.

Meine Arbeiten zu diesem Buch bestanden darin, so viele wissenschaftliche Puzzleteile wie möglich zu sammeln ... und dann daraus ein Bild zu schaffen, in das alle weiteren Puzzleteile hineinpassten. Um dann endlich vor den Gesetzen unseres Daseins zu stehen – wie auch vor den Aufgaben, die sich in dieser modernen Zeit mit ihren Krisen und Verwirrungen daraus ergeben und die es anzugehen gilt.

Diese Arbeiten waren nicht einfach. Neben meinen eigenen Büchern wie „Einsteins Irrtümer", „Physiconomics" oder dem Band I dieser Reihe mit dem Untertitel „Woraus die Welt wirklich besteht" wurden viele andere Informationen aus Gesprächen und Internet zur Quelle des Verstehens – wie auch manche Bücher, die ich hier nennen möchte. Insbesondere waren es die Werke „Lebensnetze" von Fritjof Capra, „Eros, Kosmos, Logos" von Ken Wilber, „Chaos im Universum" von Joachim Bublath, „Die Entdeckung des Chaos" von John Briggs und David Peat, „Die Erfindung der Natur" von Andrea Wulf und „Erfolgreiches Management von Instabilität" von Peter Kruse. Ich danke hiermit allen weiteren Denkern und Schreibern, männlich wie weiblich, deren Wissen in dieses Buch eingeflossen ist, auch wenn ich sie nicht immer explizit zitieren kann oder nicht mehr sagen kann, wo ich deren Puzzleteile aufgeschnappt hatte.

Was Sie hier in diesem Buch über die Grenzen der Logik, über logische Inseln in einem Meer von Wahrscheinlichkeiten und Unentscheidbarkeiten, über komplexe und chaordische Systeme und den Dualismus (statt Monismus) unserer Welt, über Evolutions- und Spieltheorie, über die Gesetze von Leben und Lebendigkeit, über Heterarchie und den Umgang mit der Überforderung durch Instabilität und zu hohe Komplexität lesen werden, soll Sie nun – das war mein zusätzliches Bemühen – in Form einer Reise der Erkenntnisse fesseln. Um dann am Schluss der Natur einmal selbst zuzuhören. Ich wünsche Ihnen dafür jetzt recht viele Aha-Erlebnisse.

Dr. Michael Harder, im September 2022

Danksagung

An dieser Stelle möchte ich mich ganz besonders bei meinem Sohn Sven sowie bei Lydia Brändlin und Michael Heller bedanken, die mir beim Lektorieren dieses Buches sehr geholfen haben.

Für mein Vorhaben, herauszufinden und Ihnen dann auf den nächsten 246 Seiten zu erklären, wie – es ist natürlich meine Lösung – die Welt wirklich funktioniert, stand ich schnell vor einem grundsätzlichen wissenschaftlichen Problem: Ich musste erkennen, dass die etablierte Physik, ja sogar die gesamte logizistische Naturwissenschaft dafür nur bedingt geeignet ist, weil sie den Prozess des Lebens, also lebendige Systeme und deren Abläufe, weitgehend ausklammert.

So werde ich Sie nun genau in den Bereich der Wissenschaften mitnehmen, der von ihr gerne gemieden wird. Kurz gesagt: Wir gehen auf eine Reise in die dunklen Tiefen der Wissenschaft, um herauszufinden, welche Naturgesetze in der Welt die wirklich wichtigen sind … damit wir als Menschen unsere Existenz auf diesem wunderbaren Planeten nicht nur verstehen, sondern auch – ich drücke mich hier vorsichtig und hoffnungsvoll aus – mit diesem Verständnis lernen, wie wir mit ihm umzugehen haben. Denn, wie ich Ihnen zeigen werde, so viel Zeit haben wir nicht mehr dafür.

Bei der Lektüre werden Sie schnell erkennen, dass ein rein logisches Vorgehen, das im Band I dieser Reihe erfolgreich funktionierte und zur Erkenntnis führte, dass – alles spricht dafür – unsere Welt physikalisch aus Wirkung besteht (und daraus ihre Dynamik resultiert), nun seine Grenzen erlebt. Immer wieder werden nun neben logischen Schlussfolgerungen auch subjektive Einschätzungen von mir dort auftreten, wo aus ganz natürlichen Gründen Beweisbarkeiten nicht mehr möglich sind.

Subjektive Einschätzungen sind in den Naturwissenschaften allerdings „non grata". Intuitive Schlussfolgerungen und Spekulationen, so begründet sie sein mögen, werden in der Regel als unwissenschaftlich abgetan. Wie ich Ihnen zeigen werde, ist dies aber, wollen wir den wirklich wichtigen Gesetzen der Natur nahekommen, unumgänglich.

Um es ganz einfach zu sagen: Es liegt in der Natur der Sache!

Das ist denn auch der Grund dafür, dass die wirklichen Spielregeln der Natur bisher in der Wissenschaft kaum Beachtung gefunden haben – und es Mittel braucht, die selten sind: Interdisziplinäres Denken und analytische Gedanken zur **Komplexität der Natur**. Gedanken, die – wie eben schon gesagt – nicht immer logisch, sondern zwangsläufig auch subjektiv und intuitiv sein werden und ein komplexes Denken erfordern.

Ich hoffe nun, ich kann mit meinen Gedanken und Ergebnissen, die ich in diesem Buch schildere, ein wenig dazu beitragen, dass wir die Welt und unser Leben besser verstehen … und verantwortungsvoller damit umgehen. Eine moralisierende Ethik, auch das werde ich Ihnen zeigen, reicht dafür nicht aus.

Teil 1

Grundlagen

Where is the wisdom we lost in knowledge?
Where is the knowledge we lost in information?

T.S. Eliot

I think the next century will be the century of complexity.

Stephen Hawking

1. Der Tipping Point und seine Folgen

1. 1. Ist die Welt ver-rückt geworden?

Selbst wir Wissenschaftler verstehen die Welt nicht mehr. Wir leben in einem nie da gewesenen Wohlstand und sind doch damit überfordert. **Wir sind überfordert** von Klimafragen, von einem Virus namens SARS-Cov-2, von einem Finanz- und Wirtschaftssystem, das längst an seine Grenzen gekommen ist, von Juristen, die immer neue Geschäftsbedingungen, Vorschriften und Richtlinien ausarbeiten, von religiösen und ethnischen Konflikten, von einer zunehmenden Gesinnungsethik und Cancel Culture, in der der „korrekte" Gebrauch von Worten von denen intolerant kontrolliert wird, die Toleranz gegenüber jeder Andersartigkeit und Identität fordern.

Wir überfordern uns mit Geschlechterfragen, wir überfordern unsere Gesellschaft mit dem Ruf nach Freiheit und Gleichheit, nach Selbstverwirklichung und Rollenmodellen, die dysfunktionale Familien hinterlassen, wir sind überfordert von immer mehr künstlicher Intelligenz, an die wir uns als Menschen anpassen (müssen), vom technischen Fortschritt, der uns nicht mehr zur Ruhe kommen lässt, von einer Flut von Informationen nicht nur aus dem Internet oder von den Medien, die gerne Alarmstimmungen verbreiten, und von einer Welt, in der jeder kleinste Winkel längst kartiert und von Satelliten aufgenommen und ökonomisch globalisiert ist. Wir leben in einer Welt, in der man sich kaum noch zurückziehen kann, in der wir die Natur Zug um Zug „vermüllen" und zerstören und in der kaum noch Abenteuer möglich sind, weil fast alles reguliert ist. Wir sind überfordert von einer Zukunft, die eher Dystopie statt Verheißung ist. Und wir trauen den Politikern nicht mehr zu, dass sie dieses Dilemma lösen werden.

Die Welt ist offensichtlich verrückt ... und es ist uns alles zu viel geworden. Das war doch früher nicht so. Was ist passiert?

Als ich das erste Mal über diese lange Liste der Überforderungen nachdachte, kam mir schnell der Gedanke, **dass es nicht die Welt ist, die verrückt geworden ist, sondern dass wir Menschen selbst es sind, die (uns) die Welt verrückt gemacht haben.** Dass wir es sind, die sich mit dem überfordern, was wir selbst geschaffen haben. Und damit sind wir bei uns.

Ist der Mensch nun doch – wie Arthur Koestler es einst formulierte – ein Irrläufer der Evolution, zu intelligent, um die Welt so zu lassen, wie sie ist, und zu dumm, mit ihr verantwortungsvoll umzugehen? Müsste es also besser Homo Sapiens Inciens heißen (inciens = nichtwissend)? Irgendetwas läuft jedenfalls falsch. Aber was?

Den **ersten** wichtigen, wenn auch etwas desillusionierenden Ansatzpunkt für meine weiteren Arbeiten fand ich beim altrömischen Philosophen Seneca, der vor etwa 2000 Jahren sagte:

„Wo die Natur nicht will, ist die Mühe umsonst.“

Vom Beherrschen der Natur ist schon damals im Altertum keine Rede.

Stattdessen heißt es: Man kann grundsätzlich nicht gegen die Natur gewinnen! So lautet denn auch in meinen Vorträgen die allererste Erfolgsregel:

Es ist einfacher, im Leben mit den Gesetzen der Natur erfolgreich zu sein als gegen sie.

Verstoßen wir etwa gegen Naturgesetze? Ist das der Grund für unsere Überforderung? Wenn ja – und alles spricht dafür – müssen wir dringend herausfinden, wie die Welt funktioniert, und zwar wirklich funktioniert. Welche Spielregeln also wirklich in ihr gelten.

Damit komme ich zu meinem **zweiten** Ansatzpunkt, zu den Ergebnissen meiner Arbeiten zum Buch „Physiconomics“. Dort kam ich zur Erkenntnis, dass sich die Spielregeln der Welt und damit unsere Erfolgsregeln vor etwa 20 Jahren, also um das Jahr 2000, komplett geändert haben. Sie haben sich aber nicht nur geändert, sondern sogar **um 180 Grad gedreht!** Das ist denn auch das wichtigste Ergebnis meiner interdisziplinären Forschung:

Vor etwa 20 Jahren haben sich in der Welt die „Spielregeln“ grundlegend geändert, ohne dass es bemerkt, geschweige denn beachtet wurde.

Und so konnte bis heute darauf nicht angemessen reagiert werden. Wie ich bei meinen Diskussionen mit führenden Vertretern der Wirtschaft feststellen muss, erlebe ich dort als wissenschaftlicher Autor und Vortragsredner eine Welt, in der man versucht, mit veralteten Strategien erfolgreich zu sein, ohne zu bemerken, dass die alten Erfolgsregeln schon seit einiger Zeit nicht mehr gelten. So macht man weiter, ohne sich um eine Einsicht in die wirklich wichtigen Naturgesetze zu kümmern.
Erst jetzt beginnt man auch dort zu spüren, dass wir manches (oder vieles?) ändern müssen, weil wir sonst sogar als Gesellschaft, als Ganzes scheitern könnten – man redet sogar von einem „Great Reset“. Aber was müssen wir ändern? Und ist es dringend?

Die Antwort fand ich beim **dritten** Ansatzpunkt, bei Bruno Latour.

1.2.   Bruno Latour: Die Natur macht ernst

„In Wirklichkeit leben wir nicht im Anthropozän, sondern im Kapitalozän."

Harald Lesch, Physiker

Der französische Soziologe **Bruno Latour** hat etwas erkannt, was eigentlich jedem Systemanalytiker aufgefallen sein sollte (und wohl meist auch ist) und was auch nicht neu sein dürfte, nämlich dass unsere Erde, unser System, nicht mehr groß genug ist für uns alle. Uns kommen – einfach gesagt – die Lebensgrundlagen abhanden.

Die Stichworte sind Bodenerosion, Ressourcenknappheit und Habitatzerstörung. Anders als andere Vordenker geht Latour aber noch weiter.

Er erkennt, dass die Natur seitdem **ihre Rolle** drastisch geändert hat und sagt diesen Satz:

Die Natur, die über Jahrhunderte behandelt wurde, als wäre sie ein verlässlicher Unter- und Hintergrund, wird selbst zum mächtigen politischen Akteur.

Als ich diesen Satz für mich „übersetzte", fiel es mir wie Schuppen von den Augen:

Aus „Mother Earth" ist „Planet Earth" geworden.

Die Natur, dieser bisher so freundliche Lieferant für unsere Lebensweise, ist zu einem mächtigen Gegenspieler avanciert, der uns nun – bleiben wir bei unserem Verhalten – teuer bezahlen lässt. Denn die Natur ist erschöpft. Und damit ändern sich die Rollen elementar: Aus dem geringgeschätzten Lieferanten ist aus der Knappheit heraus ein mächtiges Gegenüber geworden, mächtiger als wir selbst.

Bruno Latour   *1947

Die im Übermaß strapazierte und erschöpfte Natur beginnt, sich unserem Wirtschaftssystem und unserem Raubbau mangels Masse zu verweigern und zeigt uns nun, wie sehr unsere Existenz von ihr abhängt … und Stück für Stück, aber unaufhaltsam, zerbricht unsere Illusion, dass wir die Natur beherrschen. Kurz gesagt:

Die Natur ist vom Freund zum mächtigen Gegenspieler geworden!

Wir Menschen sind seit Beginn der Sesshaftigkeit auf der Suche nach Wissen, um uns vor allem „die Natur zu unterwerfen" oder – eine andere Anwendung – um im Wettbewerb innerhalb unserer Spezies erfolgreich zu sein. Es ging uns bisher nicht um das Verstehen der Natur, sondern um ihre Beherrschung und um das, was amerikanische Manager als „to make money" bezeichnen.

15

Es ging uns dabei selten um Weisheit, um Erkenntnisse zum Wesen und zum verständnisvollen Umgang mit der Natur.

Jahrhundertelang ging das ja auch ohne großes Drama. Die Welt war groß genug und die Natur bisher äußerst spendabel. Je mehr man sie ausbeutete, desto mehr Erfolg hatte man. Aber genau das ist es, was sich jetzt ändert, übrigens zum ersten Mal in der Geschichte der Menschheit. Nun ist die Welt nicht mehr groß genug, und wenn wir bisher vielleicht glaubten, wir wissen genug über die Natur und haben sie mit unseren Technologien und Innovationen im Griff, dann zwingt uns jetzt die Natur zur Einsicht, dass das die ganze Zeit eine völlige Illusion war.

Es ist die Macht, die sich nun verschoben hat, von uns hin zur Natur.

Und wir beginnen zu spüren, dass wir uns viel zu sehr mit den Naturgesetzen beschäftigt haben, die uns Erfolg brachten. Weisheiten? Haben wir gerne ignoriert: Zu wenig Nutzen, zu kompliziert, zu komplex.

Aber jetzt, da unser Planet zu klein für uns geworden ist, brauchen wir sie. Und zwar dringend, wie ich Ihnen zeigen möchte. Wir stehen nämlich – seit die Natur sich wehrt – vor der Systemfrage unseres Lebens, unserer ökonomisierten Gesellschaft. Das ist für mich ein Teil des **Dramas der Moderne.** Auf diese Weise sind wir zu einem modernen **Sisyphos** geworden.

So schaffen wir es seit langer Zeit, mit unserem Energieeinsatz und all unseren Fähigkeiten und technischen Mitteln einen Felsbrocken gegen die Naturgesetze einen Berg hinauf zu rollen – und waren damit bisher (!) sogar ziemlich erfolgreich. So machen wir auf vertraute Art weiter – es ging doch – und haben nicht bemerkt, dass der Berg irgendwann zu steil geworden ist. Schon ein kleiner Schritt weiter, und es kann passieren, dass unsere Kräfte nicht mehr ausreichen … und der Fels uns überrollt (s. Abbildung).

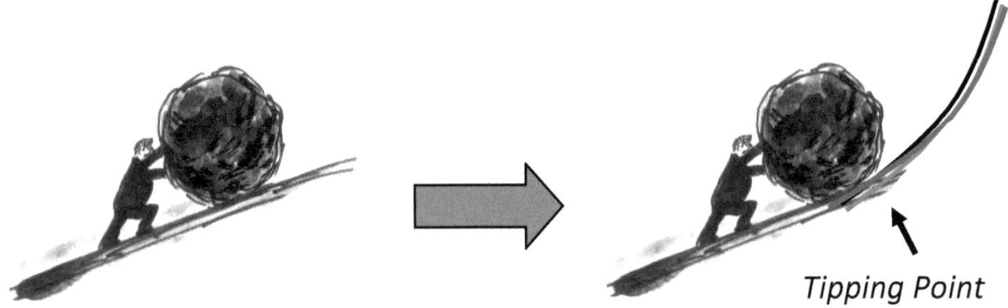

Die Gesellschaft des modernen Menschen in der Rolle des Sisyphos. Wir sind an einem Punkt (Tipping Point) angekommen, an dem der Berg zu steil wird. Die „Spielregeln" ändern sich jetzt. Wir müssen jetzt lernen, die Naturgesetze zu respektieren.

1.3.   Der Tipping Point

Wir waren jene, die wussten, aber nicht verstanden, voller Informationen, aber ohne Erkenntnis, randvoll mit Wissen, aber mager an Erfahrung. So gingen wir, von uns selbst nicht aufgehalten.
Roger Willemsen

Latours Satz lässt als einzigen Schluss zu, dass es irgendwann in letzter Zeit einen konkreten Zeitpunkt gegeben haben muss, an dem sich die Rolle der Natur und damit die „Spielregeln" unserer Welt komplett verändert haben (s. auch Abbildung oben). Ich benutze dafür bei Vorträgen gerne den Begriff „Tipping Point". Der Ausdruck Tipping Point (oder auch Kipp-Punkt) bezeichnet laut Wikipedia einen Punkt oder Moment, an dem eine vorher recht eindeutige Entwicklung mit bekannten Gesetzmäßigkeiten sich plötzlich ändert und entweder abbricht, die Richtung wechselt oder stark beschleunigt wird.

Ein beliebtes Beispiel ist die Kaffeetasse auf dem Schreibtisch, die sich unaufhörlich auf die Tischkante zubewegt. Eben schien noch alles in Ordnung … und dann fällt sie plötzlich hinunter. Es gibt aber auch andere Mechanismen. Denken Sie an einen Kanuten, der gemütlich auf einem Fluss paddelt, alles ist entspannt und schön, bis er plötzlich von einer leichten Strömung erfasst wird, die immer stärker wird und ihn schließlich unausweichlich in eine Stromschnelle treibt. Der Kanute braucht jetzt eine völlig andere Technik, die Regeln haben sich komplett geändert.

Das ist das Beispiel, das ich an dieser Stelle bevorzuge. Bei komplexen Systemen, wie es unsere Gesellschaft in Abhängigkeit von der Natur darstellt, ist es nämlich oft ähnlich. So kann es geschehen, dass ein Tipping Point überschritten wird, ohne dass es besonders deutlich wird. Die Strömung wird **langsam** stärker, die Systemumgebung ändert sich **schleichend** und damit kaum merkbar. Und das System selbst läuft scheinbar unbeeindruckt weiter, bis dann plötzlich die Stromschnelle da ist und heftigst zupackt und das System, ist es darauf nicht vorbereitet, irgendwann plötzlich ganz oder teilweise zusammenbricht. Anders als bei der Kaffeetasse war hier der Tipping Point leicht zu übersehen. Aber er war da. Erfahrene Kanuten kennen das.

Bei meinen Arbeiten zur Physik der Ökonomie (= **Physiconomics**) zeigte es sich z.B., dass es im ökonomischen Umfeld etwa um das Jahr 2000 einen derartigen Tipping Point gab, auch wenn der Systemeinbruch noch auf sich warten lässt. Zu diesem damaligen Zeitpunkt änderten sich komplett die Spielregeln für das Geld- und Finanzsystem und die globale Ökonomie. Die ökonomischen volkswirtschaftlichen Regeln hatten sich tatsächlich sogar um 180 Grad gedreht, wie ich Ihnen später noch in diesem Buch genauer zeigen möchte.

17

Dieselben Strategien, die eben noch Erfolg und Wohlstand brachten, begannen nun daran zu zehren. Das kann man **dramatisch** nennen.

Denn dasselbe Vorgehen, das bis dahin den Unternehmen und der Gesellschaft in der Vergangenheit Erfolg brachte, droht nun, das Gesamtsystem (in dem die Unternehmen agieren) zum Absturz zu bringen. Als wichtigste Ursachen fand ich übrigens eine Entkoppelung von Realökonomie und Geldmenge und das Festhalten am Wachstumsdogma in einer ökologisch überforderten und begrenzten Welt, basierend auf unserem Schuldgeldsystem.

Und doch machen wir mit denselben Narrativen weiter wie bisher. Die Globalisierung, der globale Wettbewerb, das Wachstumsdogma – alles läuft scheinbar unbeeindruckt weiter. Wir versuchen es mit einer Eurozone, die nicht funktioniert, mit einer zentralistischen EU-Bürokratie, die immer neue Regeln einführt und vor allem für die Großindustrie da ist und müssen leider all die Auswirkungen beobachten: Es gibt kaum noch Produktivitätssteigerungen, die Löhne stagnieren, und zusammen mit der zunehmenden Überbevölkerung sind Vermüllung und Artensterben die Folge. Es sind die Wirtschaft und die Finanzen, die im Mittelpunkt unserer Anstrengungen stehen – der Mensch an sich und die Natur sind nur noch Mittel zum Zweck.

Ich nenne das die Ökonomisierung und Finanzialisierung der Welt.

Das Eigenartige ist: Niemand scheint diese Wende der Spielregeln, das Scheitern der alten Narrative, die wirklichen Mechanismen dieses Tipping Points registriert zu haben! Bis heute favorisieren Politik, Unternehmen und Medien trotz Club of Rome oder Fridays for Future unbeirrt immer noch die veralteten Erfolgsrezepte. Auch wenn man langsam dabei verzweifelt oder als Ausweg planwirtschaftliche Globalrezepte wie einen „Great Reset" diskutiert, hält man am Wachstumsgedanken fest. Getreu dem Motto: Früher hat es ja funktioniert, warum soll das nicht so weitergehen?

Was bisher aber nicht gesehen wird und was mir auch erst spät auffiel, ist eine Erkenntnis, die weit über die Bedeutung hinausgeht, die ich bisher dem Tipping Point zugeordnet hatte. Sie lautet:

Wir leben schon jetzt in einem neuen Zeitalter.

Wir haben es bloß noch nicht bemerkt.

1.4.   Das Ende der anthropogenen Herrschaft

Nun, da wir langsam erkennen, dass die Welt zu klein für uns alle ist, dass diese Welt bis in den letzten Winkel ökonomisch und geografisch erschlossen ist und strapaziert wird, hat sich auch unser eigenes Leben um 180 Grad geändert, auch wenn wir es nicht gerne so drastisch formulieren. Aber die Zeiten, neue und unbekannte Gebiete zu erschließen, oder die Zeiten der großen unbeschwerten Abenteuer und leichtfertigen Möglichkeiten und des nachdenkfreien Genusses von Flugreisen, Autofahrten, Fleisch, Wirtschaftswachstum etc. etc., diese Zeiten sind unwiederbringlich vorbei. Wir werden uns stattdessen der Grenzen unseres Lebens bewusst und diskutieren zumindest hier in Deutschland allerorten und betroffen über das, wie wir es verstehen und was wir tun können. Und es nimmt uns die Leichtigkeit, raubt uns die Lebensfreude. Das ist unser persönlicher Tipping Point, den wir täglich spüren – und er hinkt zeitlich dem ökonomischen etwas nach.

Es ist aber viel mehr, was gerade geschieht. Es ist nicht nur individuell, es ist global.

Wir selbst spüren es, und ich bin überzeugt, es ist real: Wir erleben alle gerade den **Beginn eines neuen Zeitalters.** Etwas Neues beginnt.
Denn mit der Verschiebung der Macht hin zur Natur und ihrer Rollenänderung verändert sich nun **auch unsere Rolle.** Unsere anthropogene Herrschaft über die Natur ist ein Auslaufmodell und eigentlich schon jetzt vorbei. Wir Menschen haben uns – wie es schon Arthur Koestler (s.o.) vermutete – als Dilettanten erwiesen. So erleben wir nun eine Welt, in der ab jetzt die Natur das Sagen hat. Es fragt sich nur, ob wir bereit dazu sind und es hören wollen.
Sie haben sicherlich schon mal den Witz gehört, wie sich zwei Planeten unterhalten. Und der eine zum anderen sagt: „Du siehst gar nicht gut aus! Was ist los?“, und der andere antwortet: „Ich habe Homo Sapiens“. Worauf der erste Planet sagt: „Kenne ich, das geht bald vorbei.“ Was ich damit ausdrücken möchte: Die Natur kennt keine Moral, unser Planet nimmt keine Rücksichten auf uns Menschen, er kommt auch ohne uns aus. Es sind wir Menschen, die für uns sorgen müssen, mit den Regeln der Natur – und nicht gegen sie. Und wir müssen uns dessen klar werden: **Das Zeitalter der anthropogenen Herrschaft ist seit dem Tipping Point Geschichte.**

Was hat uns in dieses Dilemma gebracht? Was war das alte Zeitalter? Descartes z.B. sagte stellvertretend im „alten Denken“ für viele: „Die Menschen sind die Herren und Besitzer der Natur“. So beackerte der Mensch Felder, rodete Wälder und schuf ordentliche Dörfer und Städte, scheinbar wüste Wildnis wurde in liebliche und fruchtbare Landschaften verwandelt. Wildnis war deformiertes Chaos und wurde in Ordnung verwandelt. Es war schließlich – lange nach Seneca – **Alexander von Humboldt**, der in der westlichen Welt inständig warnte, dass man die Natur zu achten, ihre Kräfte und Verknüpfungen zu studieren habe und die natürliche Welt nicht nach Belieben zu seinem eigenen Vorteil verändern könnte. Er erkannte auf seiner Reise zum Orinoco, dass die Menschen die Macht haben, die Umwelt zu zerstören und die Folgen katastrophal sein können, dass wir der Natur unsere unzureichende, vom Verstand geprägte Ordnung aufzwingen – statt umgekehrt.

<table>
<tr><td>

Das alte Zeitalter der anthropogenen Herrschaft

Die Natur hat alle die Geschöpfe um der Menschen willen geschaffen (Aristoteles).

Alle Dinge sind zum Nutzen der Menschen gemacht (Carl von Linné).

Seid fruchtbar und mehret euch und füllet die Erde und machet sie euch untertan und herrschet … über alles Getier … (Bibel).

Die Menschen sind die Herren und die Besitzer der Natur (Descartes).

</td><td>

Das neue Zeitalter der anthropogenen Demut

Wo die Natur nicht will, ist die Mühe umsonst (Seneca).

Nature cannot be fooled (Richard Feynman).

Der Mensch kann auf die Natur nicht einwirken, sich keine ihrer Kräfte aneignen, wenn er nicht die Naturgesetze nach Maß und Zahlverhältnis kennt (Alexander v. Humboldt).

Die Natur ist mächtiger als wir Menschen. Wir sind Teil von ihr und unterliegen ihren Gesetzen.

</td></tr>
</table>

Die Schlussfolgerung aus dieser Diskussion sollte nun klar sein: Wenn wir unsere Krisen meistern wollen, müssen wir die Natur mit ihren Gesetzen viel ernster nehmen. Nach vielen Jahren der Forschung bin ich daher heute der festen Überzeugung, dass es ein **Übersehen von elementaren Naturgesetzen** ist, das für **fast alle** Krisen unserer Moderne (s. Kapitel 1) verantwortlich ist. Stimmt das, dann ist das auch die grundlegende Ursache für unser Dilemma: Wir haben uns zu wenig um die wirklichen Gesetze der Natur, also um die Natur gekümmert. Und das ist nun die Folge:

Wir müssen uns von der anthropozentrischen Sicht auf die Welt verabschieden. Und die Natur ins Zentrum stellen.

Das ist tatsächlich nichts weniger als ein **Paradigmenwechsel**, dessen Bedeutung nicht hoch genug angesetzt werden kann. Wir müssen vom **Herrschaftswissen** in etwas ganz Anderes übergehen, in eine Art respektvoller Neugier auf die Natur, verbunden mit einer gewissen Demutshaltung.

Und schon stoßen wir im Denken auf so manche Hindernisse, die es zu beachten gilt.

1.5.   Hindernisse auf dem Weg zu Neuem Denken

Die **Dominanz des Verstandes** mit einem „Wie kriegen wir die Natur unter Kontrolle statt wie gehen wir mit ihr um?" ist schon das erste, das neuem Denken entgegensteht. **Kontrollverlust** wird gerne mit Hilflosigkeit gleichgesetzt, es macht Angst. Es ist eine Angst vor dem „Lauf der Dinge" – statt mehr Vertrauen in deren Lauf.

Als Nächstes gibt es die Erfahrung aus der Psychologie, dass Menschen, die unter Veränderungsdruck gelangen, zuerst einmal versuchen, ihre bislang als erfolgreich erwiesenen Verhaltensweisen beizubehalten – wir werden das später als **Trägheitsgesetz** wiedererkennen. Das traurige Ergebnis aber ist: Unsere ökonomischen Krisen werden seit 20 Jahren mit denselben Mitteln bekämpft, die diese hervorgerufen haben.
So waren denn auch meine eigenen Erfahrungen mit Ökonomen und sogar Naturwissenschaftlern größtenteils entmutigend. Ökonomen z.B. kennen sich nicht mit Naturgesetzen aus, und sie sind auch nicht bereit, sich mit ihnen zu beschäftigen. Naturgesetze sind für sie eine Art Fremdsprache, nicht einmal der Begriff „Entropie" oder der Zusammenbruch von Wachstumsfunktionen in komplexen Systemen ist ihnen bekannt. Im Gegenzug sperrt die Physik gerne die Welt der lebenden oder komplexen Systeme aus, die in unserem Leben aber überall die Regel sind. Die Physik hat nicht einmal eine Sprache dafür. So weigert sich die Physik denn auch, sich mit politischen und ökonomischen oder soziologischen Fragen zu beschäftigen – ein Manko, eine Art Stillstand, der mich als interdisziplinärer Forscher, der beides studiert hat, enttäuscht.

Überhaupt stelle ich auch im Alltag immer wieder fest, dass nur sehr wenigen Mitmenschen klar ist, **wie sehr naturwissenschaftliche Gesetzmäßigkeiten unser Leben bestimmen, wie existentiell sie sind.** Sie werden sogar selbst dann leicht übersehen, wenn diese Gesetze längst angefangen haben, unsere Gesellschaft, wie wir sie kennen, aus den Angeln zu heben.
Mag ja sein, dass wir sie übersehen haben, weil die Welt bisher noch groß genug war. Jedoch – wie schon gesagt – das ist jetzt vorbei.

Aber das ist noch nicht alles. Denn es kommt noch etwas – aus Sicht eines Naturwissenschaftlers – viel Schwerwiegenderes hinzu, das unabhängig vom Wissen oder der Trägheit im Denken Einzelner existiert: Nicht nur, dass unsere Welt nun zu klein ist für uns, auch unser aktuelles Weltbild ist ziemlich antiquiert, um nicht zu sagen ziemlich falsch.
So suchen wir auch heute noch gerne nach klaren Ursache-Wirkungs-Prinzipien. Wir reduzieren und trivialisieren. Vor **Komplexität**, vor komplexen Sachverhalten scheuen wir jedoch zurück.

Das hat durchaus seine Berechtigung, wie wir noch sehen werden, denn in komplexen Fragen sind eindeutige Ursache-Wirkungsbeziehungen nicht besonders häufig.

Man behilft sich hier stattdessen eher mit etwas, das ich eine „Story" nenne, eine Art Erzählung, in der aktuell „anerkannte" Überzeugungen eine große Rolle spielen. Diese Überzeugungen lassen sich nicht beweisen, man glaubt an sie.

Als ich 2015 mein Buch „Physiconomics" schrieb, verwendete ich für derartige Überzeugungen gerne das Wort „Glaubenssätze", das ich später in Vorträgen durch den Begriff **„Narrative"** ersetzte. Mittlerweile wird dieser Begriff in vielen TV-Diskussionen benutzt und macht eine erstaunliche Karriere. Es scheint ein Zeitgeist zu sein, der für ein Spüren steht, dass wir in wichtigen Fragen mit Vermutungen und Überzeugungen arbeiten müssen und diesen dann als Wegweiser in komplexen Fragen folgen – auch wenn wir jetzt mehr und mehr erkennen, dass wir uns dabei auf unsicherem Boden bewegen. So gilt es angesichts der vielen von uns selbst erzeugten Krisen nun, diese Narrative wieder als reine Glaubenssätze zu erkennen und neu zu überprüfen.

Wie notwendig dies aus meiner Sicht tatsächlich ist, zeigten mir meine Arbeiten im Zusammenhang mit unserem Wirtschaftssystem. Im Jahr 2015 stieß ich auf folgende 12 Narrative, die zu dieser Zeit galten:

- Wenn es der Wirtschaft gut geht, geht es der Gesellschaft gut.
- Ökonomische Krisen lassen sich durch weiteres Wachstum lösen.
- Der Mensch verhält sich in ökonomischen Fragen rational (= Homo Oeconomicus).
- Das Streben der Einzelnen führt zu einem gesamtgesellschaftlichen Optimum (= Förderung von Egoismus und mehr Eigenverantwortung, Minimierung sozialer Unterstützung).
- Unser Geldsystem ist das Bestmögliche.
- Der Wert von Dingen/Dienstleistungen wird durch ihren Preis bestimmt.
- Angebot und Nachfrage werden sinnvoll über den Preis reguliert.
- Die ökonomische Welt ist unendlich.
- Grundlage der Eurokrise ist eine Staatsschuldenkrise. Die Krise ist daher – geeignete Maßnahmen vorausgesetzt – in den Griff zu kriegen.
- Euro = Europa. Scheitert der Euro, scheitert Europa.
- Deutschland profitiert von der Eurozone.
- Die Griechen (und andere Südländer etc.) sind schuld.

Wie sich bei meinen Arbeiten herausstellen sollte, erwiesen sich – damals auch für mich überraschend – alle 12 als falsch. Alle 12 Narrative (!). Dieses Ergebnis war eine einzige Kritik an den Überzeugungen im Wirtschaftssystem!

Ähnliches sollte danach eine gründliche Überprüfung der aktuellen Überzeugungen der Physik ergeben (s. Band I: „Woraus die Welt wirklich besteht"). Von 11 zentralen Narrativen der Physik blieb wenig übrig – Einsteins Allgemeine Relativitätstheorie sollte sich allerdings glänzend bestätigen und nun viel besser erklären lassen.

Als Problem erweist sich also, dass dort, wo klare Ursache-Wirkungsprinzipien fehlen und Narrative an ihre Stelle treten, diese gerne weiter wie eingemeißelt im Raum stehen und damit einem notwendigen Wissensfortschritt massiv im Wege stehen – wieder eine Art von Trägheit. In der Ökonomie ist es z.B. der ungebrochene Wachstumsgedanke, in der Physik wiederum sind es z.B. die Raumzeit oder Poppers Kriterien der Beweisbarkeit.
Es sind diese Narrative, die uns im veralteten Denken festhalten, und für die es dringend gilt, sie sorgfältig darauf zu prüfen, ob und welche von ihnen sich als falsch erweisen könnten – und dann daraus zu lernen.

Wir werden dabei aber auf die nächste wissenschaftliche Hürde stoßen. Sie ahnen es vielleicht: Es geht schon wieder um diese verflixte **Komplexität**. Komplexität schreckt ab, klare Beweisbarkeiten sind hier eher selten, und so geschieht in der Wissenschaft das Gegenteil: überall läuft eine **Spezialisierung** ab, eine Konzentration auf vielfältiges Einzelwissen. So leben wir heute zunehmend in einer Zeit der „**Herrschaft des Detailwissens**". Es ist wie bei einem Puzzle. Wir haben die einzelnen Teile, und wir kennen sie ziemlich gut. Aber wir wissen nicht, was diese kleinen Teile darstellen, wohin diese Fragmente gehören und wie alles zusammenpasst. Wir versuchen, von den einzelnen Teilen her das Bild zu finden (**Aufwärtskausalität**), und … haben bis heute keines. Wir bräuchten es aber, um die Teile an den richtigen Fleck zu platzieren (**Abwärtskausalität**) … und festzustellen, welche noch fehlen.

Das ist unsere wissenschaftliche Situation, mit der wir nun vor den großen Aufgaben stehen.

Wissenschaftler wie z.B. der Mikrobiologe Artur Casaderall fordern denn auch eine Entspezialisierung zugunsten einer Art „studium generale" – statt reduktionistischem Detailwissen ein kritisches Denken mit der Fähigkeit, wieder Gesamtbilder zu formen.
Folgen wir diesem Gedanken, dann stehen wir heute vor einer großen Aufgabe: Nach all unserem Forschen in Spezialdisziplinen gilt es nun, die **großen Zusammenhänge** zu finden.

Das mag hier einfacher klingen als es sich zeigen wird. Denn es gilt in der Konsequenz, dass wir uns – gegen jede Trägheit – einem neuen Denken öffnen müssen.

Kurz betont: Wir stehen vor einem dringend notwendigen Umbruch des Denkens.

1.6.   Auf dem Weg ins neue Zeitalter

Wie funktioniert die Welt wirklich? Was sind die wirklichen Spielregeln der Natur? Was können uns die verschiedenen Wissenschaften dazu sagen, was können und müssen wir lernen? Das sind die Fragen, denen wir uns nun zu stellen haben.

Wir müssen unseren „Gegner" also neu studieren. Nicht, um ihn zu beherrschen, sondern um ihn wieder zum Freund zu machen. Das heißt:

Es gilt jetzt, nach den wirklich wichtigen Gesetzen der Natur zu suchen, und zwar verschärft nach denen, die wir bisher nicht beachtet haben.

Das Dumme (für uns) an den Naturgesetzen ist weiter: Sie haben Eigenschaften, die uns nicht immer behagen, die wir aber lernen müssen zu respektieren:

**Naturgesetze sind nicht verhandelbar,
und sie unterliegen keiner Moral oder Ethik.**

Sie sind nicht, wie wir oder unser Verstand sie gerne hätten, sie sind so, wie sie eben sind. Die Natur ist eben keine Veranstaltung, in der jedes Tier und jede Pflanze einen gottgewollten Platz einnimmt – sie ist oft sehr schön, aber sie ist eben kein Garten Eden. Ob Fauna oder Flora, alles kämpft ums Leben und Überleben, ums Fressen und Gefressenwerden. **Alexander v. Humboldt** musste dies auf seinen Reisen durch Südamerika erkennen, und er stellte fest: „Alles Leben befindet sich in einem ununterbrochenen, blutigen Kampf."
Flapsig ausgedrückt klingt es so: Das Leben ist eben alles andere als ein „Ponyhof".

Alexander v. Humboldt
1769-1859

Und so stehen wir wohl bald, was die Zukunft betrifft, vor großen Widersprüchen zu unserem humanistischen Denken, vor essentiellen Entscheidungen zwischen Menschlichkeit und Naturgesetzen. Wie wir noch sehen werden.

So bekommen wir langsam ein Gefühl dafür, dass die Tragweite der Herausforderungen enorm ist und manche reden neuerdings sogar von einem „Great Reset". Aber genau das ist dann auch unser **Dilemma:** Wir spüren diesen Druck und ahnen, dass es dringend ist, aber wir wissen nicht, was und wie wir es machen sollen. Und verfallen in alte Denkgewohnheiten, in neue Kontrollphantasien.

Was wird mit uns passieren, wenn wir begreifen, dass wir tatsächlich am Ende unserer derzeitigen Gewohnheiten angelangt sind? Dass auch ohne Covid-19 in der Zukunft vieles nicht mehr so sein wird, wie es bisher war, dass mit dem Tipping Point unwiderruflich ein Paradigmenwechsel stattfand und ein neues, anderes Zeitalter begonnen hat? Dass wir uns dieser Einsicht stellen müssen:

Wir müssen uns und unsere Art zu leben und unser Verhältnis zur Natur neu definieren.

Es führt tatsächlich kein Weg daran vorbei, egal, wie wir uns damit fühlen. Wenn wir unser Verhältnis zur Natur neu definieren wollen, dann gilt aber auch:

Wir müssen dringend herausfinden, wie die Welt wirklich funktioniert.

Gewöhnen wir uns also an den Gedanken, dass wir alle bereits ab der Geburt, mit dem schutzlosen Beginn unseres Lebens, Zug um Zug lernen müssen, mit den Gesetzen der Natur klarzukommen. Wir treten ein in eine Welt nicht nur voller schöner und angenehmer Seiten, sondern es gibt auch etwas Anderes: Natur ist weniger das gepflegte Naherholungsgebiet am Stadtrand, nein, die Natur ist mehr, sie ist auch wild und voller Risiken, es geht ums Leben und Überleben, und diese Kräfte und Eigenheiten der Natur werden uns unser gesamtes Leben begleiten. Eindringlich offenbart dies ein Schild, das mir kürzlich in Argentinien bei den Iguazú-Wasserfällen auffiel. Es zeigt eine Warnung, die ganz im Sinne Alexander von Humboldts ist:

„Achtung: Sie betreten eine wilde Naturzone, die Risiken für ihre Sicherheit und Gesundheit in sich birgt, verursacht durch die Kräfte der Natur."

Foto: Harder

Wie funktioniert also die Welt wirklich? Mit welchen Kräften der Natur müssen wir klarkommen?

Mag uns nun Alexander v. Humboldt für den Weg dorthin ein Vorbild sein. Denn ich bin mir längst sicher: Nur mit Respekt und Demut vor der Natur und einer großen Neugier auf ihre Gesetze und „Spielregeln" werden wir zu den gesuchten Antworten kommen.

Es ist eine Aufgabe, zu der ich nun versuchen will, einen Teil beizutragen.

So werde ich mich zusammen mit Ihnen nun mit dieser Neugier auf die Suche nach den Antworten und Zusammenhängen machen. Wir werden uns interdisziplinär Stück für Stück vorantasten und dabei schließlich auch in den dunklen Teil der Wissenschaften gelangen – dorthin, wo Beweisbarkeiten zur Illusion und andere Kriterien zum Verstehen notwendig werden.

Ich werde dann versuchen, dieses neue Wissen auf unsere Gesellschaft, auf unsere Politik, auf uns selbst und unser Leben anzuwenden ... um damit die Komplexität unserer modernen Welt besser zu erkennen und zu durchdringen. Denn erst dann, im realen Leben, können wir mit einem neuen Blick auf ihre Gesetze zu einem besseren Verständnis der Natur kommen.

Für diesen Weg beginne ich mit dieser Geschichte jetzt ganz am Anfang. Ich starte meine Suche nach den wirklich wichtigen Spielregeln der Welt mit der Existenz unseres Universums.

2.   Vom Universum zum System Erde

Seitdem der Mensch sich seiner bewusst wurde, versucht er sich und seine Rolle in der Welt zu begreifen. Wenn sich auch die Wissenschaftler nicht einig sind, wann diese Suche begann ... war es der Übergang zum Homo Sapiens in Afrika etwa 300.000 v. Chr. oder die Gründung der ersten Siedlungen etwa 150.000 v. Chr.? ... so liegt für mich der Anfang der Kulturgeschichte der Menschheit in den ersten Höhlenmalereien, also vor etwa 45.000 Jahren.

Es waren in der Folge die Werkzeuge der Mythen und der Poesie, mit denen der Mensch seine Beobachtungen der Natur in Worte fasste. Auffällig ist, dass sich die mythischen Beschreibungen häufig gleichen: Die Welt ist nicht einfach und unveränderlich da, sondern es gibt ein gewaltiges Weltenspiel. Ursprung und Grundlage dieses Spiels ist eine große Kraft, die den Kosmos in einem ungeheuren Schöpfungsakt hervorbrachte.

Die Kulturen kennen in der Regel eine ordnende Gottheit, die das Ur-Chaos überwand und die Welt entstehen ließ. Das Ur-Chaos wird auch oft als „formloser Geist" oder „formlose Dunkelheit" beschrieben. In der Welt selber gibt es dann ordnende und zerstörerische Kräfte, die sich in verwandten Formen denn auch in allen Weltreligionen wiederfinden lassen. Im Gegensatz zu heute spielten Chaos und Ordnung bei der Suche nach den Gesetzmäßigkeiten der Welt eine zentrale Rolle.

Dies galt teilweise noch bis in die Antike. Bei Heraklit fielen mir folgende scheinbar schwer verständlichen Sätze auf:

Die verborgene Harmonie ist mächtiger als die offensichtliche.
Die Menschen sehen nicht, dass alles, was sich widerspricht,
dadurch mit sich in Einklang kommt.

Das erinnert sehr an die Mythengestalt **Hermes Trismegistos**, der in einer Essenz aus altägyptischen und altgriechischen Philosophien sagte:

Nichts ist in Ruhe, alles bewegt sich, alles ist in Schwingung,
alles hat sein Paar in Gegensätzlichkeiten.
Gegensätze sind identisch in ihrer Wesensart,
nur verschieden im Grad.
Extreme berühren sich,
alle Wahrheiten sind nur halbe Wahrheiten,
alle Widersprüche können miteinander in Einklang gebracht werden.

Es sind also Gegensätzlichkeiten in Einklang und Harmonie, die hier die entscheidende Rolle spielen.

Wenig später rückte man in der Antike von dieser Beschreibung der Realität ab und versuchte erstmals, die Logik in die Wissenschaft einzuführen. Um gleichzeitig die Erkenntnisse aus jahrtausendelanger „poetischer" Beobachtung der Natur hinwegzufegen.

Es waren **Platon** und vor allem dessen Schüler **Aristoteles**, die nun ein substantielles, qualitatives und quantitatives Denken zur Beschreibung der Natur einführten. Für Platon waren Ideen wesentlich dadurch bestimmt, dass sie der Zeitlichkeit und der Veränderung nicht unterworfen waren, sie allein waren für ihn würdige Gegenstände der genaueren Betrachtung. Im Denken des Aristoteles bekamen nun auch Bewegung und Veränderung ihren Platz; allerdings waren für ihn nur Anfangs- und Endzustand von Bedeutung, alles andere erschien zu kompliziert. Dieses Denken dominiert bis heute die Physik – mit dem Lebendigen hat sie es nicht besonders.

Für den Vorsokratiker **Heraklit** war es noch ganz anders gewesen. Für ihn kam nur der Veränderung Wirklichkeit zu, während für ihn stationäre Zustände grundsätzlich nicht existierten, sondern lediglich scheinbar waren. Sie kennen sicher seinen Spruch *„Man kann nicht zweimal in denselben Fluss steigen ... alles fließt!"*.

So sucht der moderne Mensch nun seit über 2000 Jahren mit Logik nach seiner Stellung im Universum. Und wenn sie den Band I dieser Reihe gelesen haben oder sich schon länger mit Physik beschäftigen, wissen Sie längst so einiges über dieses Universum: Es ist riesig. Und es wächst weiter. Wir wissen heute, dass es derzeit einen Durchmesser von etwa 90 Milliarden Lichtjahren hat, wobei ein einzelnes Lichtjahr in etwa 10 Billionen Kilometern entspricht. Unser Universum ist also wirklich riesig.

Es enthält mindestens 2 Billionen Galaxien, von denen eine einzelne unsere Milchstraße ist. Messen wir nun den Durchmesser dieser Milchstraße, liegt der Wert bei etwa 170.000 bis 200.000 Lichtjahren. Wollten wir also allein unsere Milchstraße von einem Ende zum anderen durchqueren, bräuchten wir selbst bei einer unvorstellbaren Geschwindigkeit unseres Raumschiffs von 20 Millionen km/h über 9 Millionen Jahre – alleine für unsere Reise quer durch unsere Galaxie. Eine von 2 Billionen. Unsere Galaxie wiederum enthält etwa 200 Milliarden Sonnen. Wiederum eine einzige davon bestimmt Ihren Alltag. Sie kennen sie, denn genau um diese Sonne kreisen Sie, unaufhörlich, auch wenn Sie gerne von Sonnenaufgängen und -untergängen sprechen. Sie umkreisen sie auf einer Kugel, von der sie nicht herunterfallen können, weil das Naturgesetz der Schwerkraft sie darauf festhält. Sie und mittlerweile etwa 8 Milliarden weitere Menschen. Und natürlich gelten alle Gesetze des Weltalls auch auf dieser Kugel.

Viele dieser Gesetze habe ich für Sie in Band I zusammengestellt. Es ging dabei nicht nur um Bewegungen und Gravitation, die Zeiten und Längen verändern und Räume krümmen, nicht nur um die Konstanz der Lichtgeschwindigkeit, sondern vor allem darum, dass unser Universum kein abgeschlossenes System ist und ständig weiter wächst und jeden Tag aus einer Art „Nichts" heraus neue Wirkung, d.h. neuen Raum, neue Energie und neue Materie bildet. Es ging darum, dass die Zeit ständig von einem gequantelten Jetzt zum nächsten fließt und damit die Dreiteilung der Zeit in Vergangenheit, Gegenwart und Zukunft in die Physik eingeführt werden konnte, und es ging auch darum, dass die Grundlage des Universums nicht aus einem Raumzeitkontinuum besteht, sondern aus gequantelter Wirkung, die dafür sorgt, dass die Welt so dynamisch ist – was uns nun in diesem Band helfen wird, das rätselhafte Phänomen Zeit zu verstehen. Es ging aber auch um Entropiefragen und den komplementären Gegensatz von „logischer" Makrophysik und „chaotischer" Quantenphysik.

Diese Erkenntnisse werden nun zur Grundlage der Erkenntnisse zum Leben. Denn wenn ich mir die letzten Sätze beim Schreiben noch einmal anschaue, fällt mir auf, dass Hermes Trismegistos und Heraklit viel zu schnell vergessen worden waren. Mit ihren Beobachtungen anhand des realen Lebens auf unserer „Kugel" lagen sie doch ziemlich richtig.

Mit diesem neuen Wissen um die Physik des Universums und den Beobachtungen der Vorsokratiker verlasse ich aber nun die Weite des Universums und wende mich dem Geschehen auf unserer Kugel zu:

Willkommen also auf dem Planeten Erde.

# 3.	Warum dieses Buch?

Um unser Leben auf dieser Erde geht es also in diesem Buch, in diesem Band II von „Die verborgenen Spielregeln des Universums". Es geht darum, nun die Gesetze zu finden, die **unser Leben** auf diesem Planeten betreffen, die Gesetze, die vice versa genauso im großen Universum existieren, die wir aber nur hier, in unserem Leben und Wirken beobachten und beschreiben können. Es geht schlichtweg um die Gesetze, die unser Leben und unser Verhältnis zur Natur bestimmen.

Nun gibt es natürlich schon eine Menge anderer Bücher zu diesem Thema, viele intelligente Menschen – Physiker, Chemiker, Philosophen, Ökonomen, Soziologen und andere Wissenschaftler – haben sich mit diesem Thema beschäftigt und reihenweise dazu Bücher geschrieben. Warum also dieses Buch? Warum noch eins?

Beim Schreiben fand ich schnell zwei Antworten darauf. Zum einen behaupte ich, es ist dringend. Es geht nämlich zum ersten Mal in der Geschichte der Menschheit darum, dass wir kaum noch Zeit haben, die wirklichen Gesetze der Natur zu finden. Jede neue Erkenntnis kann hier ungemein wertvoll sein.

Als zweites stellte ich fest, dass es nur mit einem neuen Blick auf die Physik (s. Band I) überhaupt möglich ist, bei dieser Suche den notwendigen Erfolg zu haben. So gründet diese Suche auf meinen Arbeiten zur wesentlichen Frage, woraus die Welt wirklich besteht und was der sachliche Grund für ihre Dynamik ist. Diese Arbeiten waren essentiell; denn es war und ist wie bei einem Spiel: Wenn ich weder das Spielbrett noch die Figuren kenne, wie soll ich da die Spielregeln finden?

In diesem Band II geht es also jetzt, nachdem – das ist meine Überzeugung – die „Hardware der Welt" neu entschlüsselt wurde, um die passende „Software", um die Spielregeln. Denn auch wenn all die Erkenntnisse der klassischen Wissenschaften den Menschen zu einer erfolgreichen Spezies gemacht haben, mit all den Technologien, die ihn sich als Herrscher über die Natur haben fühlen lassen, so zeigen unsere Krisen und Überforderungen, dass uns elementares Wissen zu etwas fehlt, das ich die **Lebendigkeit** der Welt nennen möchte.

So wende ich mich – einfach gesagt – in diesem Band II nun dem Leben, dem Lebendigen zu. Und den Gesetzmäßigkeiten der Natur, die nicht nur unser tägliches Leben viel stärker bestimmen, als wir es ahnen, sondern für unsere Zukunft – so wir denn eine haben wollen – essentiell sind.

Sonst werden wir tatsächlich zu einer biologischen Besonderheit auf diesem Planeten, zur einzigen Spezies, die ihre Fähigkeiten nutzt, sich selbst die Lebensgrundlagen zu entziehen und sich das Leben schwer zu machen.

4.   Logik und Intuition, Licht und Dunkelheit

Die Crux ist, dass wir es mit dem wahren Leben zu tun haben, das ist was ganz anderes.

Frank Schätzing in „Lautlos"

Wie sich aber schon am Anfang meiner Arbeiten herausstellte, existiert an genau dieser Stelle ein tiefer Bruch in der Wissenschaft. So stieß ich sehr schnell an die Grenzen der objektiven Wissenschaft, die sich dessen noch viel zu wenig bewusst ist: Ich stieß an die Grenzen der Logik. Für meine Suche nach den wirklich wichtigen Gesetzen der Natur musste ich schon zwangsmäßig die alte und – wie wir sehen werden – die oberflächliche Physik, die ich die rein logische, materielle oder auch „tote" Physik nenne, verlassen.

Die Situation der Physik ähnelt damit sehr jener aus der Schlüsselparabel, die ich hier kurz anführen will: Es ist nachts, und unter dem Schein einer Laterne sucht ein Mann auf dem Boden nach etwas. Ein nächtlicher Spaziergänger kommt vorbei und fragt, was er suche. „Meinen Schlüssel. Ich habe ihn vorhin verloren. Ich wohne nämlich dort, auf der anderen Straßenseite" erhält er als Antwort. Er ist hilfsbereit und so suchen sie nun gemeinsam. Und finden alles mögliche, nur keinen Schlüssel, bis der Spaziergänger ungeduldig wird und fragt: „Sind Sie sicher, dass Sie ihn hier verloren haben?" „Nein", erhält er als Antwort, „verloren habe ich ihn dort drüben. Aber dort ist es zu dunkel zum Suchen."

Es gilt jetzt tatsächlich, in die Tiefen der Naturwissenschaft hinabzusteigen, in die Dunkelheit, die von uns Wissenschaftlern so sehr gemieden wird. Denn hier versagen die etablierten Forschungsmethoden der Physik – mit ihrer einseitigen Suche nach reproduzierbaren Ergebnissen, nach logischen und beweisbaren Formeln, mit denen man so schön promovieren, habilitieren und publizieren kann. Sie werden daher nun verfolgen können, dass die wirklich wichtigen Gesetze der Natur mathematisch kaum erfasst werden können, sondern Beschreibungen, Intuition und sogar Spekulation plötzlich eine wesentliche Rolle spielen und zu wichtigen Instrumenten der Erkenntnis werden. Anders geht es nicht mehr in dieser „Dunkelheit", und das ist auch der Grund, warum das Leben in der Physik bisher keine Rolle spielt.

In dieser „Dunkelheit" werden wir nun auf ganz andere Regeln stoßen, auf logische Inseln in einem Meer von Wahrscheinlichkeiten, auf Unentscheidbarkeiten und auf ein Nicht-wissen-können, ja sogar Paradoxien zwischen den Inseln werden erlaubt sein. Komplexe Systeme werde ich als „black boxes" definieren, Chaostheorie und chaordische Gesetzmäßigkeiten werden in den Vordergrund treten und Evolutionstheorie und Spieltheorie eine wichtige Rolle spielen. Begriffe wie hierarchisch und heterarchisch werden auftauchen und es wird letztlich darum gehen, Naturwissenschaft und Natur, Physik und Leben wieder zusammenzubringen.

Um dann endlich das Gefühl für die Zusammenhänge, für das große Bild, zu bekommen.

31

Vorbemerkung 2

Die Grenzen der Logik in dieser Dunkelheit, in die ich Licht bringen möchte, schränken naturgemäß die Beweisbarkeit von Aussagen kräftig ein.

Die Grenzen wissenschaftlicher Objektivität werden hier zwangsläufig immer wieder überschritten werden müssen, eine Annäherung an die „komplexen Wahrheiten" kann auf eine subjektive Intuition nicht verzichten.

So weise ich an dieser Stelle deutlich darauf hin, dass meine Forschung und ihre Ergebnisse im angemessenen Maße subjektiv sein müssen und sind.

Natürlich bemühe ich mich, dabei so wissenschaftlich wie möglich vorzugehen und dafür stelle ich an mich hohe Anforderungen – übrigens ein Grund dafür, warum sich das Schreiben dieses Buches so verzögerte.

Ich denke überhaupt, dass man persönlich über viel freie Zeit verfügen muss, um derart tief in die Naturgesetze einzusteigen – vielleicht ein weiterer Grund dafür, dass die universitäre Forschung derartige Forschungsarbeiten über die Grenzen der objektiven Wissenschaft hinaus meidet.

Es wird sich nicht vermeiden lassen, dass ich – wie auch im Intro dieses Buches bereits geschehen – manches aus Band I oder aus „Physiconomics" wiederholen werde, wenn es zum besseren Verständnis beiträgt.

Weiter ist es nur natürlich, dass auch mein Wissen und meine Fähigkeiten begrenzt sind. So wird auch dieses Buch nicht perfekt sein, aber ich bin zuversichtlich, dass es – zusammen mit Band I – gut genug ist, um zu erkennen, wie die Welt wirklich funktioniert.

So werde ich im Folgenden nun so tun, als würden all die hier dokumentierten Ergebnisse meiner Forschung stimmen, auch wenn – wie gesagt – die Beweisbarkeit lückenhaft ist und sein muss.

Lapidar gesagt: Sie als Leser können mit Ihrer ganz eigenen Intuition nun selbst entscheiden, ob Sie die Ergebnisse in Ihr Weltbild übernehmen wollen.

Und damit beginne ich jetzt.

5. Die ersten drei Gesetze der Natur: Nicht alles ist logisch

5.1. Frank Knight und die Unsicherheit in der Ökonomie

Spätestens mit Kopernikus und Kepler sowie Galileo Galilei begann in der Physik der Siegeszug des Logizismus ... und mit Isaac Newton die **Mathematisierung der Physik**. So beschreibt Newtons Mechanik einen großen Teil der Wirklichkeit ... aber über die Eigenschaften und vielleicht auch die Gefahren der belebten Natur äußerte sich Newton nicht. Die Physik fand in geschützten Räumen statt. Die Mechanik als Wissenschaft von Maschinen wurde von der Physik mit der Wissenschaft der Natur gleichgesetzt.

So wurde die Mechanik immer mehr zum methodischen Vorbild. Einfache Naturvorgänge wurden isoliert, experimentell untersucht und die Gesetzmäßigkeiten in mathematischer Sprache formuliert. Die Gesetze von Impulsen und Kräften wie auch der Gravitation wurden erforscht und mathematisch in Formeln ausgedrückt.

In Experimenten wurden diverse Beobachtungen erzeugt, die als in Raum und Zeit geschehen beschrieben wurden. Aber **nur reproduzierbare Beobachtungen galten** – das war der Durchbruch der logizistischen Mathematik in der Physik. Alles wurde auf die mathematische Beschreibung eingeschränkt, sie galt als Maß der Dinge, sie galt als hinreichend – mehr brauchte es nicht, mehr war zu viel. Die Natur als Welt der reproduzierbaren Fakten – das war und ist das geltende Paradigma. In einer Welt der Logik blühte schnell das Spezialistentum: Alles war schön reduziert und einfach. Unser menschlicher Verstand hatte seine helle Freude daran.

Unser logizistisches Weltbild: Wir glauben gerne an absolute Kausalität, wie in einem Uhrwerk. Denn das ist recht einfach und bequem. Die Folge: Spezialisierung

Foto: Harder

Mit dem wahren Leben hat das natürlich nur wenig zu tun. Das Leben hat die Physik in dieser mechanistischen, logizistischen Welt bisher außer Acht gelassen.
Und doch, mit Albert Einsteins Relativitätstheorien ging die logische Physik von Erfolg zu Erfolg.

So steht Einstein auch heute noch für den Logizismus in unseren Wissenschaften und geradezu legendär ist sein Ausspruch: *„Gott würfelt nicht!"* Und es ist dieses logizistische Weltbild mit absoluter Kausalität, an das wir und unser Verstand so gerne glauben, weil es uns ein Gefühl der Beherrschbarkeit und Kontrolle ermöglicht.

Daniel Kehlmann lässt z.B. in seinem Roman „Die Vermessung der Welt" den Mathematiker Gauß über die Kausalität der Welt formulieren: *Aus der Nähe betrachtet, sehe man hinter jedem Ereignis die unendliche Feinheit des Kausalgewebes.* Das war der Wunsch von Gauß: Je genauer ich hinschaue, desto deutlicher wird die Feinheit der Kausalität. Und so hätten auch wir und unser Verstand es gerne.

Es wäre schön und einfach, nur ist die Welt ganz anders – natürlich auch und gerade im Leben. Ein Satz, den Controller nicht gerne lesen werden.

Gauß hatte sich nämlich völlig geirrt.

Als man dann versuchte, die logizistischen und so erfolgreichen physikalischen Vorgehensweisen auch auf etwas so Lebendiges und Komplexes wie die Ökonomik zu übertragen, zeigte sich in der Praxis nämlich schnell etwas ganz Anderes. Es war der bis heute weitgehend unbekannte Frank Knight, der sich mit der Übertragung physikalischer Gesetze in die Ökonomik beschäftigte und sehr schnell an Grenzen stieß.

Zu viele Variable und zu viele Unbekannte traten auf und es ergab sich schnell das Problem der **„Mathematisierung des Nichtwissens"**. Es zeigte sich: Will die Ökonomie wirklich exakt sein, wird sie unrealistisch.

Frank Knight
1885-1972

Es war das Jahr 1917, als Knight publizierte, dass die dynamischen Gegebenheiten der Wirtschaft mit deterministischen Ansätzen nicht zu lösen sind (bis auf kleine „Inseln"). Wie er weiter erkannte, ist das ökonomische System ein **sozialer Prozess** mit Irrtümern, Konflikten, Innovationen und unendlich vielen Möglichkeiten von Veränderungen.

Die Vorgehensweise der Physik war damit in der Ökonomie angesichts einer unüberschaubaren Komplexität und Dynamik grundsätzlich nicht möglich, und eine Sicherheit in Entscheidungen nur relativ selten.

Damit ergab sich für die Ökonomie ein Bild, in dem neben „klaren" Bereichen der Entscheidungssicherheit auch „graue" Zwischenformen des Risikos und „dunkle" Bereiche der Unsicherheit existiert, wie es die folgende Abbildung zeigt (das D in der Abbildung steht für „dynamisch" und soll kennzeichnen, dass das Modell prozessorientiert ist).

Das war anfangs überraschend: Einsteins logizistisches Weltbild war in der Ökonomik unbrauchbar. Frank Knights **„Inseln des Determinismus"** in einer scheinbar unüberschaubaren Welt des Risikos oder sogar der völligen Unsicherheit von unternehmerischen Entscheidungen in einer Welt voller Komplexität und Dynamik waren mit Einsteins Denken nicht vereinbar. Die ökonomische Welt war und ist – so die klare Erkenntnis der Untersuchungen von Knight – ganz offensichtlich nicht nur logisch aufgebaut.

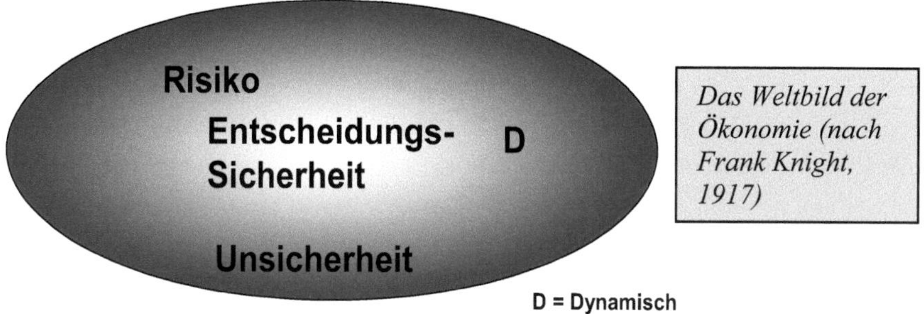

Die nächste große Überraschung war, dass genau das sich ausgerechnet in der logischsten aller Wissenschaften, in der Mathematik, eindrucksvoll bestätigen sollte.

5.2.   Kurt Gödel und das Ende des Logizismus

Die Suche in der Mathematik hat einen guten Grund. Der Philosoph Friedrich von Schelling prägte 1799 den Satz: *„Die Natur ist autark, und autonom, sich selbst organisierend. In jedem Individuum spiegelt sich das Ganze, das Unendliche."*
Danach ist der **Mensch Teil der Natur**, und **alles**, die Ergebnisse der Wissenschaft im Labor wie aber auch das menschliche Leben mit all seinen Facetten, **ist Ausdruck derselben elementaren Naturgesetze.**
Von Logik ist hier keine Rede mehr, und auch von einer Stellung des Menschen über der Natur, als Herrscher über sie, wird hier nicht mehr gesprochen. Mensch und Natur werden von Schelling nicht mehr getrennt. Wie ist also die Welt?

Friedrich v. Schelling
(1775-1854)

Ist die gesamte Welt vielleicht nicht nur logisch aufgebaut, sondern auch noch anders? Ist die Welt doch mehr als ein Uhrwerk? Zur Prüfung diese Frage gehen wir nun dorthin, wo wir eigentlich reine Logik erwarten, in die logischste aller Wissenschaften, in die Mathematik. Zum Wesen der Mathematik gehört es geradezu, alles und jedes zu beweisen und in beweisbaren Formeln darzustellen. Mathematik, das ist also Logik pur – so unsere Auffassung von der Mathematik und unsere Erwartung an sie.
Aber auch die Mathematik muss sich natürlich den Gesetzen der Natur beugen. Wendet man daher Schellings Philosophie auf die Mathematik an, nach der *alles* Ausdruck der elementaren Gesetze der Natur ist, müsste sich in dieser Wissenschaft am ehesten zeigen, ob wenigstens hier eine rein logische Erfassung der Welt und ihrer Phänomene denkbar und möglich ist. Würde es selbst in der logischen Mathematik nicht gelingen, wäre dies ein deutlicher Hinweis darauf, dass die Welt grundsätzlich anders ist.

Mathematiker und Logiker waren nun lange der festen Überzeugung, die Mathematik sei in ihrem Wesen vollkommen, nämlich vollkommen beweisbar, logisch erklärbar und widerspruchsfrei. Gäbe es hier und da Probleme, müsste die Mathematik nur noch klarer formuliert werden.
Und hier beginnt die Geschichte eines Mannes, über den Freeman Dyson von der Princeton University sagte: *„Er war der einzige von uns, der sich mit Einstein auf gleicher Augenhöhe bewegte".*

Obwohl dieser Mann mit seinen wissenschaftlichen Aussagen immer wieder Einstein verunsicherte, ging Einstein schließlich sogar eine Freundschaft mit ihm ein. Es ist der Mathematiker **Kurt Gödel.**

Die eigentliche Geschichte von Gödel und seiner Mathematik beginnt aber schon vor seiner Zeit, um ca. 1900.

Albert Einstein und Kurt Gödel an der Princeton University, ca. 1950.

Am Ende des 19. Jahrhunderts, zurückgezogen und unbeachtet, arbeitete der Mathematiker **Gottlob Frege** in Jena an einer Abhandlung mit dem Titel „Grundgesetze der Arithmetik". Darin verfolgte Frege nichts weniger als das Ziel, die These vom **Logizismus** der Mathematik einzulösen. Die Mathematik sollte reine Logik sein, und sie sollte auf wenige logische Grundgesetze (Axiome) zurückgeführt werden können. Trotz der komplizierten Formelsprache, die sich bei diesem Projekt ergab, hatte Frege zu Beginn des 20. Jahrhunderts für kurze Zeit die persönliche Genugtuung, die Mathematik auf sicheren Boden gestellt zu haben.

Die Freude währte nicht lange. Noch vor Erscheinen seines zweiten Bandes der „Grundgesetze der Arithmetik" erhielt Frege im Juni 1902 einen Brief von **Bertrand Russell**, der ähnliche Ziele verfolgte. In diesem Brief erzählte er Frege von einem bahnbrechenden Widerspruch, einer **Antinomie**, die er gefunden hatte.

Gottlob Frege
1848-1925

Russell war nämlich auf mathematische Mengen gestoßen, die sich nicht selbst als Element enthalten, dafür aber ihrerseits wieder eine Menge bildeten. Die Frage war nun, ob die Menge der Mengen, die sich nicht selbst als Element enthalten, sich wieder selbst als Element enthält oder nicht.

Nahm man an, dass sie sich als Element enthält, würde sie aber ihrer Definition widersprechen, dass sie sich nicht selbst als Element enthalten darf. Und nahm man an, sie würde sich nicht selbst als Element enthalten, würde sie zu den Mengen gehören, die sich nicht selbst als Element enthalten, und würde sich damit dann doch wieder selbst enthalten*. Wieder ein Widerspruch. Es gab kein Entrinnen.

---

*Sollten Sie als Leser beim Versuch, diese Argumentation zu verstehen, an diesen Sätzen verzweifeln, möchte ich Sie beruhigen. Es braucht einiges an Kopfzerbrechen.

Russell war ähnlich bestürzt wie Frege, der wieder 4 Jahre später, nach vielen vergeblichen Bemühungen, eingestand, dass er sein Lebenswerk als gescheitert betrachtete. Zusammen mit **N. Whitehead** hielt Russell aber dennoch am Logizismus fest. Und so arbeiteten beide lange Jahre an der weiteren Ausarbeitung dieser These, die dann in den drei Bänden (1910-13) der **Principia Mathematica** ihren Niederschlag fand.

Die mengentheoretischen Paradoxien wurden dabei mit einigen Winkelzügen umgangen – mit Hilfe einer neuen Theorie, der Typentheorie.

Doch auch diese Typentheorie erwies sich als brüchig; führte sie doch, wie sich bald erweisen sollte, zu möglichen neuen Widersprüchen. Russell war ehrlich genug, nun das **Ende des Logizismus** einzugestehen, was damals die Grundlagenkrise der Mathematik endgültig zementierte. Zwei neue Richtungen entstanden, die der **Intuitionisten**, die sich mit der Unvollständigkeit der Mathematik abfanden, und die der **Formalisten**, die – wie es heute die Physik immer noch versucht – weiter voller Zuversicht die Paradoxien auflösen wollten.

Bertrand Russell
1872-1970

David Hilbert
1862-1943

Der Vorreiter dieser Formalisten war der deutsche Mathematiker **David Hilbert**. Er stellte ein formalistisches Programm auf, mit dem zunächst alle Schlussweisen, die nicht unmittelbar zu einem Widerspruch führten, zugelassen wurden und deren Widerspruchsfreiheit nachträglich bewiesen werden sollte. Man war zuversichtlich und am 8. September 1930 verkündete Hilbert auf einem Kongress in Königsberg, es könne in der Mathematik kein Ignorabimus geben, kein „wir werden nicht wissen".

Was er nicht wusste: An nur einem Tag zuvor – am mittlerweile denkwürdigen 7. September 1930 – hatte in derselben Stadt, auf einer anderen Veranstaltung, ein damals noch unbekannter Mathematiker namens **Kurt Gödel** gezeigt, dass es in einem abgeschlossenen, widerspruchsfreien mathematischen System Aussagen gibt, die sich innerhalb des Systems bewiesenermaßen nicht beweisen oder widerlegen lassen. Oder, einfacher ausgedrückt: Ein arithmetisches System kann nicht zugleich widerspruchsfrei und vollständig sein. Oder, noch einfacher: Jedes formale Denksystem ist zwangsläufig unvollständig.

Oder, noch deutlicher für den Nichtmathematiker: Will man ein Gesamtbild von der Welt erhalten, gibt es weite Bereiche, die nicht nur nicht entscheidbar sind, sondern es sind sogar Widersprüche unausweichlich und damit naturgemäß. Ein „**Sowohl-als-auch**" ist in manchen Bereichen unvermeidbar und ein ganz natürlicher Bestandteil unserer Welt.

Damit, in diesem historischen Moment, hatte Gödel ganz massiv – wenn auch noch wenig bemerkt – an den Wurzeln des wissenschaftlichen Selbstverständnisses gerüttelt. Denn mit diesen Worten von Gödel erwiesen sich alle Hoffnungen auf eine logische Konsistenz nicht nur der gesamten Mathematik, sondern auch all der anderen Naturwissenschaften als illusorisch und unmöglich!

Gödel bewies sogar, dass, würde sich die Principia Mathematica vollständig beweisen lassen, sie gegen ihre Prinzipien Widersprüche enthalten müsste. Und dieser neue Widerspruch wieder Bestandteil der Principia sein müsste. Das formalistische Programm von Hilbert fand damit ein jähes Ende.

Die Folgen waren aber noch größer: Denn nun galt nicht mehr der Spruch der Mathematiker: „Ein Problem ist schon gelöst, oder wir warten, bis wir geschickt genug sind und die Methoden entwickeln, es zu lösen". Es gab nun eine dritte Möglichkeit: „Ein Problem ist grundsätzlich nicht lösbar". Die formale Erkenntnis hat also prinzipielle Grenzen! *Das* war der Schlag an den Grundfesten der Naturwissenschaften und ich formuliere es hier als das ...

1. Gesetz der Natur:

Es existiert eine natürliche Grenze des Wissens und der eindeutigen Aussagen.

Eindeutige Aussagen funktionieren demnach vor allem dort (und möglicherweise nur dort), wo eine Art Schwarz-Weiß-Denken möglich ist. In Grauzonen (bei einem „sowohl als auch") ist dies nicht möglich.

Noch heftiger ist dies bei Paradoxien, wie sie oft in den Koans des Zen-Buddhismus auftreten oder auch schon beim einfachsten Beispiel eines Paradoxons: „Ich lüge". Lüge ich tatsächlich, sage ich gerade die Wahrheit und lüge nicht. Sage ich gerade die Wahrheit, lüge ich. Die Folge ist Verwirrung. Und **Unentscheidbarkeit**. Lüge ich gerade oder nicht? Kurt Gödel besaß die Fähigkeit, derartige sprachliche Widersprüche in mathematische zahlentheoretische Beispiele umzuformulieren. Und er zeigte geradezu gnadenlos die Grenzen formaler, logischer Systeme auf.

Zu meinem Erstaunen wird dies in der Wissenschaft bis heute gern übersehen. Mit Gödels Erkenntnissen existiert aber, schaut man genauer hin, seitdem ein elementarer Riss in der Welt der Wissenschaft. Auch wenn viele Wissenschaftler es immer noch nicht glauben wollen: Nicht alles ist logisch. Oder, etwas anders formuliert:

Die *absolut logische* Wahrheit über die Welt kann es nicht geben!

5.3.   Ein neues Weltbild

Fasst man Gödels Erkenntnisse zusammen, erscheint ein **völlig neues Weltbild**, das uns Wissenschaftler, die wir gerne logisch denken (müssen), verunsichert und das wir daher gerne unterdrücken oder ablehnen, das aber offenbar der Realität entspricht: Die Welt, wie sie wirklich funktioniert, entpuppt sich als eine Ansammlung von inselartigen, deterministischen, miteinander oft verknüpften Gesetzmäßigkeiten in einem sie umgebenden Meer von Wahrscheinlichkeiten und Chaos (siehe Abbildung unten). Frank Knight (s.o.) müsste sich jetzt im Grab bestätigt fühlen.

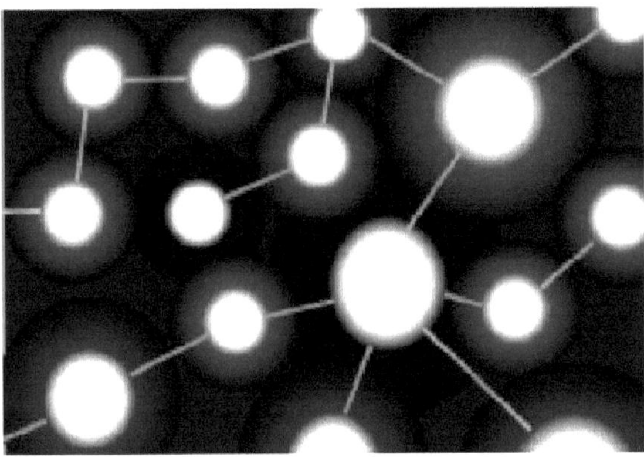

Die Welt besteht – wissenschaftstheoretisch gesehen – offenbar aus deterministischen Inseln in einem Feld von Chaos und Indeterminiertheit.
Am Rande dieser Determinismen, am Übergang zum Chaos, lassen sich die Eigenschaften Komplexer Systeme finden. Zwischen den logischen Inseln sind gemäß Gödel sogar Widersprüche erlaubt.

Sie erkennen es in der Praxis gut in Talkshows, in denen oft leidenschaftliche Debatten ums Rechthaben aufkommen. Das für mich Amüsante ist, dass oft alle gleichzeitig Recht haben, sie sich jedoch auf unterschiedlichen deterministischen Inseln befinden – nur ist es ihnen nicht bewusst. Logische Diskussionen mit einem wirklichen Rechthaben funktionieren nämlich nur innerhalb einer Insel.

Es ist tatsächlich so wie bei dem berühmten „**weißen Elefanten**" (s. unten): in einer Welt mit deterministischen Inseln in einem Meer von Wahrscheinlichkeiten und Chaos sind Spezialisten für einzelne Inseln die Folge. Nur ist es für Spezialisten verdammt schwer, die gesamte Realität, den weißen Elefanten zu erkennen.

Die Problematik, die daraus resultiert, ist **essentiell:** Sie können in der Realität täglich beobachten, wie Politiker, Ökonomen, Medien und auch viele Wissenschaftler komplexe Situationen nur von einer Insel aus beurteilen, und das in elementaren Fragen. Sie mögen ja punktuell richtig liegen, aber in der Beurteilung der Gesamtsituation liegen sie dann oft völlig falsch – der Elefant ist eben „kein Zweig" –, mit den entsprechenden Fehlurteilen und Irrtümern und Folgen der darauf basierenden Entscheidungen.

Die Aufgabe ist damit wieder einmal klar: Wir müssen endlich lernen, auf die Zusammenhänge zu achten – und auf das Gesamtbild. Wir müssen wieder lernen, nicht nur die Bäume zu sehen, sondern auch den Wald – und dessen Zusammenhänge. Denn es ist tatsächlich wie bei einem Puzzle:

Erst mit einem Gesamtbild ist es möglich, die wirkliche Bedeutung und Funktion aller einzelnen Details und Zusammenhänge zu erkennen.

Der weiße Elefant als Sinnbild für unsere Suche nach den Gesetzmäßigkeiten der Natur.

Der Unternehmens-Vordenker Fredmund Malik sagte schon 2011: „*Unsere Zukunft heißt: Komplexität meistern!*" Wahre Worte. Aber obwohl Gödel vor 90 Jahren (!) längst bewiesen hat, dass die Realität über das hinausgeht, was unser Verstand und seine Logik erfassen können, halten wir an dem alten Denken fest, beschränken uns auf einzelne Details und laufen naturgemäß in all die Sackgassen, in denen wir jetzt wissenschaftlich und erkenntnismäßig sind. Man kann den etablierten Wissenschaften sogar eine große Unfähigkeit bescheinigen, mit Unentscheidbarkeiten, Sowohl-als-auch-Konstellationen und sogar Paradoxien klar zu kommen. Und doch müssen wir alle endlich anfangen, den weißen Elefanten zu sehen.

Es ist daher dringend notwendig, umzudenken und – wieder einmal sage ich es – jede Überheblichkeit gegenüber der Natur abzulegen. So kann ich schon an dieser Stelle sagen:

Die von vielen Entscheidungsträgern geäußerte Auffassung, dass sich auch komplexere Probleme und Aufgaben alleine mit logischer Herangehensweise kontrollieren und lösen oder in den Griff bekommen lassen, ist daher der eine von zwei ganz großen Irrtümern der heutigen Zeit (der zweite ist der Monismus, s. später).

Es braucht also neue Theorien, die diesen Irrtum beheben und die Natur so akzeptieren, wie sie nun mal ist.

Aber nicht nur der Verstand der Controller, sondern unser aller Verstand liebt die Logik und Beweisbarkeit und liebt auch passende Theorien dazu; denn das lässt uns sicher fühlen.
Bloß: es entspricht nicht der Wirklichkeit, die Natur ist viel lebendiger als es reine Logik erlauben würde – unser Leben wäre sonst aber auch verdammt eintönig und langweilig.

Und vielleicht geht es ja auch Ihnen so wie mir mit dem Gefühl, dass unser Staat, unsere Gesellschaft mit ihrer Bürokratie und ihren Regulierungen uns immer weiter in diese Monotonie hineintreibt und uns Stück für Stück unserer Lebendigkeit beraubt.

Wenn ich hier philosophisch geworden bin, hat das seinen Grund. Es war für mich spannend, nachzuforschen, wie die Wissenschaftsphilosophie mit diesem Thema umgeht. Denn gerade hier zeigt sich Gödels Erkenntnis noch einmal in ihrer ganzen Bedeutung.

5.4. Popper und Gödel und das 2. und das 3. Gesetz der Natur

Der Wissenschaftsphilosoph Karl Popper entwickelte seine grundsätzlichen Ansichten zu Theorie und Wirklichkeit in den Jahren zwischen 1920 und 1930 unter dem Eindruck der Ergebnisse von (logischer) Relativitäts- und („chaotischer") Quantentheorie. Er akzeptierte, dass die probabilistischen Gesetze der Quantenphysik nicht Ausdruck unseres Nichtwissens sind, sondern Eigenschaften realer Systeme beschreiben. Wie in Band I ausführlich dargelegt, verlässt in der Physik die Quantenphysik mit ihrer „Unschärfe" tatsächlich die Gesetze der Kausalität.

Karl Popper
1902-1994

Die folgende Abbildung soll Ihnen illustrieren, dass unsere Welt der Dinge und ihrer deterministischen Eigenschaften auf der Grundlage von etwas ganz Anderem, nämlich auf Indeterminiertheit und Nichtkausalität existiert.

Deutlicher formuliert heißt es nun als das ....

2. Gesetz der Natur:

Alles, wirklich alles, was wir begreifen können, unsere gesamte logische und sichtbare Welt beruht auf der hintergründigen Existenz von Chaos und Unentscheidbarkeiten.

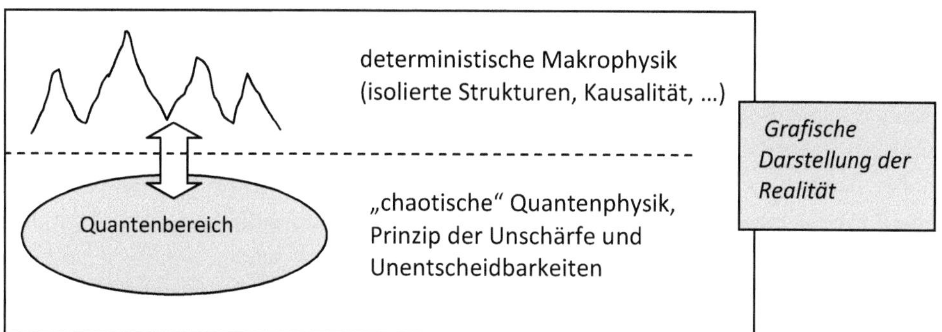

Unter dem Eindruck dieser anteiligen Indeterminiertheit verzichtete Popper auf die Annahme, dass man letzte Erklärungen finden könnte. Während er also auf der einen Seite ein menschliches Nicht-wissen-können betonte, verteidigte er auf der anderen Seite aber (unter dem Eindruck der Ergebnisse Einsteins) die Rationalität der Erkenntnis, einschließlich der Erkenntnis der **objektiven Realität**. Er formulierte sogar, nachdem er anfangs noch vermieden hatte, von Wahrheit zu sprechen, später den Satz: „Wahrheit ist Übereinstimmung von Aussagen mit den Tatsachen."

Für mich persönlich ein guter und wichtiger Satz, wird so doch grundsätzlich die **Existenz einer objektiven Realität** akzeptiert, ohne zu sagen, dass diese vom Charakter her deterministisch und rational erklärbar sein müsste.

Weiter erkannte er um etwa 1930 zu Recht, man könne niemals die Richtigkeit einer wissenschaftlichen Theorie feststellen, weil nur eine unbegrenzte Zahl von bestätigenden Ergebnissen einen endgültigen Beweis erbringen könnte. Danach können also Theorien niemals absolut sicher als wahr bezeichnet werden; denn – wie gesagt – aus **endlich** vielen Einzelaussagen kann man eben nicht die Wahrheit von allgemeinen Aussagen als völlig sicher ableiten. Das bräuchte **unendlich** viele Einzelaussagen. Damit war eine **absolute Beweisbarkeit** von Theorien schon grundsätzlich **nicht möglich**. Popper beschränkte sich daher folgerichtig auf das Thema Prüfbarkeit und entwickelte die Methode des **Falsifikationismus´**.

Dieser rechtfertigt nicht mehr im Schwerpunkt die Akzeptanz von Theorien, sondern gibt Kriterien an, wann sie verworfen werden müssen. Gemäß Popper ist eine Hypothese (Theorie) dann falsifizierbar, wenn eine oder mehrere Beobachtungsaussagen möglich sind, die der Hypothese widersprechen könnten. Sollten diese Beobachtungsaussagen dann tatsächlich eintreffen, wäre die Hypothese falsifiziert – also der Falschaussage überführt.
Für die Anwendung dieser Methode ist damit die Prüfbarkeit einer Theorie von entscheidender Bedeutung. Und damit muss, um es einfach auszudrücken, eine Theorie Aussagen machen, die überprüfbar sind und evtl. zeigen könnten, dass diese Theorie falsch ist. Alles andere wäre „nicht wissenschaftlich".
Damit nun eine neue Theorie eine ältere ablöst, muss die neue Theorie als nächstes Kriterium einen **Fortschritt** bedeuten. Ein wesentliches Kriterium der Überlegenheit (und damit des Fortschritts) einer Theorie im Vergleich zu ihren Vorgängern besteht für Popper darin, dass sie methodisch mehr Falsifikationsmöglichkeiten als diese enthält – und im Unterschied zur alten Theorie diese bisher noch nicht falsifiziert sind, also wirklich etwas Neues darstellen. Diese Argumentation von Popper scheint schlüssig und gilt derzeit als Standard für die wissenschaftliche Akzeptanz neuer Theorien, und doch bildet sich verstärkt ein begründeter Widerstand gegen Poppers Argumentation, weil sie sich auf eine logische Welt bezieht. Darauf möchte ich nun eingehen.

Untersucht man nämlich den Falsifikationismus genauer, wird man feststellen, dass er eine Art Alles-oder-Nichts-Forderung darstellt. So sollen nach Popper durchaus kühne Spekulationen in die Wissenschaft vorangetrieben werden, aber diese müssen gleichzeitig immer genau die Bedingungen nennen, die sie widerlegen können. Diese Forderung hat in den Naturwissenschaften zu einem hohen Grad der Formalisierung und Mathematisierung geführt.

Ein behutsames Vorgehen, also das Aufstellen sehr wahrscheinlicher neuer Theorien, wie es beispielsweise oft bei Paradigmenwechseln der Fall ist, liefert dagegen anfangs nur Theorien mit geringem spezifizierten Informationsgehalt und wird deshalb von Poppers Methode zur Beurteilung des wissenschaftlichen Fortschritts erst einmal stark benachteiligt. Die Folge: Derartige Theorien werden im universitären Wissenschaftsbetrieb in der Regel nicht weiter beachtet. Jede ungenau formulierte Theorie, die beispielsweise bereits positiv geprüfte Zusammenhänge nur anders ordnet und vielleicht besser erklärt, aber keine detailliert prüfbaren neuen Erkenntnisse liefert, dürfte daher auf wenig Resonanz stoßen und wird möglicherweise „im Räderwerk der Naturwissenschaft" wieder verschwinden. Selbst wenn sie evtl. von großem Wert wäre.

Popper selbst versuchte sich beispielsweise an der Beurteilung einer Theorie wie die des Darwinismus. Wie er aber feststellte, war diese in der Praxis einfach nicht falsifizierbar. Er suchte nach einem Ausweg und fand ihn denn auch: *„Ich bin zu dem Schluss gelangt, dass der Darwinismus keine prüfbare wissenschaftliche Theorie ist, sondern ein metaphysisches Forschungsprogramm - ein möglicher Rahmen für empirisch prüfbare wissenschaftliche Theorien ... Der Darwinismus ist metaphysisch, weil er nicht prüfbar ist"*.

Ist der Darwinismus wirklich keine wissenschaftliche Theorie? Wie wir später sehen werden, wird genau das Gegenteil eintreten: Der Darwinismus wird im Rahmen der Evolutionstheorie sogar zu einer sehr zentralen wissenschaftlichen Theorie.

Auch in den Sozialwissenschaften – wie z.B. der Ökonomik, deren Theorien sich oft (mangels eindeutiger Aussagen) mit dem Thema Falsifizierbarkeit schwer tun – stellt Poppers Forderung ein Problem dar. Man versucht dort, das Dilemma zu umgehen, indem man durch die Entwicklung von Computersimulationen einen hohen Grad der Formalisierung erreicht. Wenn diese Simulationen hinsichtlich ihrer Ergebnisse gut mit den beobachteten Phänomenen übereinstimmen, wird davon ausgegangen, dass die zugrunde liegende Theorie ausreichend exakt formuliert wurde. So wird eine scheinbare Falsifizierbarkeit erreicht, was denn auch wissenschaftstheoretisch umstritten ist.

Deutlich wird, dass Poppers Methode sich in ihrer absoluten Gültigkeit auf einzelne „logische Inseln" beschränkt. Erfährt eine dieser Inseln einen Widerspruch von einer anderen Insel (wie es in Debatten von Talkshows schon fast die Regel ist), so wäre dieser nach Gödel absolut erlaubt, er würde gemäß Popper aber zur Falsifizierung eines oder beider „Inselinhalte" führen. Bei dieser von Gödel erlaubten Konstellation versagt also Poppers Methode. Deutlich wird also, dass Poppers Methode dann nicht mehr exakt (!) funktionieren kann, wenn man eine logische Insel verlässt. Oder anders: Poppers Methode ist dann absolut (!) wertvoll, wenn man auf einer logischen Insel bleibt und diese auf Herz und Nieren prüfen will.

Verlässt man diese, trübt Poppers Methode aber schon grundsätzlich den Blick auf jene naturwissenschaftlichen Gesetzmäßigkeiten ein, die von höherer Komplexität sind. Ist das wissenschaftliche Festhalten an Poppers Methode schuld an dem Übersehen so mancher wichtiger Naturgesetze? Es spielt zumindest – wie ich zeigen wollte – eine Rolle.

In der Komplexität werden aber Intuition, Spekulation und das Umgehen mit Paradoxien, Wahrscheinlichkeiten, Unentscheidbarkeiten und Nicht-wissen-können wertvoll, was im günstigen Fall, also hier und da, durchaus mit Computersimulationen unterstützt werden kann und dann auch zu einem gewissen Grad der mathematischen Formalisierung führen kann, aber eben nur bis zu einem gewissen Grad.

Was lernen wir daraus? Ich will es an dieser Stelle – auch wenn es eher eine **Anweisung der Natur an uns Menschen** ist – als das nächste Gesetz formulieren, als das ...

3. Gesetz der Natur:

Bei komplexen Fragestellungen gilt es für uns Menschen, möglichst viele der logischen Inseln, die mit der Frage zusammenhängen, zu betrachten, dabei auf das Muster ihrer Verknüpfungen zu achten, diese soweit wie möglich zu analysieren und „den Rest" mit Erfahrungswerten und (möglichst guter) Intuition zu bewältigen.

Es ist ein Gesetz, auf das wir in der Diskussion der Eigenschaften komplexer Systeme (ab etwa hundert Seiten später) häufiger wieder treffen werden.

Und es ist ein Gesetz, gegen das vor allem von der Politik sehr häufig verstoßen wird – mit oft schwerwiegenden Folgen, wie es z.B. bei der Covid-19-Pandemie zu beobachten war: Man berief sich dort in einem komplexen gesellschaftlichen Feld auf eine einzelne „Insel" und damit einseitig auf die Aussagen von Virologen ... und wählte dann auch noch gezielt diejenigen aus, deren Meinungen man hören wollte (s. dazu ausführlich Kapitel 11.4.3.).

Damit schließe ich an dieser Stelle erst einmal meine Aussagen zur Logik und Nicht-Logik der Welt ab.

Die Folge war, dass ich nun vor der Frage stand, wo der Weg zu den eigentlichen Spielregeln der Welt begann.

Ich stand plötzlich wieder vor einem Sammelsurium von wissenschaftlichen Möglichkeiten und musste kräftig sortieren. Es dauerte tatsächlich einige Zeit des Grübelns, bis mir klar wurde, dass es die **Dynamik der Welt** ist, die den Schlüssel zu den Spielregeln liefern kann.

Dies wiederum war – wie sich herausstellen sollte – gleichbedeutend mit folgender Frage:

Was ist Zeit? Was bringt die Zeit in die Welt?

Denn es ist das Fließen der Zeit, in dem sich die Dynamik der Welt spiegelt. War es bei dem Aufbau der Welt also noch das Phänomen der Konstanz der Lichtgeschwindigkeit gewesen, das mich auf die Spur gebracht hatte (s. Band I), so wird es nun das Phänomen „Zeit" sein. Man muss – das sollte sich bei meinen Arbeiten bestätigen – endlich die Zeit verstehen, um herauszufinden, wie die Welt funktioniert.

Genau das wurde schnell zum Problem; denn die etablierte Physik kann sich bis heute nicht darauf einigen, was Zeit ist.

Woher kommt das Phänomen Zeit? Für den normalen Menschen ist es einfach da, die Zeit fließt eben gleichmäßig vor sich hin. Für den universitären Wissenschaftler allerdings, der diesem Phänomen auf den Grund gehen will, ist das Rätsel der Zeit bis heute ungelöst.

Wie entsteht also Zeit, woher kommt sie?

6.   Die Zeitgesetze

6.1.   Was ist Zeit?

Gestatten Sie mir an dieser Stelle einige Bemerkungen, die Ihnen das Lesen der nächsten Seiten erleichtern sollen. Ich werde gleich in die tiefen Diskurse der Physik zum Thema Zeit einsteigen, einer Physik, die sich hier immer noch mehr als schwer tut. So werde ich für diejenigen, die den Band I dieser zweibändigen Reihe nicht gelesen habe, den Weg zu meinem Lösungsvorschlag zur Zeit noch einmal verkürzt wiedergeben.

Warum ist Zeit für das weitere Vorgehen so wichtig? Nun, es geht darum, endlich die Dynamik der Welt zu begreifen. Woher sie kommt, und warum wir die Welt als eine **Welt der Prozesse** verstehen müssen – etwas, was die Physik bisher kaum leistet. Aber genau hier liegt ein wichtiger Schlüssel verborgen, wenn man die Gesetze der Welt erkennen will. Denn es ist die Zeit, die uns bald in Richtung der Prozesse von Chaos und Ordnung führen wird.

Was ist also Zeit?

Seit Jahrhunderten stellen sich die Physiker diese Frage und diskutieren darüber, warum die Zeit nur in eine Richtung geht. In den fundamentalen Gesetzen der Physik gibt es bis heute – sieht man von der Entropie ab, auf die wir bald zu sprechen kommen – keinen Zeitpfeil. Die physikalischen Gleichungen sind in der Regel indifferent der Zeit gegenüber (vorwärts ist wie rückwärts), und für unser Empfinden, dass die Zeit fließt, geben diese Gleichungen nicht den geringsten Anhaltspunkt. In den Gleichungen der Quantentheorie löst sich die Zeit sogar förmlich auf. Dort gilt eine gemeinsame „common time", die nicht fließt.

Unsere tägliche Erfahrung ist aber genau dies, dass Zeit fließt – man kann sie auch nicht festhalten, man kann die Zeit nicht abstoppen, man kann sie nicht beschleunigen und auch nicht in ihr reisen. Es ist das Jetzt, das fließt, von einem Moment zum anderen. Das fließende Jetzt wird zur Vergangenheit, es ist das, was gleich nicht mehr sein wird, das Vergangene ist nicht mehr und die Zukunft gibt es noch nicht, sie wird aber unausweichlich sein. Das ist die bekannte **Dreiteilung der Zeit**. Was ist also Zeit?

Diese Frage beschäftigt die Menschheit schon lange. Augustinus formulierte um etwa 400 n.Chr. in seiner Verzweiflung: *„Wenn mich jemand fragt, weiß ich es; will ich es aber erklären, dann weiß ich das nicht!"* Und Albert Einstein formulierte ähnlich verzweifelt über 1500 Jahre später: *„Zeit ist das, was eine Uhr anzeigt"*. Das klingt nach wenig Fortschritt. Was war mit Newton?

Nun, für ihn war die Zeit absolut, d.h. gleichmäßig ohne Beziehung auf irgendetwas Äußeres fließend, und zwar wirklich absolut gleichmäßig. Nur so konnte er die Grundgesetze der mechanischen Bewegung formulieren. Und so stellen wir uns im Alltag – seien wir ehrlich – auch heute noch die Zeit vor und lassen das Thema dann „als erledigt" fallen.

Die Philosophen ließ das aber nicht los. Für Kant war die Zeit eine unendliche Größe, die als unendlich unterteilbares Ganzes gegeben war (wie es auch Newton vermutete), sie hing aber nun an der Gegenwart von Gegenständen, da sie sonst nicht beobachtbar wäre. Dies entsprach in etwa auch dem Zeitbegriff von Leibniz, der Zeit als anhand von Gegenständen und deren Veränderung wahrnehmbar betrachtete. So gibt es bei Leibniz eine Art Ordnung von gleichzeitig existierenden oder nacheinander existierenden Gegenständen oder Vorgängen.

Mit der Entdeckung der Konstanz der Lichtgeschwindigkeit änderte sich das komplett. Nun war die Zeit nicht mehr das, was sie zu Newtons Zeit noch gewesen war, nämlich ewig gleichlaufend. Die neue Erkenntnis war: Wenn die Zeit fließen sollte, dann tut sie es nicht gleichmäßig, sie hängt von der Bewegung ab. Das gilt übrigens tatsächlich auch für Sie ganz persönlich: Wenn Sie sich schnell bewegen, fließt für Sie die Zeit langsamer, wenn auch nur einen Bruchteil von einem Bruchteil von einem Bruchteil ....

Für jeden von uns tickt die Zeit also ein ganz klein wenig anders, aber eben anders. Gemäß Einstein stimmen wir deshalb auch nicht darin überein, was Vergangenheit, Gegenwart und Zukunft sind. Das hätte aber heftige Folgen; denn es gilt natürlich auch für unsere Körperteile: Die vielbewegten Arme und Beine hinken danach zeitlich eigentlich ein klein wenig hinterher. Verwirrung? Es geht noch weiter: Obwohl nach der Speziellen Relativitätstheorie die Zeit für jeden von uns verschieden läuft, befinden wir uns, wenn wir anderen Menschen begegnen und ihnen die Hände schütteln, immer wieder in einer Gleichzeitigkeit, in einem gemeinsamen Jetzt. Wie geht das? Wie macht das die Natur? Diesen einfachen und naheliegenden Fragen geht die Physik mittlerweile gerne aus dem Weg.

Das mag auch daran liegen, dass Philosophen und Wissenschaftler beim Thema Zeit in ihrer Ratlosigkeit viel künstlichen Nebel erzeugt haben. So sympathisierte Einstein auf der Grundlage seiner Theorien mit dem sogenannten **Eternalismus**, dessen Kerngedanken sind:

- Alle Zeitpunkte und ihre Bezugssysteme sind gleich wirklich.
- Zeit ist eine reale vierte Dimension analog zu den drei Raumdimensionen.
- Zukunft und Vergangenheit sind ebenfalls wirklich.

Im Eternalismus existieren Objekte also nicht nur in der Gegenwart, sondern auch in der Vergangenheit und Zukunft (sie sind raumzeitlich ausgedehnt).

Dieser Eternalismus, der mit unserem eigenen, realen Zeitempfinden und unseren realen Erfahrungen heftig kollidiert, wirft aber schon rein theoretisch so manche spannende Fragen auf:

- Wie kann aus objektiver Zeitlosigkeit bei uns Menschen eine Zeitempfindung, also eine subjektive Zeitlichkeit entstehen?
- Wieso werden eine Gegenwart und eine Zeitrichtung erlebt? Warum wird nicht alles auf einmal, also gleichzeitig erfahren?

Und wenn für uns die Vergangenheit als fixiert erscheint (was geschehen ist, ist geschehen und lässt sich nicht mehr ändern), wird die Zukunft als offen erlebt. Warum soll das eine Täuschung sein? Wir sehen, in welche Schwierigkeiten man kommt, wenn man Einsteins Spezielle Relativitätstheorie so richtig ernst nimmt ... und an eine Theorie glaubt, die täglich von unseren Alltagserfahrungen widerlegt wird.

Das Gegenstück zum Eternalismus ist der sog. **Präsentismus**. Seine Hauptaussagen sind: Nur die Gegenwart existiert. Vergangenheit und Zukunft sind nicht real (oder nur als Erinnerung oder Vorstellung).

Die Probleme werden noch größer. Denn nun sind Aussagen über Ereignisse in der Vergangenheit und Vermutungen über die Zukunft sinnlos, weil sie nicht in Beziehung zur Gegenwart stehen. Danach gab es weder Dinosaurier noch die Mondlandung.

Und laut Relativitätstheorie ist gerade in einem Bezugssystem etwas in der Gegenwart, während in anderen Bezugssystemen gerade Zukunft oder Vergangenheit angesagt ist. Was ist da noch existent? Nun, ich meine, der Präsentismus scheint eher für Menschen ausgedacht zu sein, die nur im Jetzt leben wollen und sich weder um die Vergangenheit noch um die Zukunft noch um das Jetzt anderer Menschen irgendwelche Gedanken machen wollen.

All diese Schwierigkeiten führten letztlich zu einer dritten Zeitphilosophie, dem **Possibilismus**. Seine zentralen Thesen sind:

- Die Gegenwart existiert und trägt die Keime künftiger Möglichkeiten in sich.
- Dies ist mit einem absoluten Zufall vereinbar, erzwingt diese Annahme aber nicht.
- Die Vergangenheit ist faktisch und fixiert (und kann damit auch Gegenstand weiterer Aussagen sein), aber die Zukunft ist offen, möglich und unbestimmt.

Das Problem des Possibilismus ist, dass er Schwierigkeiten hat, erklären zu müssen, **wie** die Möglichkeit der Zukunft aus der Wirklichkeit der Gegenwart hervorgeht. Sein Vorteil ist, dass er ansonsten unseren Alltagserfahrungen besser entspricht, wenn auch nicht der theoretischen Physik der Speziellen Relativitätstheorie, die ich ja eh für falsch halte (s. Band I).

Wie Sie also sehen können, zeigen all diese Zeitphilosophien, die alle auf dem Stand der Physik beruhen, dass dies noch nicht der Weisheit letzter Schluss sein kann. Die Naturwissenschaft steckt mit dem alten Weltbild tatsächlich in der Sackgasse. Das Thema Zeit verwirrt die Physik.

So ging es in einem Gespräch des Philosophen Rudolf Carnap mit Albert Einstein (etwa 1952) darum, dass Einstein sich große Sorgen um das Jetzt in der Physik machte. *„Er (Einstein) erklärte, dass das Erleben des Jetzt etwas sehr Besonderes für den Menschen bedeutet, etwas wesentlich Verschiedenes von der Vergangenheit und der Zukunft, dass aber dieser wichtige Unterscheid in der Physik nicht vorkommt und nicht vorkommen kann. Dass sich diese Erfahrung in der Wissenschaft nicht erfassen lässt, war für ihn eine Sache schmerzlicher, aber unvermeidbarer Resignation.“*
Und im März 1955 schrieb Einstein – kurz vor seinem Tod – *„Für uns gläubige Physiker hat die Scheidung zwischen Vergangenheit, Gegenwart und Zukunft nur die Bedeutung einer wenn auch hartnäckigen Illusion.“*

Es ist keine Illusion, wie ich Ihnen nun zeigen möchte. Kehren wir also wieder zurück zu unseren Armen und Beinen und zum Händeschütteln und suchen nach den Antworten.

Die Lösung beginnt damit, dass man – wie es das Händeschütteln fordert – ein gemeinsames Jetzt formuliert, das überall im Universum gleichzeitig existiert – ein Jetzt, das allerdings (als Neuheit) eine gewisse, sehr kurze Zeitspanne dauert, wie z.B. ein Quantum von etwa 10^{-43} Sekunden, wie es auch die Quantenphysik vorschlägt (s. Abbildung). Nur wurde, so entschuldigt sich die Physik, dieses kurze gequantelte Jetzt bisher nie gefunden, es hätte aber bei der Bedeutung der Zeit längst entdeckt werden müssen. Die Physik wird es – so meine Auffassung – aber auch nie finden können.

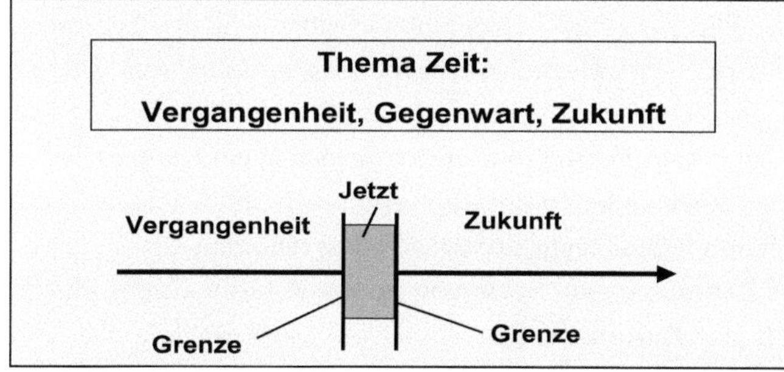

Dies liegt am zweiten Argument der Lösung, das nun folgt. Denn um die Frage zu beantworten, wie ein gemeinsames Jetzt möglich sein kann, wenn die Zeit für alles und jeden verschieden läuft, braucht es natürlich noch mehr: Die Antwort besteht darin, dass dieses Jetzt-Quantum verschieden lang sein kann. Es gibt ganz einfach keinen festen Wert für das Jetzt. Das entspricht bis hierhin auch der Relativitätstheorie.

Und es erklärt, warum man keinen festen Wert für ein Zeitquantum finden konnte. Ein überall gleichzeitiges Jetzt, das jeweils verschieden lang dauert? Es klingt paradox, aber es ist tatsächlich die einzig denkbare theoretische Lösung, wenn man die Ergebnisse der Physik ernst nimmt. Aber wie macht das die Natur, dass Arme und Beine wie unser Rumpf und beim Händeschütteln alle Beteiligten immer in derselben Gleichzeitigkeit sind, trotz unterschiedlich langer „Jetzt"?

Die Idee zur Lösung kam mir, als ich in der Nachbarschaft dem Bau eines Hauses zuschaute. Dort reihte man beim Mauern in einer waagerechten Reihe Stein an Stein. Wenn ich nun den Betonanteil pro Stein variieren würde, dachte ich, dann hätte dies keinen Einfluss auf das Reihen der Steine ... sie wären ja weiterhin gleich groß.

Der Lösungsansatz war also, dass die Zeit nicht selbst als konstant großes Quantum vorläge, sondern als wichtiger Bestandteil eines Bausteins von etwas, das sie umfasst – analog zum Betonanteil der Steine. Auf diese Weise wäre die Zeit in gewissen Grenzen in diesem Baustein variabel. Das theoretische Modell funktioniert, aber die Zeit müsste dann völlig anders sein, als wir bisher dachten: Sie müsste mit etwas Anderem verbunden sein. Doch: Was wäre dieser Verbund-Baustein? Der war noch zu finden.

Die Folgen dieses Gedankensprungs waren jedoch schnell klar:

Sollte es diesen Baustein geben, dann müssten wir Wissenschaftler tatsächlich in unserem Weltbild total umdenken.

Und so begann (s. Band I) meine Suche nach einem geeigneten Baustein, der das Rätsel der Zeit lösen könnte. Es ging um ihn und das Jetzt.

Den Weg zur Lösung verdanke ich Einsteins eigentlichem Geniestreich, seiner Allgemeinen Relativitätstheorie. Die Zeit wird – hier unterscheidet sich die Allgemeine von der Speziellen Relativitätstheorie – jetzt nämlich eingebunden in Raum, Energie und Materie. Man nennt dieses Phänomen auch Hintergrundunabhängigkeit; denn Zeit und Raum sind keine Bühne und damit kein Hintergrund mehr für das materielle Geschehen in der Welt, sondern alles ist miteinander verbunden und steht in Wechselwirkung miteinander. Wird Materie im Raum beschleunigt, ändert sich dort die Zeit.

Diese Änderung des Laufs der Zeit durch eine Bewegung im Raum führte in der Physik-Historie allerdings zum Begriff der **Raumzeit**. Die Physik postuliert seitdem also eine enge Verbindung von Raum und Zeit, obwohl beide doch so verschieden sind: In den Dimensionen des Raumes kann man sich hin und her bewegen, in der Dimension der Zeit nicht. Zur „Zeitmessung" gibt es auch keinen Maßstab wie einen Zollstock, sondern jede „Zeitmessung" ist in der Praxis nur in einem Vergleich mit einem anderen **Prozess** möglich, wie z.B. mit dem Prozess der Strukturveränderung einer mechanischen Uhr oder eines schwingenden Quarzkristalls.

Meine Idee sollte dies berücksichtigen, und ich kam zu anderen Schlüssen. Danach ist die Zeit tatsächlich kaum noch mit dem Raum selbst verbunden, sondern vielmehr mit der Gegenwart von Energien (incl. Materie) wie Beschleunigungskräften (incl. Gravitation). Es ist nun die **Dynamik** der Welt, es sind die **Wirkungen** ihrer Energie (incl. Materie) und Kräften, die hinter dem Phänomen der Zeit stecken und das Fließen der Zeit hervorrufen. **Es sind die Prozesse.** Ich möchte Ihnen das anhand der Entstehung des Universums erklären, beim Beginn der Zeit überhaupt.

Vieles (s. Band I) spricht heute dafür, dass das Universum im Gegensatz zur Urknalltheorie aus einer Art „Nichts" entstand, mit einem ersten **Baustein**, der dann aber all das enthalten müsste, was das Universum ausmacht: Raum und Zeit und Energie und Materie bzw. Kräfte. Gäbe es tatsächlich diesen Baustein, dann wäre es ein wichtiger Hinweis darauf, dass diese neue Theorie ernst zu nehmen wäre.

Nun sind Kräfte gerichtet. Ersetzt man daher versuchsweise die Größe Raum durch eine Kombination aus Entfernung und einem Richtungsvektor (der Kraft) und fügt man dann noch Zeit und die Kraft selbst (= Newton) hinzu, erhält man eine Größe $\overrightarrow{\text{Kraft}}$ x Weg x Zeit mit der Dimension $\overrightarrow{\text{N}}$msec oder – gleichbedeutend – Energie x Zeit. Das ist tatsächlich eine Größe, die alles enthält: Energie (auch in der Form von Materie) bzw. Kräfte, Zeit und Raum. Gibt es also einen derartigen Baustein? Ja, es ist der physikalische Baustein der **Wirkung,** es ist das sog. Wirkungsquantum, es ist sogar **der zentrale (!) Baustein der Quantenphysik.** Und so spricht sehr viel dafür, dass dies der erste Baustein ist, der die Zeit und das Universum in die Welt bringt, mit dem die Zeit beginnt.

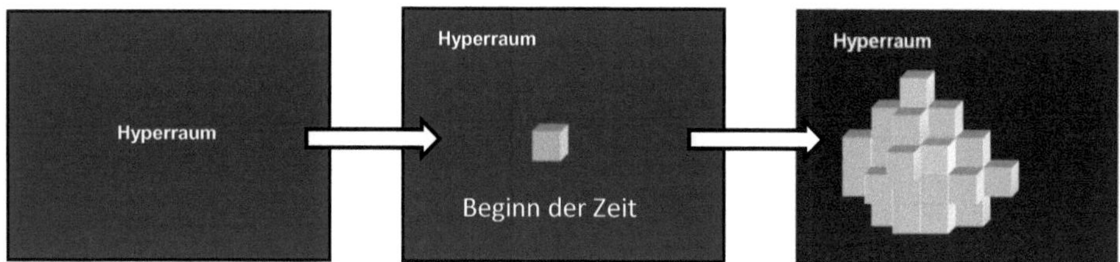

Das Universum beginnt nach dieser neuen Theorie mit einem ersten Wirkungsquant, der aus dem Nichts entsteht. Es ist der Beginn der Zeit. In diesem Prozess entstehen seitdem immer mehr Wirkungsquanten, das Universum wächst, die Zeit, die ein Bestandteil der Wirkung ist, fließt nun von einem Jetzt zum Nächsten.

Auf diese Weise entpuppt sich das Universum als ein **permanenter dynamischer Prozess** und wir erhalten eine Art **kosmischen Zeitpfeil.** Immer weitere Bausteine von Wirkung entstehen aus dem Nichts (auch Hyperraum genannt) und wir stehen vor einem Prozess, in dem zeitlich immer neuer Raum, neue Energie und Materie gebildet werden. Was wiederum gleichbedeutend mit der „**Dunklen Energie**" ist, dem Prozess, der in dem permanenten Wachstum des Universums seinen Ausdruck findet. Und es ist diese

Dynamik, die dafür sorgt, dass überall Prozesse ablaufen und die Welt nicht still steht. Es ist dieser **Prozess**, der die Zeit in die Welt bringt und von einem Jetzt zum Nächsten laufen lässt. Es ist eine Dynamik, die gleichbedeutend mit der Zunahme der physikalischen Größe Wirkung ist. **Die Welt besteht danach nicht aus Raum und Zeit, sondern aus (zunehmender) Wirkung.**

Bleiben wir aber noch kurz bei der Physik der Zeit, bevor ich Ihnen deutlich machen möchte, welche unglaublichen Folgen dieser letzte Satz für unser Bild von der Welt hat.

Mit einer Welt aus Wirkung statt Raumzeit lässt sich jetzt endlich auch das Paradoxon der Gleichzeitigkeit trotz unterschiedlicher Zeitläufe lösen, das ich oben so intensiv diskutiert hatte. Denn Zeit als Bestandteil der Wirkungsquanten mit fester Größenordnung lässt nun eine Formulierung **flexibler** Zeitquanten zu: Werde ich z.B. durch eine Energie beschleunigt – wie beim Autofahren – verringern sich durch die erhöhte Energie und die resultierende Bewegung im Raum die Werte meiner Zeit: Mehr Energie und Bewegung lässt im konstant großen Wirkungsquantum weniger Platz für Zeit.

Ersetze ich also Zeit durch die Zeit enthaltende Wirkung, ist nun trotz der ein wenig verschiedenen Zeitläufe eine gemeinsame Gleichzeitigkeit möglich. Das gesamte Universum ist im selben Jetzt.

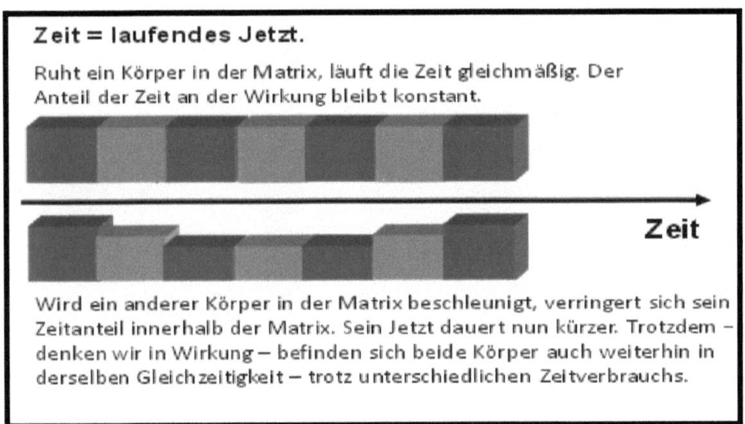

Die Auflösung des Zeit-Paradoxons. Entscheidend ist nicht mehr Zeit, sondern die gequantelte Wirkung. Damit wird trotz unterschiedlich großer Zeitquanten eine gemeinsame Gleichzeitigkeit bewirkt.

Dies versucht die Abbildung oben zu veranschaulichen. Sie beschränkt sich auf den Zeitanteil der Wirkungsquanten. Wir können erkennen, wie im oberen Teil der Abbildung ein Körper in dem „Äther des Universums" (den ich die Matrix nenne) ruht und der Anteil der Zeit (das Fließen der Zeit wird charakterisiert durch abwechselnd hell- und dunkelgraue Kästchen) konstant bleibt.

Im unteren Teil der Abbildung ergibt sich ein anderes Bild. Ein anfangs in der Matrix ruhender Körper wird beschleunigt, eine Zeitdilatation entsteht, die dann durch die resultierende gleichförmige Bewegung gleich bleibt, um dann – bei einem Bremsvorgang, der wieder in eine Ruheposition relativ zur Matrix führt – wieder zurückzugehen.

Man kann erkennen, wie trotz der verschiedenen Zeitanteile beide Körper in derselben Zeit bleiben. Das war auch für mich faszinierend: Das „Jetzt" ist gleichzeitig – und überall. Aber es dauert oft etwas verschieden lang. Das ist auch für Sie eine gute Nachricht: Ihre im Vergleich zum Rumpf viel mehr bewegten Arme und Beine führen jetzt kein zeitliches Eigenleben mehr. Sie befinden sich jederzeit alle in demselben Jetzt. Das sollte uns alle beruhigen. Und die Entdeckung dieser einzig möglichen Auflösung des Paradoxons der Zeit bestätigte mir eindrucksvoll mein Modell, was ich wiederum als eine Art indirekten Beweis wertete.

Was ist also Zeit?

Es fällt mir auch heute noch schwer, diese Frage angemessen zu beantworten – trotz all der vorliegenden Ergebnisse. Mein Versuch zur Erklärung sieht – nach langem Grübeln – derzeit so aus:

Seit dem Beginn des Universums existiert ein grundlegender Prozess der Entwicklung von etwas, das beobachtbar ist. Die Geschwindigkeit der darauf basierenden weiteren Prozesse charakterisieren wir mit dem Begriff „Zeit". Diese Zeit ist Teil von dem, was wir Physiker Wirkung nennen. Das Phänomen dessen, was wir Zeit nennen, wird demnach hervorgerufen durch die Ur-Dynamik des Universums und die stetige Zunahme seiner gequantelten Wirkung.
Messbar wird die Zeit durch den Vergleich mit einem standardisierten Prozess wie z.B. einer Quarzuhr, er charakterisiert das fließende, variabel gequantelte Jetzt.

Das klingt jetzt alles sehr physikalisch und deutlich komplizierter als Einsteins Ausspruch *„Zeit ist das, was eine Uhr anzeigt"*. Aber so ist es denn auch offensichtlich mit der Zeit: Einfach lässt sie sich nicht in Worte fassen. Und um all die Zeitphänomene zu erklären, hat es sogar ein völlig neues Weltbild gebraucht, eine Welt auf der Basis von Wirkung statt Raumzeit (s. Band I). Ich schlage Ihnen an dieser Stelle daher nun vor, sich für einen Moment in Ruhe zurückzulehnen und die physikalische Diskussion der Zeit irgendwo zwischenzulagern – um sich zusammen mit mir dann darauf zu konzentrieren, welche Auswirkungen diese Ergebnisse auf das Erkennen der Naturgesetze hier auf der Erde und damit auf Ihr Leben, in dem Sie ja (hoffentlich) erfolgreich sein wollen, haben können.

Es geht nun darum, was dies alles mit unserem Leben zu tun hat. Und wenn Sie sich an dieser Stelle fragen, was dieser mühsame Ausflug zum Thema „Zeit" sollte, dann kommt auf der nächsten Seite die Antwort.

Eine Welt aus (zunehmender) Wirkung statt Raumzeit – was für ein Unterschied!

Denn eine Welt aus Wirkung bedeutet nichts weniger, als dass wir aus der eher statischen Physik nun in einen **Fokus auf die Prozesse und Veränderungen von Zuständen** übergehen müssen, wenn wir endlich die Welt besser verstehen wollen! Es ist ein völlig neues Weltbild.

Und es ist ein Weltbild, mit dem aus der „toten" Physik nun etwas Anderes wird, eine **dynamische Physik der Gegenwart,** in der – mit den Erkenntnissen zur Zeit – jetzt **Prozesse** in den Vordergrund streben. Unsere Grundlage wird damit nun eine **Prozessphysik des fortlaufenden Jetzt.** Mit dieser Sichtweise richten wir nun unser Augenmerk **auf die Prozesse und deren Gesetze, die unser Leben bestimmen!**

So seltsam das hier klingen mag: dieses Denken, das uns nun helfen wird, die Welt besser zu verstehen, ist tatsächlich neu – es gibt bisher keine Prozessphysik. Bisher schaute man – wie es seit Platon und Aristoteles von der Wissenschaft bevorzugt wird – vor allem auf Anfangs- und Endzustände. Die Herausforderung für die Wissenschaft ist aber nun, mehr auf die Prozesse selbst zu schauen, auf den Wandel, auf die Antriebe zur Veränderung, auf das, was zwischen Anfangs- und Endzustand liegt, auf das, an das wir Wissenschaftler uns nicht so gern herantrauen. Denn Prozesse sind meist sehr komplex, sie unterliegen oft den Einflüssen von Umgebungen und irgendwelchen systemischen Zusammenhängen. Prozesse sind in der Regel nicht auf eine logische Insel reduziert.

Auf der Suche nach Theorien, die dies beschreiben können, sind, wie ich bereits andeutete, Mittel wie Logik und Beweisbarkeit alleine allerdings selten geeignet, es braucht für die Bereiche der „Dunkelheit" eine **Kombination** aus sorgfältiger Beobachtung, guter Intuition und breitem Wissen, also zusätzlich ein gutes subjektives „Sapere Aude". Korrekte Beweise als alleiniger Maßstab für die Richtigkeit von Theorien helfen nicht mehr.

Als neues Kriterium gilt nun: Neue Theorien lösen die alten ab, indem sie unsere Wahrnehmung der Wirklichkeit offenbar besser beschreiben als die alten. Indem sie besser funktionieren. Wie es das Beispiel Darwinismus belegt (s.o. bei der Diskussion zu Popper und Gödel), ist das für komplexe, umfassendere Theorien der neue Königsweg zu wissenschaftlichem Fortschritt. Es ist ein Königsweg mit einem großen Hindernis; denn es existiert eine nur geringe Bereitschaft der Naturwissenschaften, diesen Weg, der auch subjektive Intuition enthalten muss, zu gehen. Bisher konnten wir uns das leisten, die Welt war groß genug, um all unsere Fehler zu erlauben und sie zu verkraften, aber nun, da der Tipping Point überschritten wurde, werden die Folgen unserer Bequemlichkeit deutlich:

Vor lauter Streben nach Beweisbarkeit haben wir versäumt, das Wissen zu suchen, das nun unsere Existenz bestimmen wird.

Um das geht es aber jetzt. Schauen wir also nun auf die Prozesse, die unser Leben bestimmen.

So werden wir nun nach und nach auf weitere Zeitpfeile treffen, die den kosmischen Zeitpfeil, der die Zeit in die Welt brachte und das Universum sich ausdehnen lässt, **wirkungsvoll** ergänzen: den Zeitpfeil der Trägheit, den des Ausgleichs, den der Entropie, den der Entstehung von Strukturen und den der Evolution.

6.2.   Das 1. Zeitgesetz: Die Trägheit von Impulszuständen

Ich beginne an dieser Stelle mit einem Prozess, in dem die Zeit gut sichtbar fließt und der komplex genug ist, um nicht mit einer mathematischen Formel beschrieben werden zu können, aber trotzdem auf einfache Weise zu den entscheidenden Aussagen führt: Ich beobachte ganz einfach eine Tänzerin bei ihrer dynamischen Bewegung – von einem Jetzt zum nächsten, wie es die folgende Abbildung beschreibt. Was lässt sich beobachten?

Die Abfolge von Strukturzuständen mit einem gerichteten Impuls zur Veränderung (hier als Bewegung einer Tänzerin verdeutlicht) macht den Ablauf der Zeit sichtbar. Aus dem vorherigen Zustand ergibt sich der jetzige, und aus diesem der nächste.

Wir beobachten ein **System**, das aus dieser Tänzerin, der Musik, einem Raum, ihrer Kleidung und so manchen anderen Details besteht. Frieren wir den beobachteten Prozess nun auf ein Jetzt ein – es ist wie bei einer Fernbedienung die Taste zum Standbild – so betrachten wir eine Art **Zustand des Systems** mit einer beschreibbaren **Struktur**, die sich eben aus Tänzerin, Raum, Kleidung, Musik und manchem anderen zusammensetzt. Wir Wissenschaftler sprechen hier auch von einem **systemischen Strukturzustand**.

Wie Sie sicher bemerkt haben, verändert sich nun das Vokabular, das ich benutze. Statt ein Detail isoliert zu erfassen, geht es nun darum, Zusammenhänge in einem System zu berücksichtigen bzw. Systeme so weit wie möglich in ihrer Ganzheit zu beschreiben.

Die Wissenschaft benutzt dafür das Wort „Zustand" und redet auch von Zustandsgrößen. Es treten daher nun **Begriffe wie Zustand, System, Struktur** und **Beschreibungen** ihrer **Veränderungen** in den Vordergrund. Mathematische Formeln sind hier kaum noch anwendbar – es sind tatsächlich Beschreibungen gefragt!

Die nächste wichtige Erkenntnis erhalten wir, wenn wir uns das Standbild des folgenden Jetzt (nach etwa 10^{-43} Sekunden) anschauen. Es ist ganz einfach wie bei dem Unterschied zwischen einem Schnappschuss und einem Filmausschnitt: Die Tänzerin hat sich eine Winzigkeit bewegt, der Strukturzustand hat sich (ebenso minimal) verändert – und zwar in eine Richtung, die von der Tänzerin aufgrund des Impulses des vergangenen Jetzt und ihren aktuellen Absichten bestimmt wird. Und so geht es Standbild für Standbild weiter, und die Zeit fließt mit, von einem Jetzt zum nächsten. Es ist wie bei den alten Filmrollen im Kino, in denen 24 Bilder pro Sekunde gezeigt wurden, nur dass es jetzt, in der Realität, ca. 10^{43} Jetzte (gibt es diesen Plural für Jetzt?) pro Sekunde sind – das ist eine 1 mit 43 Nullen.

Wir beobachten von einem Jetzt zum nächsten also eine Abfolge von Strukturzuständen, die grundlegend erst einmal von einem gerichteten Impuls zur Veränderung bestimmt wird. Der Begriff „Strukturzustand" reicht nicht mehr aus, wir haben jetzt einen Strukturzustand mit einem gerichteten Impuls zur Veränderung. Die Wissenschaft sagt dazu kurz **Impulszustand**. Wir können uns also merken: Jedes „Standbild" hat einen gerichteten Impuls zur Veränderung. Und damit kommen wir nun auf den nächsten Seiten zu einer lebendigen und dynamischen **Prozessphysik der Impulszustände**. (Mit diesem gerichteten Impuls ist also die nahe Zukunft wesentlich bestimmter als im Possibilismus (s.o.) angedacht.)

Der Strukturzustand im Jetzt weist einen Impuls auf, der von der Historie der Vergangenheit geprägt ist. Jedes Jetzt ist kurz danach wieder Vergangenheit, wirkt sich aber wieder mit seinem Impuls auf den Zustand im nächsten Jetzt auf. Die Zeit fließt von einem Jetzt zum nächsten.

Denn damit entsteht in der Wahrnehmung und gleichermaßen nun auch in der Theorie eine dynamische Physik des „fortlaufenden Jetzt", in der sich jeder Zustand nur im Jetzt messen lässt und einen gerichteten Impuls zur Wandlung besitzt. Wobei sich die Wandlung erst dadurch beobachten lässt, dass man im nächsten „Jetzt" den nächsten Zustand misst und dann beide Zustände vergleicht – natürlich wieder im neuen „Jetzt", auf der Grundlage der protokollierten Daten, die man jetzt im Moment einsieht. So entsteht dann eine Art „Fluss" des Prozesses (s. Abbildung oben).

Mit diesem wissenschaftlichen Modell wird die Physik dem Leben deutlich ähnlicher: Auch unser Erleben besteht aus einer Folge von Erlebnissen im immer wieder neuen „Jetzt", die ein Ausdruck der Vorgeschichte in der Vergangenheit sind. Damit lässt sich formulieren:

Die Zustände der Vergangenheit bestimmen den Impuls und Zustand der Gegenwart. In der Wechselwirkung (Überlagerung) der Zustände und Impulse mit zusätzlichen Impulsen in der Gegenwart entsteht die neue Gegenwart mit dem neuen Impuls in Richtung Zukunft. Real existiert nur das Jetzt.

Alles ist damit ein Prozess der Wandlung von Impulszuständen, basierend auf den vorherigen Wandlungen, also auf „historischen" Prozessen: Zustände des „Vorhin" mit ihrer Wandlung zum „Jetzt" haben Einfluss auf die weitere Wandlung in Richtung Zukunft. Aus dem Woher oder Vorhin wird ein Jetzt und dann das Wohin oder Danach. Und alles findet in einem fließenden „Jetzt" statt – mit unzähligen „Hiers" im dreidimensionalen Raum. Und jedes Jetzt dauert etwa 10^{-43} Sekunden.

In der Aufsummierung dieser Jetzt-Abschnitte, aus der Dynamik der Impulszustände ergibt sich nun, wie man unschwer nachvollziehen kann, das individuelle Fließen der Zeit. Die Zeit ist damit grundsätzlich etwas anderes als ein statischer Raum, sie ist vom Charakter her „dynamisch". Zeit wird erst sichtbar in der Änderung der Struktur im Raum, im Prozess, in der Dynamik. Leibniz lag in seiner Auffassung also ganz gut, als er sagte, Zeit wäre gleichbedeutend mit der Veränderung beobachtbarer Gegenstände.

Damit wird noch einmal erklärt, warum es zur „Zeitmessung" keinen Maßstab wie einen Zollstock gibt, sondern jede „Zeitmessung" nur in einem Vergleich mit einem anderen Prozess möglich ist, wie z.B. mit dem Prozess der Strukturveränderung einer mechanischen Uhr oder eines schwingenden Quarzkristalls.

Ich habe das Beispiel einer Tänzerin auch deshalb gewählt, weil wir mit ihr auf den nächsten Erkenntnisschritt kommen, der zu einem ganz wesentlichen Naturgesetz führen wird. Es geht nun um die **Trägheit von Impulszuständen**.

Sicherlich kennen Sie die Erfahrung des Tanzens und seiner Bewegungen. Wenn Sie einen Tanzschritt beginnen, sorgt der gerichtete Impuls ihrer Bewegung für eine Fortsetzung der Bewegung. Hier wirkt in Ihrem System das **Trägheitsprinzip** – es sorgt dafür, dass Sie die Bewegung weiter ausführen, bis sie auf ein Hindernis stößt, sei es durch ein Abstoppen, ein Beschleunigen oder einen Richtungswechsel oder irgendetwas Anderes. Es kann dabei auch ein anderes Tanzpaar sein, das Sie aus Versehen anrempelt. Impulse zur Veränderung des Strukturzustandes sind also nicht nur abhängig von der Vergangenheit, sondern auch von Ihnen selbst als Systembestandteil (wie z.B. mit Ihrer Dynamik und Ihren Absichten) und von der Umgebung, die im Jetzt auf Ihren Impulszustand wirkt.

Diese Beschreibung führt folgerichtig nun zum Gesetz der Trägheit von Impulszuständen, das ich in Anlehnung an die Mechanik Newtons so formulieren möchte:

Alle Impulszustände unterliegen dem Trägheitsprinzip, d.h. jeder systemische Prozess beharrt darauf, gleichförmig in Richtung seines systemeigenen Impulses weiter zu laufen, wenn er nicht durch einwirkende Kräfte gezwungen wird, dies zu ändern.

Diese Trägheitsprinzip gilt nun nicht nur für eine rollende Kugel (ein beliebtes Beispiel aus Newtons Physik) oder im Sport, in dem man gerne vom Momentum redet, das gerade die eine oder andere Mannschaft auf ihrer Seite hat. Es gilt auch für das Verhalten von Personen und ihrer Macht der Gewohnheit, mit der sich gerne Psychologen beschäftigen. Es ist zudem ein Phänomen in Firmen und in der Politik, ja sogar bei ganzen Gesellschaftssystemen und eigentlich bei allen systemischen Prozessen. Kleine wie große Systeme unterliegen also der Trägheit und versuchen oft mit allen Mitteln, ihre Organisationsstruktur bzw. ihren Impulszustand aufrecht zu erhalten. Bis eine externe Störung eintritt, die dies verhindert, oder andere, interne Einflüsse (wie z.B. der Leidensdruck der Psyche) wirksam werden.

Dann kommt es zur „Machtprobe", die eher eine Probe der Stärke ist. Sie kennen sicherlich die Beobachtung, wenn man einen sich drehenden Kreisel von der Seite anstößt und dieser entweder nur kurz aus der Drehbewegung heraus trudelt und sich dann wieder wie vorher dreht (hier siegt die Trägheit) oder dieser aufgrund der Stärke der Störung oder der Schwäche der Trägheit in der Bewegung kollabiert.

Die Trägheit des Impulszustandes ist weiterhin sehr stark abhängig von dessen Größe bzw. Masse. Auch das kennen Sie: Stehen Sie einem kleinen rollenden Ball als „Störung" im Weg, hat das für Sie keine Folgen. Anders ist es bei einem Felsbrocken, der auf Sie zurollt. Die Frage ist dann: Was ist stärker, die Trägheit des Impulses oder Sie als Störung? Ein einzelner Mensch kann deshalb leichter seine Gewohnheiten ändern, schwieriger wird dies bei Firmen – und wenn es ganze Gesellschaften betrifft, ist die Trägheit der Impulszustände enorm.

Wir erkennen: Das Trägheitsprinzip gilt nicht nur für mechanische Systeme, sondern auch für Narrative und andere Überzeugungen, eigentlich für alles. Merken wir uns daher einfach:

Für jede Veränderung ist das Trägheitsprinzip ein großer Gegner.

Die gute Nachricht ist: Kleine Veränderungen gehen bedeutend schneller.

6.3.   Das 2. Zeitgesetz: Prinzipien des Ausgleichs

Natürlich gibt es in der Natur außer dem Trägheitsprinzip (und dem zugehörigen wirksamen Zeitpfeil) noch viele weitere Attraktoren, die die Geschehnisse, also die Prozesse der Welt bestimmen. Und einer der wichtigsten – was Ihr Leben betrifft – ist der **Attraktor Ausgleich** bzw. der immer und überall vorhandene Trend der Natur zum Erreichen eines **stabilen Gleichgewichts,** der ebenfalls in Form eines Zeitpfeils wirksam werden kann. Wir reden im alltäglichen Leben gerne von ausgleichender Gerechtigkeit, auch wenn manchmal noch zu klären wäre, was gerade gerecht ist. Aber es ist tatsächlich so, dass eine Art natürliche Kraft dahinter steckt, so ziemlich alles auszugleichen.

Ein stabiles Gleichgewicht ist nur dann gegeben, wenn es keinen instabilen Drang bzw. keine labile Unsicherheit gibt, die eine Veränderung auslösen könnte. Eine Kugel am Boden einer runden Schüssel ist da ein geeignetes Beispiel für einen stabilen Zustand. Andere Beispiele gehen von Ungleichgewichten aus, die Prozesse auslösen, bis ein Gleichgewichtszustand erreicht ist. Es ist wie z.B. bei der Spannung im Stromnetz. Verbinden wir die entsprechenden Leitungen miteinander, fließt Strom, die Ladungen gleichen sich aus. Dieser Attraktor, der „Spannungen" jeder Art ausgleichen möchte, ist in verschiedenen Ausprägungen in der Natur jederzeit und überall wirksam.

Man kann also populärwissenschaftlich sagen:

In der Natur existiert ein Attraktor, der „Spannungen" jeder Art in Systemen ausgleichen möchte.

Besondere Ausformungen dieses **Prinzips Ausgleich** finden wir in verschiedenen Gesetzen wie im **Massenwirkungsgesetz** (MWG), im **Le-Chatelier-Prinzip** oder beim Thema **actio = reactio.**

Das MWG definiert das chemische Gleichgewicht für reversible chemische Reaktionen. Reagieren zwei Substanzen in einem geschlossenen System miteinander, so pendelt sich in der Regel ein Gleichgewichtszustand zwischen Edukten und Produkten ein. Das Resultat unterliegt einer Gleichgewichtskonstanten. Greife ich nun in das System ein und erhöhe entweder auf der Seite der Edukte oder der Produkte die Substanzmenge, stellt sich das Gleichgewicht neu ein, mit derselben Gleichgewichtskonstanten. Das ist Teil des sog. Le-Chatelier-Prinzips (auch bekannt als Prinzip der Flucht vor dem Zwang). Ändere ich jetzt andere Äußerlichkeiten wie Druck oder Temperatur, so verschiebt sich das Gleichgewicht ebenfalls so, dass eine Art Flucht vor dem Zwang entsteht. Reaktionen z.B., die in einem geschlossenen System Gase erzeugen, laufen bei Druckerhöhung zum Teil wieder etwas rückläufig.

Ermahnen Sie Ihr Kind zum verstärkten Aufräumen seines Kinderzimmers, wird es aufräumen, bis sich temporär ein neuer Gleichgewichtszustand zwischen Intensität des Appells und seiner Aufräumbereitschaft gebildet hat.

Das nächste Gesetz „actio = reactio" (auch das Wechselwirkungsgesetz genannt) geht wie das Trägheitsprinzip auf Newtons Mechanik zurück. Jede Aktion erzeugt danach gleichzeitig eine gleich große Gegenreaktion, die auf den Verursacher der Aktion zurückwirkt. Ein Beispiel: Ein Sprinter stößt sich beim Start vom Startblock ab. Das funktioniert aber nur, weil der Startblock fest in der Erde verankert ist. Somit sind die Kraft, die den Sprinter nach vorne treibt, und die Kraft, die den Startblock mitsamt dem Planeten Erde nach rückwärts treibt, gleich. Nur ist das dem Planeten aufgrund seiner Masse ziemlich egal. Oder ein anderes Beispiel: Sie stellen sich zusammen mit einem Freund jeweils auf ein Skateboard, und jeder hält das Ende eines kurzen Seils zwischen euch fest. Nun zieht nur einer am Seil, und trotzdem setzt ihr euch beide gleicher Art in Bewegung und rollt aufeinander zu.

Actio = reactio gilt aber auch im ganz normalen Leben. Jedes Tun von uns führt zu einem direkt entgegengesetzten Wechselwirkungseffekt. Dieses Prinzip ist sogar gesetzlich verankert. So gibt es eine Ausgleichsabgabe, wenn ein Betrieb keine Schwerbehinderten einstellen will, und im Bundesnaturschutzgesetz versteht man unter Ausgleich eine Maßnahme, die angeordnet wird, um die beeinträchtigten Funktionen des Naturhaushalts durch ein Planungsvorhaben auszugleichen oder wiederherzustellen. Ja, die gesamte Haftpflichtversicherung beruht auf dem Ausgleichsprinzip, sei es bei Vermögens-, Sach- oder Personenschäden. Wie auch unsere Rechtsprechung.

Und auch alle Religionen kennen das Grundgesetz vom Ausgleich. So heißt es im Christentum: „Alles was Du willst, dass die Menschen dir tun, das tue ihnen zuvor." Oder im Islam: „Der ist kein wahrhaftiger Gläubiger, der seinem Bruder nicht das Gleiche zudenkt und erweist, was er sich selber zuliebe täte". Im Judentum lautet es: „Was du nicht willst, das andere dir zufügen, tue du auch ihnen nicht." Oder im Hinduismus: „Füge deinem Nachbarn nicht zu, was du nicht von ihm erdulden möchtest". Der Buddhismus formuliert es so: „Erweise den anderen die gleiche Liebe, Güte und Barmherzigkeit, von der du wünschest, dass sie dir entgegengebracht werde."

Im Buddhismus finden wir auch den Begriff **„Karma"**. Er bezeichnet, dass unausweichlich Kräfte existieren, die dafür sorgen, dass auf den, der Schaden verursacht, dieser Schaden wieder zurückkommt – und zwar sogar verstärkt. Wir ernten, was wir säen. Dieses „Feedback" auf unser Tun dient unserer Lernerfahrung und ist einer der zentralen Gedanken der buddhistischen Philosophie, was unser aller Leben betrifft.

Es ist kein strafender Gott, es ist ein Naturprinzip, das es zu achten gilt. Auch wenn das Feedback selten sofort kommt, sondern oft zu einem ganz anderen Zeitpunkt und in einem anderen Zusammenhang.

Wohl daher kommt das Bestreben mancher, „sich nicht erwischen zu lassen". Und ihre Hoffnung, davonzukommen. Zumindest solange sie leben. Im Roman „Schuld und Sühne" von Dostojewski wird dies am Beispiel des Mörders Raskolnikov, der sich schließlich selbst der Polizei stellt, wunderbar beschrieben.

Es gibt im Buddhismus aber auch ein Gegenstück zum negativen Karma. Das positive Karma wird **„Dharma"** genannt. Wenn Sie sich der Welt „schenken", wird Ihnen zum Ausgleich Ähnliches gegönnt. Wenn auch – natürlich – nicht immer sofort. Haben Sie Geduld und vertrauen Sie in diesem Fall den Naturprinzipien des Ausgleichs.

Interessant war es für mich nun, herauszufinden, was dahinter steckt – hinter diesem Streben nach Ausgleich. Wir stoßen jetzt auf eine der zentralen Zustandsgrößen unserer Welt, die wir **Entropie** nennen.

Und das ist denn auch der nächste Zeitpfeil für die Prozesse, die wir beobachten können.

Er ist, was Umweltfragen betrifft, für unseren Planeten von entscheidender Bedeutung.

6.4.   Das 3. Zeitgesetz: Die Entropiezunahme

Prognosen sind schwierig, vor allem, wenn sie die Zukunft betreffen.

Mark Twain

Der Traum fast aller Wissenschaftler, ja vieler Menschen überhaupt ist es, vorhersagen zu können, was geschehen wird, also in der zeitlichen Zukunft. Nun, wir haben mittlerweile über den Weg des „Jetzt" erkennen können, dass dabei Impulszustände mit Trägheiten eine wichtige Rolle spielen; und es sind im Besonderen die zuletzt beschriebenen Ausgleichsprozesse, die uns nun auf die Spur einer weiteren physikalischen Größe führen werden, die elementar ist für die Antwort auf die Frage: Welche Prozesse laufen von selbst ab? Ohne dass ich von außen irgendwie eingreife?

Für dieses Geschehen gibt es u.a. das Fachgebiet Physikalische Chemie. Und darin die **Thermodynamik**. In dieser Thermodynamik, mit der wir uns gleich beschäftigen wollen, werden wir nämlich auf eine für das Verständnis der Welt extrem wichtige Größe und die dazugehörige Formel treffen.

Betrachten wir dafür einen in sich abgeschlossenen Behälter mit zwei innen liegenden Trennwänden (also mit drei Kammern), die mit verschiedenen Gasen gefüllt sind, bei jeweils gleichem Druck und gleicher Temperatur. Entfernen wir nun die Trennwände, so wird etwas passieren, das uns geläufig sein sollte: Die Gase beginnen sich zu vermischen. Es passiert also etwas, eine Dynamik wird in Gang gesetzt!

Und will ich jetzt das System im Behälter charakterisieren, reichen messbare Größen wie Druck, Temperatur und Volumen nicht mehr aus; denn diese sind gleich geblieben. Der Zustand des Systems verändert sich nämlich nur durch das Vermischen. Hatte ich anfangs drei nicht vermischte Gase, habe ich nach einiger Zeit ein System mit ideal vermischten Gasen – bei gleichem Druck und gleicher Temperatur wie vorher.

Es ist aber ein anderer **Zustand**. Das kennen wir mittlerweile. Will ich jetzt diese Veränderung beschreiben, brauche ich folgerichtig eine **Zustandsgröße**. Das mag lapidar klingen, ist aber revolutionär – höchstens die Quantenmechanik arbeitet hier und da mit etwas Ähnlichem, sie beschreibt den Kollaps von Quantenzuständen, eine konkrete Zustandsgröße jedoch kann auch sie nicht aufweisen.

Nun ein weiterer Versuch: Einen sehr ähnlichen Effekt wie mit den Gasen erhalten wir, wenn wir Tinte in ein Glas Wasser tropfen lassen. Ohne dass wir etwas tun müssen, wird sich die Tinte mit der Zeit gleichmäßig verteilen. Aus einem geordneten Zustand, Tinte und Wasser sind kaum vermischt, wird ein ungeordneter. Es ist gleichzeitig ein Vorgang, der nicht umkehrbar ist – das Wasser und die Tinte werden sich nicht wieder entmischen. Da können Sie lange warten. Was ist geschehen? Wie bei den drei Gasen ist die Unordnung von selbst gestiegen.

Und noch ein Versuch: Kühlt beispielsweise eine Kaffeetasse ab, geht Wärmeenergie auf die Umgebung über. Es ist unmöglich, die Wärme wieder ohne zusätzlichen Energieaufwand in die Kaffeetasse zurückzubefördern. Es findet also von selbst ein Temperaturausgleich statt, bei dem die Wärme vom wärmeren Gegenstand zum kälteren übergeht. Ordnung – hier warm, dort kalt – nimmt ab, die Unordnung steigt.

Diese einfachen Versuche haben für die Erkenntnisse zum Wesen der Naturgesetze weitreichende Folgen, und die Zustandsgröße, die das beschreibt, nennen wir **Entropie**. Sie steigt mit zunehmender Unordnung.

Rudolf Clausius

Josiah W. Gibbs

In der Naturwissenschaft ist es die Thermodynamik (Wärmelehre), die sich mit Wärmeenergien und der von ihr verursachten Dynamik beschäftigt.

Die Begründer dieser Lehre sind neben einigen anderen **Rudolf Clausius** (1812-1888) und **Josiah Willard Gibbs** (1839-1903).

Auf der Basis der thermodynamischen Versuche und den dazugehörigen theoretischen Überlegungen zur Arbeit, die von einem System geleistet werden kann, formulierte Clausius schließlich den **berühmt-berüchtigten 2. Hauptsatz der Thermodynamik**:

In geschlossenen Systemen, die mit ihrer Umgebung weder Energie noch sonst etwas austauschen, kann die Entropie niemals abnehmen.

Hinter der Zustandsgröße Entropie verbirgt sich damit – so Clausius und Gibbs – eine universelle Kraft, die dafür sorgt, dass letztendlich das Universum (und alles andere) in Richtung Unordnung strebt. Alles geht mit der Zeit also in eine (!) Richtung: Wärme und Atome verteilen sich im Raum, bis ein möglichst ungeordnetes **Gleichgewicht** erreicht ist, ein Zustand maximaler Entropie.

Die allgemeine Zunahme der Entropie, so die Meinung der Physiker, wird daher auch das gesamte Universum irgendwann den „Wärmetod" sterben lassen. Es wäre allerdings eher ein Kältetod, wahrscheinlich ziemlich knapp über dem absoluten Nullpunkt von minus 273,15 Grad Celsius. Wenn die letzten Sterne verglüht sind und alles gleichförmig verteilt ist und jeder Punkt im Universum dieselbe sehr niedrige Temperatur angenommen hat, gäbe es irgendwann keinen Entropieunterschied mehr. Dann wäre Schluss. *„So endet die Welt nicht mit einem Knall, sondern mit einem Wimmern"* schrieb T.S. Eliot einmal. Das ist das Berüchtigte am 2. Hauptsatz. Oder das Deprimierende.

Was den russischen Fürsten Oblomov dazu bewegt haben soll, nicht mehr sein Bett zu verlassen. Denn seine logische Schlussfolgerung war, dass jede seiner Aktivitäten den Weg des Universums zum Wimmern beschleunigt hätte. Nun hatte er noch seine Diener, die ihn versorgten.

Sie begegnen dieser Entropiezunahme überall im Alltag. Wenn Sie morgens Milch in Ihren Kaffee schütten, wird sich mit der Zeit auch ohne Ihr Zutun die Milch mit dem Kaffee vermischen und nicht wieder entmischen, und Ihre Tasse mit dem Milchkaffee wird sich mit der Zeit abkühlen. Auch in anderer Form, beim Zerfall von Gegenständen, kommen Sie nicht an der Entropie vorbei: Straßen, Gebäude, technische Geräte, wir selbst, eigentlich allem droht ein Zerfallsprozess, in dem entstandene Ordnung wieder abgebaut wird. Was wiederum Bauämter und Ingenieure beschäftigt und Ärzten ihre Arbeit gibt.

Wie Sie hier schon erkennen, muss ich, will ich die Entropie aufhalten, Arbeit leisten. Das gilt auch für den Kühlschrank, der mit Hilfe von Energie, die von außen zugeführt wird, Arbeit leisten muss, um Wärme vom kalten und weiter abzukühlenden Gegenstand hin zur wärmeren Umgebung zu transportieren.

Gehen wir einen Schritt weiter und untersuchen derartige spontan ablaufende Vorgänge in der Natur wie die Ausbreitung von Tinte in Wasser vom Standpunkt der **Wahrscheinlichkeit** her, so erkennt der Wissenschaftler, dass die irreversiblen Vorgänge als Übergänge eines Systems aus einem weniger wahrscheinlichen in einen wahrscheinlicheren aufgefasst werden können. Man formuliert dann, die Entropie nimmt zu, und diese Zunahme der Entropie setzt man jetzt aber mit der Einnahme eines wahrscheinlicheren Zustands gleich. Die Entropie ist damit ein direktes Maß für die Wahrscheinlichkeit eines Systemzustands. Man kann aber auch gleichzeitig sagen, die Entropie ist ein Maß für die Unordnung, denn bei irreversiblen Prozessen wird aus einer Ordnung (hier Tinte, dort Wasser) eine höhere Unordnung erzeugt (gut verteiltes Gemisch aus Tinte und Wasser). Der unordentlichere Zustand ist damit immer der wahrscheinlichere.

Wahrscheinlichkeit und **Unordnung** stehen also in einem engen Zusammenhang – eine höhere Wahrscheinlichkeit bedeutet eine höhere Unordnung. Die Entropie lässt sich damit gleichermaßen sowohl über die Wahrscheinlichkeit als auch über die Unordnung definieren.

Ein weiteres Beispiel soll helfen, diese wichtige und elementare Zustandsgröße „Entropie", diesen Zusammenhang von Unordnung und Wahrscheinlichkeit besser zu verstehen. Wir betrachten sich bewegende Gasteilchen in einer Kammer (s. Abbildung Seite 67). In jeder Kammer befinden sich 4 Gasteilchen, und auch ihre Bewegungsenergie (dargestellt durch die Pfeile) ist aufsummiert gleich groß. Und doch sind die Unterschiede sehr deutlich. Der linke Zustand der Gasteilchen, in denen sich alle „brav" und geordnet links in der Kammer aufhalten, ist ähnlich unwahrscheinlich wie der mittlere, in dem ein Gasteilchen alleine die Bewegungsenergie innehat und der Rest geordnet ruht.

Viel wahrscheinlicher ist ein Zustand, wie er rechts zu sehen ist: Eine regellose Verteilung mit unbestimmter, zufälliger Bewegungsrichtung.

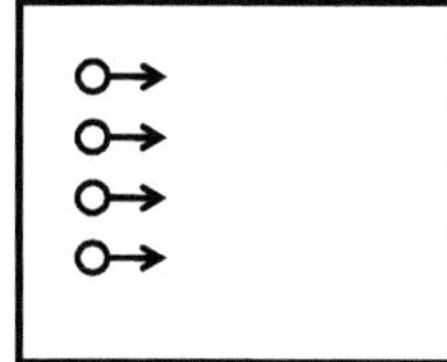 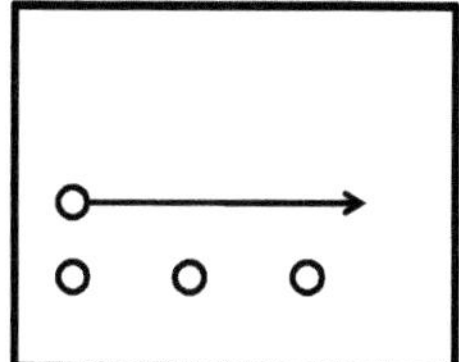 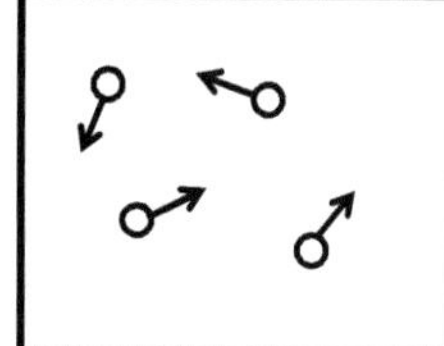

Sie können unschwer erkennen, dass – wie erwartet – die Wahrscheinlichkeit des Auftretens eines Zustands gleichbedeutend ist mit der Unordnung.

An dieser Stelle gilt es nun, zwischen **offenen Systemen**, die in einem Austausch mit der Umwelt stehen, und **geschlossenen Systemen**, die keinen Austausch mit der Umwelt kennen, zu unterscheiden. Dieser Unterschied ist **von zentraler Bedeutung**. Abgeschlossene Systeme – bei denen von außen keine Energie oder Arbeit zugefügt wird – zeichnen sich also dadurch aus, dass ihre Entropie nur zunehmen kann, nicht abnehmen. Die Formel dazu lautet:

$$dS/dt \geq 0$$

Die Änderung der Entropie S mit der Zeit t ist größer als 0, sie wächst also mit der Zeit. Wir sehen, die wachsende Entropie definiert eine Richtung der Zeitachse – in Richtung höhere Entropie. Das ist in der Physik übrigens das einzige Naturgesetz, das eine Zeitrichtung formuliert. Und lange Zeit dachte man, dass dies die einzige Ursache für den Zeitpfeil ist – man fand einfach nichts anderes. Mit einer Physik der Prozesse und einem sich entwickelnden Universum mit Wirkung statt Raumzeit (s. Band I) als elementare Größe ist dies nun anders. Das Fließen der Zeit ist einfach da und das Ergebnis der Grunddynamik des Universums.

Wie wir bald sehen werden, kann dieses Wachstum der Entropie denn tatsächlich auch nicht alles sein, was den Lauf der Zeit bestimmt; denn es gibt neben der Entwicklung des Universums durchaus Prozesse, in denen Systeme ohne weiteren Eingriff selbsttätig Energie aus der Umgebung, also von außen, aufnehmen und die Entropie innerhalb dieser Systeme dann abnimmt. Dies gilt vor allem für komplexe, lebendige Systeme.

Bleiben wir aber noch bei geschlossenen Systemen und schauen uns an, wie damals die Wissenschaftler Rudolf Clausius und Josiah Willard Gibbs zu weiteren Aussagen kamen.
Clausius (und andere Wissenschaftler wie Thomson etc.) beobachteten Prozesse, bei denen mit Hilfe von Wärme eine entsprechende Arbeit geleistet werden sollte. Wie erwartet nahm bei Prozessen, die irreversibel und von selbst in eine Richtung abliefen, die Entropie zu.

Um auch bei abnehmender Entropie Arbeit zu leisten, musste der Prozess entweder Wärme liefern, also exotherm ablaufen, oder es musste ihm ausreichend Wärme oder Energie zugeführt werden. Es war dann Gibbs, der für konstanten Druck – was in der Regel ohne künstliche Maßnahmen überall der Fall ist – folgende Gleichung aufstellte.

Ich halte sie **für eine der bedeutendsten Gleichungen** der Naturwissenschaft überhaupt, wenn ich verstehen will, wie die Welt funktioniert:

$$\Delta G = \Delta H - T\Delta S$$

ΔG ist dabei die von einem System maximal leistbare Arbeit (G wird auch Gibbs-Energie genannt), ΔH die Wärmetönung, T die absolute Temperatur in Kelvin und ΔS die Änderung der Zustandsgröße Entropie. Die Δ-Zeichen zeigen an, dass wir die Änderung des Systems, also einen Prozess betrachten (der Einfachheit halber vergleiche ich Anfangs- und Endzustand einer Betrachtung, auf die Differentialform der Gleichung wurde hier verzichtet). Das mag alles sehr physikalisch klingen, aber ich übersetze Ihnen das jetzt. Es geht bei dieser Formel schlichtweg darum, welche Prozesse in der Welt von selbst ablaufen, wenn wir Menschen nicht eingreifen.

Das ist die Magie dieser Formel.

Ein Prozess wie irgendeine chemische Reaktion etc. läuft nämlich nur dann von selbst ab, wenn ΔG negativ ist, und er wird umso mehr begünstigt, je stärker ΔG negativ ist!

Betrachten wir die Formel, so ist dies auf zwei Wegen möglich: Entweder durch negatives ΔH, wenn also der Wärmeeffekt exotherm ist, oder durch Wachstum der Entropie S, also durch mehr Unordnung. Ist kein großer Wärmeeffekt vorhanden, ist in der Regel die Zunahme von Entropie entscheidend. Milch und Kaffee vermischen sich, Temperaturen gleichen sich aus, Staub verteilt sich in der Wohnung und Schadstoffe und Viren verbreiten sich um die Welt. Und riesige Geldmengen der EZB diffundieren mehr oder weniger sinnvoll in die Ökonomie und die Spekulation, bis sie irgendwann in den Haushaltsgütern ankommen und zur nicht mehr kontrollierbaren Inflation führen. Wohin Sie auch schauen, überall wirkt die Entropie und sie ist es, die uns immer wieder dazu zwingt, „Ordnungsarbeit" zu leisten. Nicht nur Staubwischen oder Wäschewaschen oder technische Abgasreinigung durch Abscheider, sondern auch Erziehungsarbeit, Polizeiarbeit, Justiz-Arbeit, Ämter, Reparaturen, Einkaufen, Mülltrennung und Müllentsorgung, Aufräumarbeiten etc. etc. – für all diese Ordnungs-Arbeiten ist ΔG positiv (da ΔS negativ). Sie laufen nicht von selber ab, wir müssen Energie und Arbeit hineinstecken, um den Drang nach Entropiewachstum zu überwinden.

Damit kann ich formulieren:

Mit der Entropiezunahme existiert in der Natur ein Attraktor Unordnung.

Man kann diesem Thema Entropie nicht entkommen. Ihr Wachstum ist die entscheidende Größe für die Verschmutzung der Meere, für die Ausbreitung von Schadstoffen in Wasser und Luft, für die Ausbreitung von Gerüchen und Abgasen und für die Ausbreitung von Viren in der Welt. Alle Versuche, das Entropiewachstum zu verhindern, sei es z.B. in Hochsicherheitslaboratorien bei Experimenten mit Viren oder sei es bei der Eingrenzung von Schadstoffen, kämpfen mit viel Aufwand dagegen an, ohne 100prozentige Erfolgsaussichten. Die Entropie ist die entscheidende Größe beim Öffnen einer Sprudelflasche, wenn das Kohlendioxid in die Welt entweicht und sich ausbreitet wie auch für die „Büchse der Pandora" wie auch für Sie, wenn Sie pupsen müssen und Gerüche verbreiten. All das ist es, was hinter diesem eher wenig dramatischem Satz steckt:

Das Gleichgewicht abgeschlossener thermodynamischer Systeme ist durch ein Maximalprinzip der Entropie ausgezeichnet.

Ist dieses Entropiemaximum erreicht, sprechen wir vom absoluten Gleichgewichtszustand, dem ja (s.o.) die Natur so gerne entgegen strebt.

Wie ist es aber mit offenen Systemen?

Nun, grundsätzlich ist der Wachstumsdruck der Entropie auch bei offenen Systemen jederzeit vorhanden. Sie können sogar Ihre Mitmenschen danach beurteilen, wie groß ihre Intention und Bereitschaft zur Mühe ist, gegen den Drang zur Entropiezunahme um sich herum Ordnung zu schaffen. Da gibt es die wenig ordnungsliebenden Menschen bis hin zum Messi, den durchschnittlichen Ordnungsmenschen und dann den Pedanten bzw. sogar den Zwangsneurotiker. Wenn ich mir meinen Schreibtisch so anschaue, gehöre ich derzeit wohl eher zum Durchschnitt.
Das Wachstum der Entropie ist daher auch für offene Systeme eines der wichtigsten Naturgesetze. Allerdings wird es von Politik und Industrie und überhaupt in der Gesellschaft von Menschen viel zu wenig beachtet, obwohl es gerade in Umweltfragen oder auch in gesundheitlichen Fragen eminent wichtig ist.

Die Allgegenwart des Wachstums der Entropie ist denn auch der Grund, warum sich Physiker gerne **monistisch auf die Alleingültigkeit** dieses Prinzips stützen. Und doch – das werde ich bald zeigen – steht dieser scheinbar allmächtigen Entropie und dem Wärmetod der Welt etwas entgegen. Denn Prozesse, die wegen eines positiven Wertes von ΔG eigentlich nicht ablaufen dürften, sind dann möglich, wenn wir ihnen von außen genug Energie hinzuführen, oder sich Systeme von außen Energie schöpfen. Und diese Prozesse geschehen auch. Das ist doch mal eine gute Nachricht – ohne diese gäbe es nämlich auch kein Leben.

Und wieder einmal tut sich die Naturwissenschaft mit dem Leben schwer.

6.5.   Der Hang zum Monismus

Möge Gott uns bewahren vor Einäugigkeit und Newtons Schlaf

William Blake

Wir Wissenschaftler versuchen gerne, alle Phänomene der Welt auf ein einziges Grundprinzip zurückzuführen. Man nennt dies **ontischen Monismus**. Alle bekannten Vorgänge sollen sich danach auf dieses Grundprinzip reduzieren lassen, und zwar reduziert auf einen funktionalen, materiell gedachten Mechanismus.

Wenn das Wachstum der Entropie z.B. das Grundprinzip der Welt ist, dann müssen sich nach der Philosophie des Monismus´ auch alle Prozesse, bei denen Struktur und Ordnung entstehen, in Richtung Wachstum der Entropie erklären lassen, also in Richtung wachsende Unordnung. So würde heute auch der Wissenschaftler Ernst Häckel (1834-1919) argumentieren. Sein Buch „Welträtsel" wurde die einflussreichste populärwissenschaftliche Schrift um die Jahrhundertwende (1900). Seine Idee vom Monismus war, dass sich das Universum selbständig und durchgängig aus einer Ursubstanz nach einem einzigen Prinzip entwickelt hat. Und so verhält sich auch heute noch die Physik, indem sie oft das Wachstum der Entropie als das einzige (monistische) Prinzip bei der Entwicklung der Welt anerkennt und daran festhält.

Es ist wie bei Gauß, der die unendliche, monistische Feinheit der Logik annahm, es ist aber auch wie in unserer Gesellschaft, die vom binären Modell, in dem Mann und Frau als verschieden betrachtet werden, zunehmend abkommt. Prinzipielle Unterschiede werden gerne verniedlicht. Ontischer Monismus in reinster Form würde bedeuten: Sexualität ohne Geschlechter neu denken, Geschlecht wäre danach lediglich ein „historisch kontingenter binärer Mechanismus" und würde zunehmend als soziales (statt biologisches) Konstrukt angesehen.

Mit dem Hang zum Monismus begehen wir aber – nach dem ersten Fehler, dem einseitigen Bedürfnis nach durchgängiger Logik – den zweiten großen Fehler im Denken unserer Zeit und damit bei dem Umgang mit natürlichen Prozessen.

Denn beide Fehler zusammen hindern uns daran, so zu leben, wie es den Naturgesetzen besser entspricht. Es ist dieser Monismus, der unsere Lebensbedingungen immer rationaler und funktionaler macht, es ist dieser Monismus, der die Poesie unseres Lebens täglich angreift. Wegen der Bedeutung dieses Themas möchte ich es an dieser Stelle drastisch formulieren:

Dieser Monismus, diese Beschränkung auf ein Prinzip, ist vom menschlichen Verstand konstruiert. Er ist nicht natürlich, er ist falsch, und er steht auf fatale Weise einem Erkennen der wirklichen und für uns so wichtigen Naturgesetze im Weg.

6.6.   Das 4. Zeitgesetz: Die Entwicklung von Strukturen

Ist die Entropie wirklich die alles entscheidende Größe für den Lauf der Welt? Wahrscheinlich nicht. Für die Vorgänge in einer Kaffeetasse mag die entropische Thermodynamik ja gelten, aber in dem Moment, in dem äußere Kräfte oder Energien hinzukommen und auf ein System wirken, geschieht oft etwas ganz Anderes.

Es ist nicht wie bei Gauß und seinem vergeblichen Monismus, oder wie bei dem Versuch von Frege, die Mathematik ausschließlich auf einem Logizismus zu fundieren. Es ist stattdessen wie bei der Erkenntnis von Gödel: Es gibt noch etwas Anderes, Entgegengesetztes. Die Welt ist nicht einseitig. Der grundlegende 2. Hauptsatz der Thermodynamik betrifft nämlich – legt man ihn streng aus – vor allem Teilchen (Gase, Flüssigkeiten), deren gegenseitige Anziehung durch Gravitation vernachlässigbar ist. Wird die Schwerkraft wirksam, ändert sich das.

Die Entropie gilt zwar weiter, Staub verteilt sich, aber alles, auf das die Schwerkraft wirkt, bewegt sich in Richtung Boden. Und lässt sich dort wiederfinden. Man erkennt diesen Effekt überall: Habe ich etwas verloren, suche ich auf dem Boden, nicht in der Luft.

Nehmen wir also diese Schwerkraft hinzu, dann stehen wir plötzlich vor einem seltsamen Wechselspiel von Entropie und Gravitation. Letztere wirkt nämlich der Unordnung entgegen! In der monistischen Wissenschaft wird das nur ungern diskutiert, die Physik, die seit 90 Jahren die Bedeutung von Gödels Ergebnissen übersieht, kämpft hier geradezu um ihren Entropie-Monismus. Zumal sie vom Universum als einem geschlossenen System ausgeht, was (s. Band I) nach neuen Erkenntnissen eher unwahrscheinlich ist. Was bei der Betrachtung von lebendigen Systemen, auf die ich später kommen werde, offensichtlich wird – nämlich die Entwicklung von Strukturen –, zeigt sich infolge der Gravitation aber auch in der „toten“ Physik. Man muss nur die monistische Brille absetzen. So begegnen wir nun schon in der unbelebten Materie einer Erkenntnis, die bald für das Verständnis unserer Welt sehr wichtig sein wird.

Man erkennt dies gut in der folgenden Abbildung: Gase und Flüssigkeiten (oberer Teil der Abbildung) neigen dazu, sich von selbst zu vermischen. Dabei nimmt die Entropie zu, die Unordnung wächst. Tintenmoleküle, die anfangs zusammengeballt in eine klare Flüssigkeit gegeben werden (oberer Teil der Abbildung ganz links), verteilen sich also mit der Zeit gleichmäßig im Flüssigkeitsbehälter.

Materie im Weltraum (unterer Teil der Abbildung) ballt sich dagegen unter dem Einfluss der Gravitation im Laufe der Zeit mehr und mehr zusammen. Feste Materie im Weltraum neigt also dazu, Klumpen zu bilden, denn die Schwerkraft wirkt einer gleichmäßigen Verteilung entgegen, sie ordnet.

Wir müssen also nur auf das große Universum schauen.

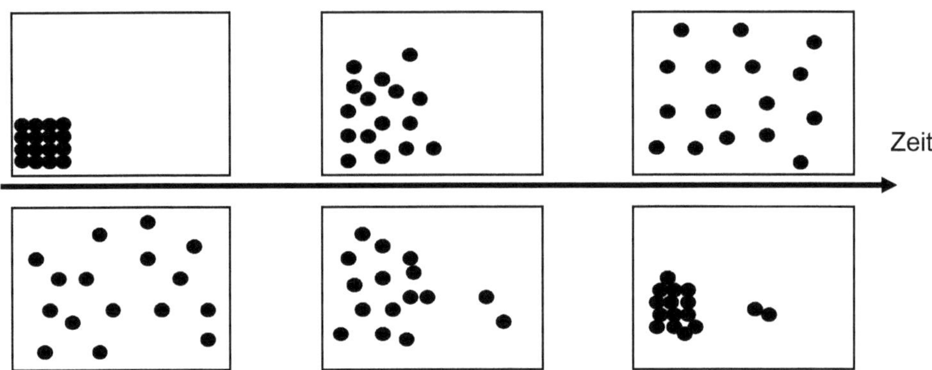

Das Wechselspiel von Entropie und Gravitation. Oben wird das Vermischen von Flüssigkeiten dargestellt, unten das Zusammenballen von Materie.

Ich halte die daraus resultierenden Schlussfolgerungen für so wichtig, dass ich an dieser Stelle die Diskussion der Physiker etwas ausführlicher wiedergeben werde. Diejenigen Leser, die weniger an diesem Thema interessiert sind, können aber der Bequemlichkeit wegen gerne einige Seiten weiter blättern.

Also: Nach dem monistischen Entropiegedanken müsste sich das Universum von einem Zustand höchster Ordnung zu einem Zustand wachsender Unordnung entwickelt haben. Mit der Zusammenballung aller Materie in einem Punkt zu Beginn des Urknalls scheint dies auch gewährleistet, solange man den Punkt nicht näher betrachtet. Tun wir dies aber, kommen wir zu anderen Ergebnissen:

- Nach der bisherigen Urknalltheorie war am Anfang der Schöpfung, wenn alle Materie in einem Punkt versammelt war, die Temperatur unendlich heiß. Dann war aber auch die Unordnung am Anfang so groß wie überhaupt möglich, denn je höher die Temperatur, desto höher die Unordnung. Und auch bei meiner Theorie, das am Anfang des Universum ein „Nichts" da war, aus dem etwas entstand, kommt man zu demselben Ergebnis: Am Anfang des Universums steht eher ein Zustand höchster Unordnung. Ein Zustand ohne Information.

Betrachten wir den derzeitigen Zustand der Welt, so wird der Argwohn bestätigt: Wir sind umgeben von Struktur. Je besser die Beobachtungsinstrumente für das Universum wurden, desto mehr Strukturen wurden in den Tiefen des Alls erkannt. Sogar die Galaxien sind keineswegs regellos verstreut, sondern ballen sich zu geordneten Hyperstrukturen. Die dem Band I entnommene folgende Abbildung von einer geordneten Verteilung von Galaxien und Galaxienhaufen soll das noch einmal zeigen.

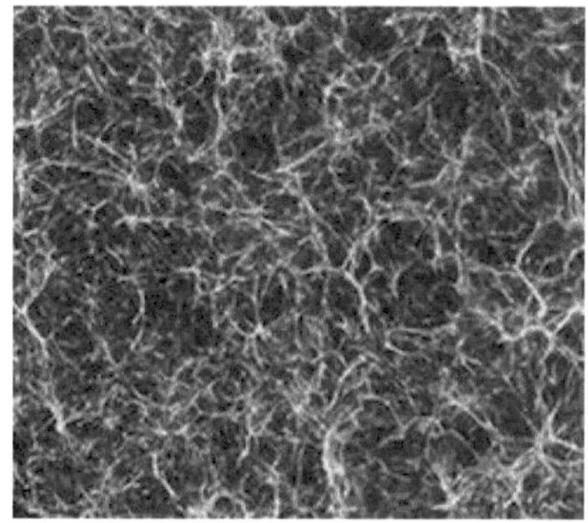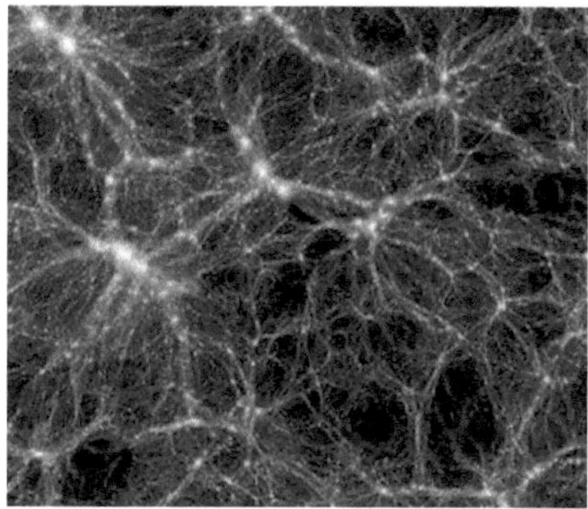

Links: Wabenartige Strukturen im Weltraum mit Filamenten und Voids. Rechts: Vergrößert erkennt man nun Superhaufen und filamentartig angeordnete Galaxienhaufen (Quelle: Wikimedia Commons, NASA).

Damit liegt folgende Aussage nahe:

- Gemessen an der Unordnung, die im Weltall nach etwa 14 Milliarden Jahren herrschen könnte, ist seine Ordnung überraschend groß. Statt eines chaotischen Konglomerats aus Energie und Strahlung finden wir überall geordnete Strukturen wie auf kosmischen Blasen und Fäden angeordneten Galaxien, wie Galaxien selbst und ihre Sterne, Planeten und fein verteilte Materie, aus der unter dem Einfluss der Schwerkraft neue Sterne entstehen.

Die bisherige Sichtweise der Entwicklung des Weltalls von einem Zustand höchster Ordnung hin zu steigender Unordnung (und zum deprimierenden Wärmetod) ist nach diesen Beobachtungen zumindest strittig. Denn:

Ginge es nach dem Wesen des 2. Hauptsatzes und gäbe es nur den Drang hin zur Unordnung, dann ließe sich diese Unordnung von der Natur doch viel einfacher erreichen, als sich aus einem Feuerball im thermischen Gleichgewicht (also einem Zustand maximaler Unordnung!) eine geordnete Welt voller Strukturen entwickeln zu lassen. Eine strukturlose Welt aus einem chaotischen Konglomerat von Strahlung und Energie, entstanden aus einer geordneten Grundstruktur, wäre doch viel wahrscheinlicher.

Warum nutzt – allgemeiner gesprochen – die Natur die zur Verfügung stehenden Kräfte (wie beispielsweise die Gravitation) und Energien nicht nur dazu, um einseitig und umso schneller Unordnung herzustellen, sondern immer wieder auch dazu, um Ordnung und Strukturen zu schaffen? Die Beobachtung der Realität zeigt nämlich, dass irgendetwas dem Streben nach Entropieerhöhung ständig entgegenarbeitet. Offensichtlich existiert also neben dem wissenschaftlich bewiesenen Drang materieller Systeme zur Unordnung gleichzeitig noch etwas anderes, nämlich so etwas wie ein Drang zu Ordnung und

Struktur. Diese Aussage rüttelt allerdings nun an einem zentralen Punkt der Physik und unseres Denkens in der modernen Zeit.

Der bekannte Mathematiker **Roger Penrose** diskutiert in seinem Buch "Computerdenken" neben anderen auch diese Frage nach dem Widerspruch zwischen der Struktur im Weltall und der Entropie und sucht nach Erklärungen, mit dem monistischen Modell der Physik das Rätsel zu lösen.

Nun spielt zur Kennzeichnung von Ordnungen aber die Information eine wichtige Rolle bei der Beurteilung der Zustandsgröße der Entropie. Je mehr spezifische Informationen ich habe, desto geringer ist die Entropie. Und der Drang zur Entropieerhöhung wäre gleichzusetzen mit einem Drang nach Abbau von Informationen. Nun erhöht aber die Gravitation die Ordnung und Information im Weltall ($dI/dt > 0$), I=Information). Gleichzeitig soll die physikalisch definierte Unordnung steigen (Entropieänderung: $dS/dt > 0$)? Das Universum beginnt aber nahezu informationslos, und für heute schätzt man die Informationsmenge des Universums auf eine Größenordnung von etwa 10^{123} Bits. Von Null auf 10^{123}! Eine unglaubliche Informationsmenge, die weiter ansteigt. Das spricht nicht gerade dafür, dass die Entropie des Universums wächst.

Unsere Welt ist voller Strukturen. Selbst wir Menschen sind Ansammlungen von lächerlich niedriger Entropie.

Auch der Mensch selbst, und wir existieren ja nun mal, besteht wie jedes andere Lebewesen fast nur aus Information. In jede unserer Zellen sind rund zwei Meter DNA hineingequetscht, die wiederum aus 3,2 Milliarden Codebuchstaben bestehen. Eine DNA ist daher nichts anderes als Information. Wenn wir davon ausgehen, dass ein Mensch aus etwa 100 Billionen Zellen besteht erhält man eine Ahnung davon, wie gering unsere Entropie ist.

Penrose scheint sich denn auch nicht mehr sicher. Er formuliert: "*Die Allgegenwart von Zuständen mit absurd niedriger Entropie ist ein erstaunlicher Wesenszug des Universums, in dem wir leben – obgleich solche Zustände so verbreitet und für uns so vertraut sind, dass wir sie normalerweise nicht erstaunlich finden. Wir selbst sind Konfigurationen von lächerlich winziger Entropie!"* Also nicht nur im Weltraum, sondern auch auf unserer Erde lässt sich unter dem zusätzlichen und deutlich wichtigeren Energiezufluss durch die Sonne beobachten, wie überall in der lebendigen Welt Strukturen entstehen, die nach dem 2. Hauptsatz unmöglich wären.

Es existiert an diesem Punkt offenbar eine fundamentale Schwierigkeit; denn nicht nur das Universum mit seinen Sternen, Galaxien und Galaxienclustern, sondern auch die Natur ist grundsätzlich voll von Strukturen. Es ist dabei egal, ob man die Flora, Fauna, Mineralien oder eigentlich alles andere incl. Elementarteilchen betrachtet: Überall existieren Strukturen, die entstehen und dann auch wieder vergehen können. Der 2. Hauptsatz mag ja in seiner bisherigen Anwendung durchaus stimmen, aber woher kommt die Ordnung um uns herum, woher kommen all die Strukturen in der Natur, uns eingeschlossen?

Der Philosoph H. Bergson (1859-1941) war von diesem Phänomen schon vor langer Zeit sehr beeindruckt und formulierte angesichts der Vielzahl der entstehenden Strukturen in der belebten Natur dann auch seinen „élan vital", mit dem er schon damals für einen hohen philosophischen Druck auf den 2. Hauptsatz der Thermodynamik sorgte.

So bin ich konsequenterweise der festen Auffassung, dass die Entropie nicht alleine bestimmt, welche Prozesse ablaufen. Sonst gäbe es – wie ich Ihnen bald bei der Diskussion von lebendigen Systemen zeigen werde – auch kein Leben auf der Welt! Denn es ist in der realen Welt außerhalb eines Physiklabors eindeutig:

Wenn Kräfte/Energien von außerhalb zur Verfügung stehen, wächst in offenen Systemen häufig – gegen die monistische Auslegung des Entropiegedankens – die Ordnung, es entstehen Strukturen. Und zwar von selbst!

Die Natur nutzt also Energie nicht nur dazu, schneller Unordnung herzustellen (ein Beispiel: Wenn man mit dem Löffel den Kaffee umrührt, verteilt sich die Milch in ihm schneller), sondern immer wieder auch, um Ordnung herzustellen. Und zwar von selbst und auch außerhalb der Biologie, also deutlich über das hinausgehend, was Bergson formulierte.

Derartige Vorgänge in der realen Welt lassen – eine wichtige Nebenerkenntnis, die aber ausschließlich Physiker interessieren dürfte – nur einen Schluss zu: Sie sind der Beweis dafür, dass unser Universum kein abgeschlossenes System ist, es steht eindeutig in Beziehung zu etwas Anderem, das Energie liefert. Die Fragen von Roger Penrose lassen sich also leicht beantworten, nur anders als bisher gedacht. Aber kommen wir wieder zurück zum eigentlichen Thema und stellen folgende Frage:

Welche Kraft ist es also, die im Universum dafür sorgt, dass überall Strukturen entstehen?

Nun, es muss jedenfalls eine Kraft sein, die **gegen** den Drang zur Entropieerhöhung wirkt. Es muss – wie in den alten Mythen beschrieben – eine ordnende Kraft in der Welt geben. Und ich kann formulieren:

Neben dem Attraktor Unordnung (wachsende Entropie) existiert ein Attraktor Ordnung. Es sind zwei Prinzipien, die den Lauf der Welt bestimmen!

Zwei, nicht eins! Damit wird der Monismus, der so viele Fragen ausgelöst hat, endlich abgelöst durch einen **Dualismus**, der diese Fragen nun lösen wird. In der Realität wird schnell etwas deutlich, das im Physiklabor nicht weiter auffiel, nämlich dass sich da draußen im Universum wie auf unserer Erde und damit in unserem Leben **zwei verschiedene, entgegengesetzte Prinzipien** gegenüberstehen. Ein Prinzip, das in Richtung **Unordnung und Chaos*** drängt, und eins, das entgegengesetzt dazu in Richtung **Ordnung und Struktur** drängt. Es gibt also für die Prozesse, die wir beobachten können, auch einen Zeitpfeil in Richtung Struktur und Ordnung.

Das Ergebnis ist dann ein Wechselspiel zwischen Ordnung und Chaos, wie es die Mythen beschrieben.

Die Erkenntnisse von Frank Knight bei dem Studium ökonomischer Fragen und von Kurt Gödel zu logischen Inseln und Paradoxien in einem Meer von Unentscheidbarkeiten zeigen sich nun in einem größeren Zusammenhang. Das Bild wird endlich rund. Und wir werden diesem Bild und diesem Wechselspiel von Ordnung und Chaos von nun an immer wieder begegnen, in der Ökonomie, in der Quantenphysik und bei den komplexen Systemen.

Wenn sich aber zwei Prinzipien (auch Attraktoren genannt) gegenüberstehen, könnte man auf die Idee kommen, dass sie sich gegenseitig neutralisieren – in etwa wie +1 und -1 zusammen 0 ergeben. Warum tun sie das nicht?

Einen ersten Anhaltspunkt liefert die Erkenntnis, dass der Attraktor Ordnung **lokal** wirkt, in einem Punkt oder einem Bereich des Raumes, in der Regel abhängig von den lokalen Umgebungsbedingungen. Strukturen entstehen immer lokal, sie sind vom Wesen her hierarchisch. Die Entropie dagegen wirkt nichtlokal, sondern **ubiquitär.** Sie wirkt immer und überall, sie gleicht aus und ist vom Wesen her heterarchisch – ein Begriff, den ich von Ken Wilber übernommen habe.

Dieser Ansatz wird wunderbar bestätigt durch eine Gegenüberstellung von Makrophysik und Quantenphysik.

---

*Chaos, das ist vielleicht zum Verständnis für Nicht-Naturwissenschaftler wichtig, bezeichnet in der Physik kein Durcheinander von irgendetwas, sondern eine Strukturlosigkeit, in der alles verschwimmt.

7.   Der Dualismus der Welt

7.1.   Quantenphysik und Komplementarität

Wenn ich ein einigermaßen vollständiges Bild von den Gesetzen der Welt erhalten will, komme ich an der Quantenphysik einfach nicht vorbei – obwohl es heißt, dass niemand sie so richtig versteht. Ich will trotzdem versuchen, sie selbst und ihren Bezug zu den Spielregeln des Universums zu erläutern:

Parallel zur Entwicklung der Relativitätstheorie, die für die kausale Makrophysik gilt, begann man in der Physik, nun auch auf das Kleinste zu schauen. Und dort erlebte man eine Überraschung, die in die Physik einzog wie ein Unwetter: Man fand nicht die „unendliche Feinheit des Kausalgewebes", wie der Mathematiker Gauß es sich ja vorgestellt hatte (s.o.), sondern etwas gänzlich Anderes: „Die unendliche Feinheit der Nichtkausalität".

Es ist tatsächlich wie bei einem impressionistischen Gemälde: Aus der Ferne erkennen wir eine Landschaft oder ein Gebäude oder ein Porträt, nähern wir uns aber dem Bild bis auf wenige Zentimeter, verschwimmt alles vor unseren Augen. Wenn Sie es einmal ausprobieren wollen, tun Sie dies besser nicht im Museum. Wie ich es erleben musste bei einem Gemälde von Monet in einem Basler Museum: Als ich mich so langsam mit der Nasenspitze dem Gemälde näherte und alles vor meinen Augen verschwamm, riss mich ein Museumswärter heftig aus diesem Erlebnis heraus.

Aber genau so ist die Welt wirklich. Schaue ich ganz genau hin, um die letzte Feinheit zu erkennen, wird irgendwann alles unscharf.

Als Metapher mag an dieser Stelle ein Eisberg herhalten, der an der Oberfläche eine eindeutige, sichtbare Struktur aufweist, während sich unter Wasser die beobachtbare Struktur optisch langsam auflöst und in tieferen Schichten irgendwann nur noch ein struktur- und zeitloses Fluidum existiert. Das Aufregende ist, dass in diesem Quantenbereich, in diesem Fluidum, alles miteinander verbunden ist. Das betrifft auch Sie selbst und ihre Umgebung.

Wenn Sie sich in bestimmten Momenten einsam fühlen, dann versuchen Sie, dieser Verbindung mit allem nachzuspüren, mit dem „Fluidum" Ihrer Mitmenschen, mit dem Ihrer Umgebung. Schauen Sie von einem Hügel auf die Landschaft und versuchen Sie, sich mit ihr zu verbinden. Wenn es gelingt, werden Sie eine wunderbare Erfahrung machen, Sie werden – wie in einer buddhistischen Meditation – ihr Ich einmal ganz anders empfinden können: Als einen Teil des Ganzen. Und so ist es auch in der Realität. Sie sind getrennt und gleichzeitig Teil vom Ganzen. Sie sind ein Sowohl-als-auch.

Jedenfalls, diese damals völlig unerwartete Erkenntnis zur Unschärfe im Untergrund unserer Welt ist inzwischen etwa 100 Jahre alt. Werner Heisenberg und Niels Bohr zeigten damals als erste mit ihrer Quantentheorie, die auf den Entdeckungen von Max Planck aufbaute, dass hier in der Mikrophysik etwas ganz Anderes gilt als in der Makrophysik, und zwar genau das Gegenteil: Je genauer ich hinschaue, um so unschärfer und unlogischer wird es. Hier „würfelt" Gott. Ich blicke hier in eine Welt von Zufällen und Wahrscheinlichkeiten … und erst wenn ich Abstand nehme, wird die Welt wieder logisch und deterministisch.

In der Welt gilt also nicht alleine das Kausalitätsprinzip – nein, im Kleinsten hört die Kausalität auf, dort beginnen ganz andere Gesetze, die der Wahrscheinlichkeiten (und unzähligen Möglichkeiten) und das sog. Quantenchaos. Das sollte uns mittlerweile nach den Ausführungen zu Kurt Gödel (s. Seite 36ff) nicht mehr überraschen, es stimmt mit unserem Bild von deterministischen Inseln, die aus einem Meer von Wahrscheinlichkeiten und Chaos ragen, gut überein.

Makrophysik	**Mikrophysik**
• **Kausalität/Logik** • **Zeit und Raum** • **Lokale Effekte** • **Einzelne Strukturen** • **Struktur und Ordnung**	• **Zufall/Wahrscheinlichkeit** • **Zeitlosigkeit, Unbestimmtheit von Ort und Impuls** • **Nichtlokalität** • **Alles ist miteinander verbunden** • **Chaos, aus dem etwas entstehen kann**

Die asymmetrische Komplementarität von Chaos und Ordnung in der physikalischen Welt

Aber unser Verstand mag das nicht, die Quantenphysik erschüttert unsere bisherige Vorstellung von der Realität. Das Feingewebe der Natur ist damit ganz anders, als es Gauß erhoffte: Es ist chaotisch, und die gesamte Realität, also Makro- und Mikrobereich zusammen, ist eine Art komplexes System am Rande des Chaos, das sich mit Logik und Kausalitäten alleine nicht erklären lässt.

Betrachten wir nun die Welt des Kleinsten genauer, dann können wir erkennen, wie beide Prinzipien miteinander wechselwirken. Wie wir dann sehen, sind die Gesetze der Welt in der Mikrophysik nicht nur völlig anders als die der Makrophysik, nein, das Aufregende ist: Sie sind genau entgegengesetzt! Behauptet die eine dies, behauptet die andere genau das Gegenteil.

Man nennt die gegensätzlichen Eigenschaften in der Physik „**komplementär**", und ich ergänze dies gerne zur besseren Deutlichkeit mit „gleichzeitig asymmetrisch", da sie sich nicht gegenseitig aufheben. Die oben gezeigte Aufstellung kann das verdeutlichen:

Vergleichen wir an dieser Stelle das Wechselspiel (s.o.) zwischen Entropie und Gravitation mit dieser Aufstellung, so werden wir feststellen, dass auch dort eine Art **Komplementarität** vorliegt – und zwar ganz analog zu dem Wechselspiel von Makrophysik und Quantenphysik. Die Unordnung schaffende Entropie wirkt überall, sie ist nicht lokal, sie ist ubiquitär. Die ordnende Gravitation dagegen ist lokal, sie wirkt auf die Materie und sogar auf den Raum und die Zeit. Ich kann also formulieren:

Der Attraktor Ordnung und der Attraktor Unordnung sind in ihrem Wesen asymmetrisch komplementär.

Und es ist diese Asymmetrie beider Attraktoren (oder auch Prinzipien genannt), die schließlich die Dynamik unserer Welt hervorbringt. Ohne diesen asymmetrischen Gegensatz wäre eine dynamische Welt nicht möglich, beide Gegensätze würden sich neutralisieren, und auch diese Welt, nicht nur die monistische, wäre tot.

Wie man experimentell feststellen konnte, erfolgt diese Bildung von Ordnung und Struktur sogar aus dem absoluten Vakuum. Dort, wo eigentlich nichts existieren sollte, tauchen kurzzeitig materielle Teilchen aus dem Quantenbereich auf, entgegen den Forderungen des zweiten Hauptsatzes. Und die Bildung von Strukturen unter dem Einfluss von Schwerkraft (als Bestandteil von Wirkung) kann sogar so weit führen, dass sich sogenannte „Schwarze Löcher" bilden können.

Illustration eines Schwarzen Loches.

Quelle: Wikimedia Commons

Es sind Objekte höchster Ordnung, deren Anziehungskraft so gewaltig ist, dass ihnen nicht einmal Licht entweichen kann.

Der Grund für ihre Existenz ist der, dass es Sterne gibt, die aufgrund ihrer eigenen Schwerkraft und Masse (mindestens drei Sonnenmassen) kollabieren und in sich zusammenstürzen. Diese Schwarzen Löcher sind gar nicht einmal besonders groß, bestehen aber aus enormen Massen mit unvorstellbarer Dichte und Schwere.

Was wir hier grundsätzlich beobachten können, ist etwas Neues: Führen Prozesse zu einer wachsenden Ordnung/Struktur, wird irgendwann bei zu viel Ordnung ein Punkt erreicht, in dem diese Ordnung/Struktur plötzlich hinter einem Ereignishorizont aus unserer bekannten Welt verschwindet.

Dieses Verhalten „Schwarzer Löcher" ist ein weiteres Naturgesetz, lässt es sich doch auch in anderen Bereichen unseres eigenen Lebens beobachten, wie es z.B. beim Crash des Finanzsystems 2008 und dem Kollaps von der Systembank Lehman Brothers der Fall war. Unglaubliche Mengen Buchgeld verschwanden dabei ins Nichts.

Ist ein absolutes Vakuum also nicht stabil und neigt zur Bildung von Struktur, so ist andererseits auch eine extreme Ordnung nicht stabil und neigt zum Verfall.

Das wird recht deutlich beim Phänomen des radioaktiven Zerfalls. Sehr schwere Atomkerne (Radionuklide genannt) sind instabil, wie z.B. Uran- und Plutoniumkerne. Aber auch leichtere Atomkerne wie das Kohlenstoffisotop ^{14}C können zerfallen, was zur Altersbestimmung kohlenstoffhaltiger Materialien dient.

Es lässt sich damit ein **Wechselspiel** beobachten, eine Art dynamisches Spiel in der Natur zwischen Chaos (Unordnung) und Struktur (Ordnung). **Reines Chaos ist instabil und drängt zur Bildung von Ordnung, und hohe Ordnung ist instabil und drängt zum Zerfall dieser Ordnung.**

Das Letztere muss den Typus des Controllers irritieren, es ist aber naturbedingt: Zu viel Ordnung führt zu Verkrustungen und zum Scheitern.

7.2.   Ein neuer Zeitbegriff

In Kapitel 6.1. hatte ich Ihnen eine Prozessphysik des laufenden Jetzt vorgestellt, die den Lauf der Zeit charakterisiert. Danach besteht alles aus Strukturzuständen im „Jetzt" und ihrem Drang (Impuls) zum Strukturzustand im nächsten Jetzt. Aber was alles bestimmt diesen Impuls?

Wie ich eben hoffentlich zeigen konnte, ist es nicht nur die Trägheit des Impulses aus der Vergangenheit, verbunden mit den Einflüssen oder Störungen der Umgebung des lokalen Strukturzustandes, sondern es kommt nun etwas hinzu. Es sind die vielen unterschiedlichen Zeitpfeile, die wir erkannt haben und die zusammen den Impuls zur Veränderung von Strukturzuständen bestimmen – und die sich (abgesehen von der Trägheit) alle den dualistischen Attraktoren Ordnung und Unordnung zuordnen lassen. Vereinfacht (ohne die Einflüsse der Umgebung) zeigt dies die Abbildung unten.

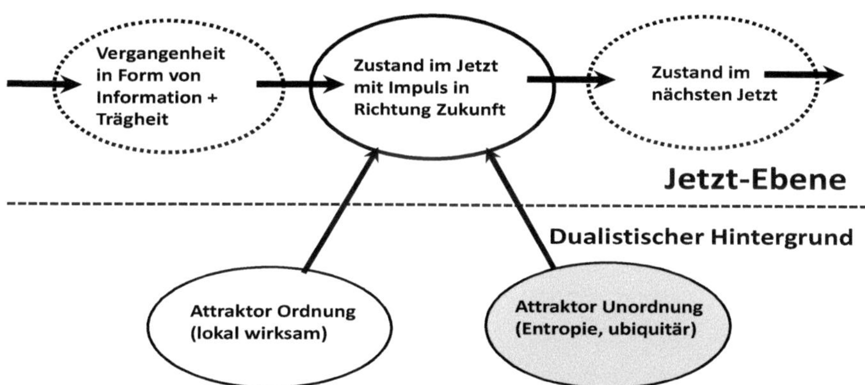

Das Fließen der Zeit. Die Vergangenheit liegt in Form von Information vor, zeigt sich aber – Gesetz der Trägheit – im Impuls im Jetzt. Der Impulszustand im Jetzt wird zusätzlich durch die komplementären Attraktoren Ordnung und Unordnung beeinflusst. Zusammen mit den Einflüssen der Umgebung (hier nicht wiedergegeben) bestimmen Trägheit und die dualistischen Attraktoren Ordnung und Unordnung den Impulszustand des zukünftigen Jetzt.

Wenn wir die Vorgänge in der Welt um uns herum beobachten, wird es spannend sein, welche Anteile gerade überwiegen.

Ist es neben dem Impuls der Vergangenheit eher der Einfluss der Umgebung auf den Vorgang oder dominieren die dualistischen Attraktoren im Hintergrund bzw. wer von den beiden wirkt gerade stärker?

Poetisch drückt es Paul Valéry so aus: *Zwei Gefahren bedrohen die Welt, die Ordnung und die Unordnung.* Noch poetischer drückt es eine alte hinduistische Weisheit aus: Unsere Welt der Erscheinungen ist die *Art und Weise, in der Gott und Göttin miteinander schmusen.*

Mit diesem wissenschaftlichen Modell der Zeit wird die Physik dem Leben deutlich ähnlicher, was dafür spricht, dass ich auf der richtigen Spur bin.

Auch unser Erleben besteht aus einer Folge von Erlebnissen im immer wieder neuen „Jetzt" als ein Ausdruck der Vorgeschichte in der Vergangenheit und einer immerwährenden Veränderung in Richtung Zukunft, bei der nicht nur die Wirkungen der Umgebung, sondern auch das Hin oder Her zwischen Struktur und Chaos, Ordnung und Unordnung eine zentrale Rolle spielen.

Der Leser mag nur einmal die Romane der Weltliteratur auf diesen Zusammenhang prüfen. In diesen Romanen spielen sehr oft der Dualismus und die gegenseitige Anziehung von Mann und Frau eine tragende Rolle ... und sie sind entsprechend oft die Grundlage der Poesie bzw. umgekehrt.

Ist die Poesie etwa die Form, die die Grundlagen des Lebens am besten beschreibt?

7.3.   Der Dualismus und die Poesie der Welt

Wie ich Ihnen auf den vielen letzten Seiten zeigen wollte, können wir die Welt nur verstehen, wenn wir an die Stelle des Monismus etwas ganz Anderes setzen, nämlich einen Dualismus. Es ist ein Dualismus mit zwei asymmetrisch entgegengesetzte Prinzipien – man spricht hier auch von Attraktoren statt Prinzipien – die die Dynamik der Welt und unseres Lebens bestimmen. Keines der beiden Prinzipien geht aus dem anderen hervor, jedes existiert unabhängig vom anderen, und doch sind sie in ihrem asymmetrischen Gegensatz sich gegenseitig ergänzend verbunden. Keines kann ohne das andere existieren, und gemeinsam sorgen sie für das Wechselspiel zwischen Chaos und Ordnung.

Diesen Rahmen gab es auch in der westlichen Philosophie schon einmal, und zwar vor bereits 2.500 Jahren. Es sind die Sätze von Heraklit und Trismegistos, die ich hier noch einmal zitieren möchte und die nun endlich verständlich werden.

Heraklit (ca. 550-480 v.Chr.) sagte damals in seinen Fragmenten:

> *"Alles fließt, nichts ruht, alles vergeht, nichts dauert ...*
> *Das eine schlägt jeweils ins andere um und umgekehrt."*
> *"Die verborgene Harmonie ist mächtiger als die offensichtliche ...*
> *Die Menschen sehen nicht, dass alles, was sich widerspricht, dadurch mit sich in Einklang*
> *kommt."*

Und Trismegistos beschrieb es wie folgt:

> *Nichts ist in Ruhe, alles bewegt sich, alles ist in Schwingung,*
> *alles hat sein Paar in Gegensätzlichkeiten.*
> *Gegensätze sind identisch in ihrer Wesensart, nur verschieden im Grad.*
> *Extreme berühren sich, alle Wahrheiten sind nur halbe Wahrheiten,*
> *alle Widersprüche können miteinander in Einklang gebracht werden.*

Selbst ein Vergleich mit unseren Münzen zeigt diesen Dualismus zweier Prinzipien. Eine Münze hat zwei Seiten, die nicht zu trennen sind, die aber in der Regel sehr verschieden geprägt sind. Der rein „männlichen" Zahl steht oft ein Gesicht oder ein Wappen gegenüber.

Dieses Wechselspiel zwischen Ordnung und Chaos erinnert zugleich sehr an die chinesische Philosophie des **Yin und Yang**, mit der die Chinesen von alters her die Rätsel des Kosmos und der menschlichen Natur erklären: alles ist das Werk zweier Prinzipien, eines „männlichen" (= hart, deterministisch, strukturierend = Yang) und eines „weiblichen" (sanft, chaotisch = Yin), und es gibt ein zyklisches Werden und Vergehen (von Ordnung), in dem sich ständig alles von einem Pol zum Gegenpol hin umformt und wandelt.

Der Wissenschaftsphilosoph Ken Wilber verwendet statt Yin und Yang andere Begriffe. Es sind die Prinzipien „hierarchisch" (=Yang) und „heterarchisch" (=Yin). Wilber fordert, dass beide Prinzipien bewusst beachtet werden müssen und zeigt gleichzeitig, dass alle Versuche, nur eins dieser Prinzipien anzuwenden, pathologisch scheitern müssen. Aber dazu später mehr; denn es betrifft auch wesentliche Strömungen des Zeitgeistes.

Das Eigenartige ist, wie die Naturwissenschaft mit diesem Thema umgeht. Die Physik versucht nun schon seit fast 100 Jahren verzweifelt, beide Theorien, die deterministische Relativitätstheorie und die Quantentheorie miteinander zu einer gemeinsamen (monistischen) Theorie zusammenzufügen – und ist daran (natürlich) immer wieder gescheitert. Es ist schade, aber die Physik tut sich sehr schwer, einfach anzuerkennen, dass dieser Konflikt nichts Anderes als der Ausdruck eines grundlegenden Naturgesetzes ist, einer Welt zweier komplementärer Pole.

Das mag wieder einmal daran liegen, dass dies logizistisch nicht zu beschreiben und damit auch formelmäßig grundsätzlich nicht in den Griff zu bekommen ist. Die klassischen Physiker sind daher ratlos und versuchen diese Erkenntnisse abzuwehren, obwohl sie hier nach meinen Ergebnissen vor der Lösung der elementaren Frage nach der Dynamik des Universums stehen.

Bei meinen Arbeiten stolperte ich irgendwann über den Schriftsteller **Michel Houllebecq**, der Folgendes in einem Essay über "die schöpferische Absurdität" und die Kopenhagener Deutung der Erscheinungen der Quantenphysik von dem wohl berühmtesten Quantenphysiker, dem Dänen **Niels Bohr** schrieb:

"Es war klar, dass die alte Sprache und Logik für die Darstellungen des Universums der Quanten nicht geeignet war. Bohr war dennoch zurückhaltend. Die Poesie, betonte er, beweist, dass der subtile und zum Teil widersprüchliche Gebrauch der Umgangssprache es ermöglicht, ihre Grenzen zu überwinden.
Das von Bohr eingeführte Prinzip der Komplementarität ist eine Form, mit dem Widerspruch subtil umzugehen: Man führt zur Betrachtung der Welt simultan zwei Blickwinkel ein, von denen sich jeder unzweideutig in einer klar verständlichen Sprache ausdrücken lässt und die beide, voneinander getrennt, falsch sind. Ihre gemeinsame Präsenz schafft eine neue, für die Vernunft unbehagliche Situation.
Aber nur mit diesem konzeptionellen Unbehagen wird es uns gelingen, zu einer korrekten Darstellung der Welt zu gelangen ... Die Poesie bricht die Kette des Kausalen und spielt unentwegt mit der Explosivkraft der Absurdität."

Mit den Erkenntnissen und Worten von Houellebecq und Bohr ist damit eigentlich seit den Entdeckungen der Quantenphysik, also seit langem, wieder einmal völlig klar, dass vollkommene rationale Erkenntnis und Beschreibung der Natur und ihrer Gesetze eine Utopie ist.

So kann rationale Erkenntnis nur einen Teil der Welt erfassen, der für sich unvollständig ist und der Suche nach seiner Ergänzung bedarf. Es braucht daher – und diese Erkenntnis halte ich für wesentlich – eine **Sprache der Poesie**, um die ganze Welt zu beschreiben.

Niels Bohr
1885-1962

Liegt also in der Poesie der Schlüssel zur Beschreibung der Wahrheit? John Myhill sagte einmal: *"Eine nicht-dichterische Darstellung der Wirklichkeit kann nie vollständig sein."*

Dem möchte ich – in meiner Eigenschaft als Wissenschaftler mit einem gewissen Bedauern, als Mensch aber eher mit Erleichterung – zustimmen:

Offenbar lässt sich die wirkliche Realität, die Wahrheit tatsächlich nur in poetischer Sprache beschreiben. Wohl auch deshalb wählen die Physiker, wenn sie sich dem nicht mehr rational Beschreibbaren, den Grenzen des logisch Denkbaren nähern und die „ganze Wahrheit" suchen, immer wieder die Sprache der Poesie.

Michel Houllebecq
* 1956

Was mich unweigerlich zum Gedanken führt, ob wir vor lauter Rationalität und Monismus den Wert der Poesie abschätzig ansehen und damit die Poesie mehr und mehr aus unserm Leben verbannen.

Obwohl in und mit ihr viele Lösungen zu finden sind.

Gehen wir daher nun von der Physik wieder hinein ins Leben, in den Alltag, in ein Gebiet, das zeigt, wie die Welt wirklich funktioniert, in die reale Ökonomie. Sie werden nun erkennen, wie sich dieser Dualismus immer wieder bestätigt und ich folgerichtig (Poesie!) immer mehr zu einer Sprache der Beschreibung übergehen muss.

7.4.   Chaordische Systeme und die „Weltformel" der Ökonomie

Eine der wichtigsten Entdeckungen der Ökonomie fand – bisher kaum irgendwo nennenswert erwähnt – auf eine ganz merkwürdige Weise statt, sie war eher ein Zufallsprodukt, und sie bestätigt eindrucksvoll meine eigenen Arbeiten. Sie geschah bei der Einführung einer Kreditkarte.

Eines der erfolgreichsten Unternehmen der Welt ist VISA. Die große Frage, die dieses Unternehmen schließlich erfolgreich löste, war: „Wie kann man ein Geldsystem mit einer Komplementärwährung so organisieren, dass es den Menschen weltweit als Dienstleistung zur Verfügung steht?"

Die VISA-Story ist wohl ein Paradebeispiel für Senecas Satz: *„Wo die Natur nicht will, ist alle Mühe umsonst."* Weil VISA erst dann erfolgreich wurde, als man intuitiv die Prinzipien der Natur berücksichtigte.

„Man" ist in diesem Fall ein unkonventioneller und deshalb mehrfach entlassener Manager namens **Dee W. Hock**, der bei der NBC (National Bank of Commerce) in Seattle bei minimalem Gehalt als Hilfsarbeiter angestellt war.

Eines Tages wurde er als Assistent an ein hausinternes Projekt ausgeliehen, das die Einführung einer Kreditkarte vorbereiten sollte. Unter Zeitdruck war Kreativität gefragt, Hocks Stärke. Man legte einfach los.

Erste praktische Hürden wurden genommen, Hock bewährte sich, wurde sogar Abteilungsleiter, und das Kreditkartengeschäft landesweit plötzlich … zum Desaster.

Es war 1968, das Geschäft war zu schnell gewachsen, und die Organisationsstruktur der Bank war viel zu behäbig. Dem Missbrauch war Tür und Tor geöffnet, Verluste in dreistelliger Millionenhöhe waren die Folge.

Eine Task Force wurde gebildet, mit Hock als Vorsitzendem. Hock war nach den vorliegenden Erfahrungen klar, dass keine Bank der Welt diesem Geschäft gewachsen war. Was tun?

Dee W. Hock
* 1929

In einer Klausurtagung des Krisenkomitees kommt ihm, noch im Halbschlaf, im Morgengrauen, die rettende Idee: Es braucht eine völlig neuartige Organisationsstruktur, nach dem Vorbild lebender Systeme, um die unendlich komplexen Aufgaben zu steuern.

Noch am selben Tag formuliert das Komitee einen „genetischen Code" der neuen Organisation. Der Inhalt: Dezentralisierung, Eigenverantwortung, Verteilung von Macht und Funktionen in höchstem Maße, Einbau von Vielfalt und Wandel, Abbau von zu großer Logik und linearen Kontrollsystemen. Kurz: Ein lebendiges System.

Nach immensen Widerständen der Lizenzgeberbank, aber auch von 120 (!) anderen Lizenznehmerbanken, die allesamt Macht- und Kontrollverlust fürchten, wird das Konzept angenommen.

Der Erfolg danach ist Legende. Als Lösung kreierte Hock den Begriff „**Chaord**", aus den Anfangssilben von Chaos und Ordnung: *„Eine Struktur entwickelt sich, chaordische Systeme bringen eine Ordnung hervor. In chaordischen Systemen wird hierarchische Kontrolle aufgegeben zugunsten von dynamischen Möglichkeiten."*

Dieses **Weltbild der chaordischen Systeme**, das ich gerne als die **Weltformel der Ökonomie** bezeichne, stimmt mit unseren bisherigen Erkenntnissen perfekt überein:

Die beiden Prinzipien – eines drängt zur Ordnung, eines zum Chaos – bestätigen sich gemeinsam als Grundlage der notwendigen Prozessdynamik in der Ökonomie.

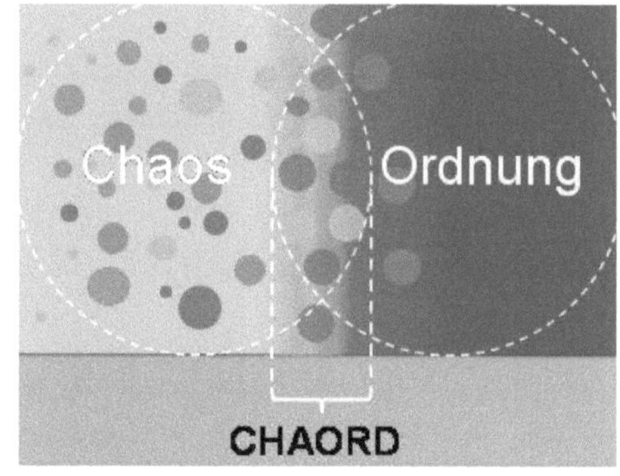

Es braucht beide – einseitige Kontrolle ohne Freiheiten behindert den Prozess und „tötet" jede dynamische Ökonomie, wie es Planwirtschaften historisch oft gezeigt haben, zu freiheitliches Vorgehen ohne ordnende Kontrolle lässt den Prozess ebenfalls scheitern.

So ist es kein Wunder, wenn wegweisende Managementstrukturen im Tierreich zu finden sind. Insbesondere Paviane glänzen durch eine erfolgreiche Strategie, die sich als **partizipatives Management** beschreiben lässt. Das Prinzip Ordnung wird durch den „Oberpavian" garantiert, dem ein mittleres Management untergeordnet ist, das an der Führung der Paviansippe partizipiert. Ganz anders ist es bei den Jungpavianen. Sie dürfen ohne jede Verantwortung ständig Neues ausprobieren und werden erst dann zurechtgewiesen, wenn sie es nun wirklich übertrieben haben. Auf diese Weise wird in die Sippe eine permanente Kreativität „injiziert". Das kann denn auch den Oberpavian treffen, wenn er seine Funktion nicht mehr ausreichend wahrnimmt – er wird dann einfach von seinem Posten vertrieben. So manchen gefühlt ewig regierenden Politikern sollte das als Warnung gelten.

1984, auf der Höhe des Erfolgs, zog sich Hock wieder in ein bescheidenes Privatleben zurück. Das Thema Organisation ließ ihn aber nicht mehr los. Organisationen, wie sie in der Wirtschaft gang und gäbe sind, sind für Hock nichts als mentale Konstrukte, sie haben keinerlei Wirklichkeit in der Natur.

So beobachtete er auch das Versagen hierarchisch geordneter Institutionen: Ungesunde Gesundheitssysteme, unwirtschaftliche Ökonomien, bodenzerstörende Landwirtschaften, ungerechte Rechtssysteme und Universitäten, die mit Universalität nichts zu tun haben.

Und er wertet: „*Was sich seit 400 Jahren nicht geändert hat, ist die mechanistisch-hierarchische Kommando- und Kontrollidee der Organisation, die bei Newton, Descartes und im Industriezeitalter ihren Ursprung hat. Dieses Konzept von Organisation ist nicht nur in wachsendem Maße archaisch, sondern auch unmoralisch gegenüber dem Menschen und destruktiv für die Biosphäre.*"

Mit der Forderung nach einer Abkehr des Denkens von Newton oder Descartes ist Dee Hock natürlich längst nicht alleine. Die Aufforderung geht eigentlich an die gesamte Physik, aber nur wenige Wissenschaftler sind und waren bisher bereit, sich vom Monismus der Physik zu lösen und sich in die Tiefen der Natur zu begeben, um dort nach den Grundlagen und den Gesetzen der Lebendigkeit zu suchen.

Nun, genau das ist es, was ich nun mit Ihnen vorhabe. Und ich hoffe, Sie werden mir weiter folgen; denn nun geht es um all das, was ich eben mit Dee Hock angestoßen hatte. Es geht nun um die Funktion komplexer Systeme, um die nächsten wichtigen Gesetze der Natur, um all das, was die klassische Physik aus Bequemlichkeit und dem einseitigen Streben nach logischen Beweisbarkeiten vernachlässigt hat.

Es geht um unser Leben ... und vielleicht sogar um unser Überleben auf diesem Planeten.

Ich beginne dafür mit dem Phänomen der Evolution.

8. Die Gesetze der Evolution

Eines der wichtigsten Gesetze des Lebens ist die Evolution. Und im Gegensatz zu Karl Popper halte ich die Idee der Evolution für eine bedeutende wissenschaftliche Theorie und kein „metaphysisches Forschungsprogramm". Im Bereich der lebendigen Systeme, denen ich mich jetzt zuwenden werde, mag Evolution sogar die bedeutendste Entdeckung der Naturwissenschaft sein.

Evolution findet in lebendigen Systemen immer statt. Und sie geht immer in Richtung Verbesserung. Auch in der Evolution unterliegen damit die Prozesse einer Art Zeitpfeil, auch wenn er nicht sofort deutlich wird – er ist sehr ähnlich dem Zeitpfeil der Entwicklung von Strukturen, den wir vorhin kennengelernt haben, nur handelt es sich hier in erster Linie um die Entwicklung von lebendigen Strukturen.

Das Überraschende für mich allerdings war, dass sich die Mechanismen der Evolution am deutlichsten in der Physik finden lassen, bei der Entwicklung atomarer Strukturen aus dem Quantenvakuum. (Der aufmerksame Leser mag mir verzeihen, dass ich auf den nächsten Seiten relativ viel auf meine Ausführungen in dem Buch „Physiconomics" zurückgreife.)

8.1. Wojziech Zurek und die „Weltformel" der Physik

Was passiert bei den **Übergängen vom Chaos zur Ordnung**? Wenn asymmetrische Regeln gleichzeitig gelten? Für diese spannende Frage gehen wir von den Entdeckungen in der Ökonomie wieder zurück zur Physik und zu den Versuchen der Physiker, eine Art „Weltformel" zu finden, eine Vereinigung von Quantentheorie und Makrophysik.

Nun, diese Formel wird es nicht geben, wie Gödel nachgewiesen hatte: Gäbe es eine Formel, wäre sie automatisch falsch. Aber vielleicht gibt es ja einen Physiker, der die Asymmetrie und Komplementarität von Quantentheorie und Makrophysik akzeptiert und ein Modell gefunden hat, das beide zusammenführt.

Es gibt diesen Physiker tatsächlich, und ich halte ihn denn auch für den Entdecker der physikalischen „Weltformel". Natürlich ist es keine Formel, sondern eher – wie es nach all den Ausführungen zu erwarten war – eine Beschreibung eines Mechanismus´.

Es ist Wojciech Zurek (*1951), ein polnischer Physiker, der sich ca. 1975 in die USA aufmachte und sich seitdem dort mit den Grundlagen der Quantenmechanik, informations-theoretischen Aspekten der Physik und auch Astrophysik beschäftigt.

Heute lehrt er u.a. an der University of California, wo er das Programm für Quanten-informatik und Chaostheorie leitete. Außerdem war er der Gründer des Netzwerks „Complexity, Entropy and Physics of Information" am Santa-Fe-Institute, auf das wir später noch (vor allem bei der Spieltheorie) zu sprechen kommen.

Zurek untersuchte nun die Übergänge von quantenmechanischen Eigenschaften zu deterministischen Phänomenen, um daraus eine Theorie zu entwickeln, die sich mittlerweile **Quantendarwinismus** nennt. Diese Theorie beschreibt, wie die klassische wahrnehmbare Welt aus der Quantenwelt entsteht.

Zurek stellte nämlich fest, dass diese Übergänge dann gut zu erklären waren, wenn man Folgendes annahm:

Es gibt ein ständiges „Brodeln" in einer Art unsichtbaren, aber überall vorhandenen Quantenschaum, bei dem permanent im Schaum geringste Strukturen kurz entstehen und auch wieder verschwinden können. Überlagert ist dies von einem Prozess, der aus den geringen ersten Strukturen wahrnehmbare „Peaks" entstehen lässt (s. Abbildung unten), die weiter wachsen können zu Strukturen, die sich deterministisch verhalten und sich durch weiteres Wachstum makrophysikalisch stabilisieren können. Ich spreche dabei gerne von einem „Fingerprint", Zurek ist da etwas genauer und spricht von „Pointerzuständen".

Wojciech Zurek
* 1951

Das erste spannende Fazit: **Es gibt in der Natur überall (= ubiquitär) eine Kraft, die aus dem Quantenschaum Strukturen entstehen lässt..**

Im Gegensatz zu den unzähligen Möglichkeiten des Schaums sind die realisierbaren Möglichkeiten zu Pointerzuständen nun recht eingeschränkt. Zurek fand die Ursache dafür in der Wechselwirkung des Schaums mit der Umgebung, die dafür sorgt, dass nur bestimmte Strukturen wachsen können, wie es der Text neben den Bildern (s. nächste Seite) beschreibt.

Es ist, als ob die Umgebung wie eine Art unsichtbares Gitter wirkt, das nur bestimmte Peaks wachsen lässt, und andere unterdrückt. Und es ist in der Folge eine weitere Entwicklung der Pointerzustände möglich, was eine Art **Evolution** ermöglicht. Zurek beschreibt diese Entstehung von deterministischen Strukturen mit dem Begriff „environment-induced-superselection", einer durch die Wechselwirkung mit der Umwelt verursachten Selektion von Zuständen.

Seine Entdeckung und seinen hierfür verwendeten Begriff kann man nun mit einem Begriff aus einer anderen Wissenschaft, der Biologie, verblüffend übereinstimmend gleichsetzen. Was nach Schelling dafür spricht, dass hier ein wesentlicher Mechanismus (= Spielregel) des Universums gefunden wurde, da er in unterschiedlichen wissenschaftlichen Disziplinen sichtbar wird. Es ist der **Darwinismus**.

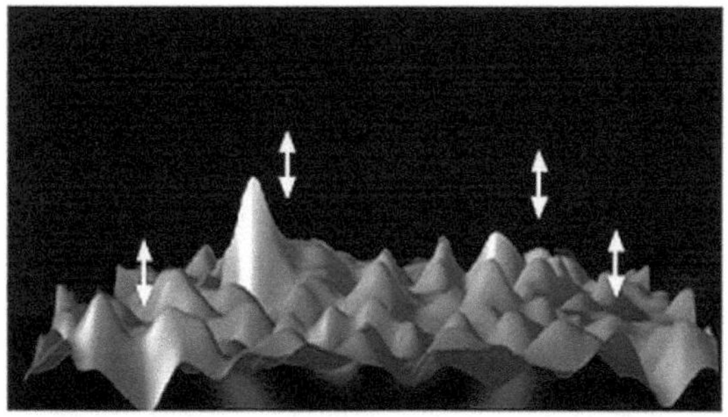

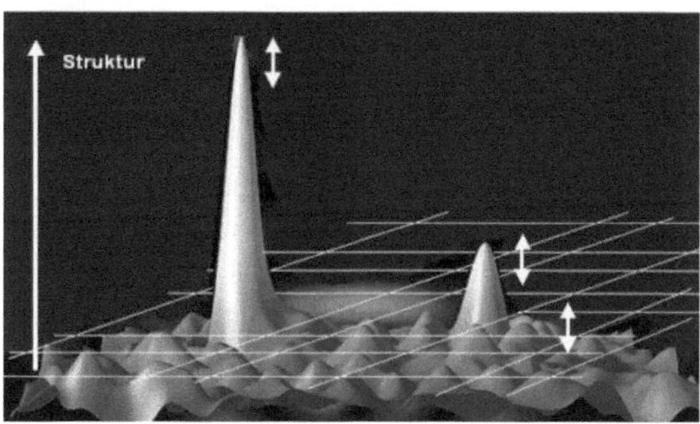

In Abhängigkeit von den Quantenfluktuationen selbst, von ihren Symmetriebedingungen und von den Umgebungsbedingungen können einzelne Peaks aus dem Quantenschaum herauswachsen und mit zunehmender Größe neben dem quantenphysikalischen auch ein deterministisches Verhalten einer Struktur bewirken.

Die Quantenfluktuationen lassen ein Peakwachstum überall zu, die Symmetriebedingungen schränken die Möglichkeiten ein und die Umgebungsbedingungen (durch ein Gitter dargestellt) sorgen für eine Art darwinistische Auslese, indem sie nur bestimmte Peaks zulassen und andere unterdrücken (= environment-induced superselection).

Die vielleicht **wichtigste Spielregel des Universums** überhaupt, die darwinistische Entwicklung von Strukturen aus dem Chaos und ihre Evolution, war damit auch in der Physik entdeckt, auch wenn diese Entdeckung dort immer noch ein Schattendasein fristet.

Das Fazit aber ist offensichtlich: **Unsere gesamte klassische Realität ist das Ergebnis eines darwinistischen Prozesses mit Selektionsmechanismen.** Kurz gesagt:

Unsere gesamte Welt unterliegt einem Prozess und einer Evolution.

Und um diesen elementaren Darwinismus, dem jedes Lebewesen, jede Gesellschaft, jedes Wirtschaftsunternehmen, jede Existenz, dem eigentlich alles unterliegt, geht es nun.

8.2. Die Spielarten des Darwinismus

Charles Darwin (1809-1882) war wohl der erste Wissenschaftler, der sich intensiv mit komplexen Systemen beschäftigte, wie sie für Lebewesen in einer natürlichen und sich oft auch verändernden Umgebung charakteristisch sind. In Vorträgen verwende ich zur Visualisierung gerne Bilder von einem Gorilla im Dschungel und einem Kamel in der Wüste und vertausche dann die Umgebung, sodass der Gorilla auf dem Trockenen sitzt und das Kamel im Dschungel den Überblick verliert.

Tiere, Pflanzen und auch wir Menschen sind unglaublich abhängig von der Umgebung.

Charles Darwin

Darwin fiel auf, dass es neben der Entropie nun auch in der Biosphäre einen Zeitpfeil zu entdecken gab: Die Evolution ist irreversibel. Wir können verfolgen, wie aus Amöben irgendwann Affen werden, aber wir werden nie erleben, wie aus Affen Amöben werden. Die Evolution schreitet also immer zu mehr Differenzierung, mehr struktureller Organisation und mehr Komplexität vor. Es geht in Richtung zunehmender Ordnung.

An dieser Stelle scheiterte wieder einmal der Monismus – die widersprüchlichen Fakten von einer im „entropischen Niedergang" befindlichen Welt und einer im Aufstieg von Ordnung befindlichen biologischen Welt waren zu groß. Und ein tiefer Bruch in der Wissenschaft zwischen Physik und Biosphäre war die Folge.

Darwin machte sich neben der Entstehung der Arten auch Gedanken zum Erfolg einer Spezies. Neben Variation und Anpassung sowie einer natürlichen Selektion zur Verbesserung der Eigenschaften und der Überlebensfähigkeiten fand er den Mechanismus der sexuellen Selektion. Außerdem sinnierte er darüber, was passieren würde, wenn eine Spezies besonders erfolgreich war.

Thomas R. Malthus

In Anlehnung an die Wachstumstheorie des britischen Ökonomen Thomas R. Malthus (1766-1834) formulierte er schließlich, dass das in der Regel exponentielle Wachstum einer erfolgreichen Spezies irgendwann nicht mehr mit den verfügbaren Ressourcen zusammenpasst.

Es kommt dann unausweichlich zu einem Kampf um die beschränkten Ressourcen, was gerne mit „Survival of the fittest" gleichgesetzt wird – mit der Folge, dass weniger erfolgreiche Konkurrenten verschwinden.

Was Malthus damals – die Welt war noch groß – noch nicht dachte: Es kann passieren, dass statt „Survival of the fittest" das System ruiniert wird, und niemand erfolgreich überlebt. Neue Erkenntnisse zeigen denn auch, dass Adaption an die Umwelt und Kooperation die wichtigsten Parameter für Erfolg sind.

Wir werden nun sehen, welche neuen Aspekte zum Thema Darwinismus sichtbar werden, wenn man die quantentheoretischen Erkenntnisse von Zurek sowie Ergebnisse aus der Physik der komplexen Systeme und der Spieltheorie berücksichtigt.

8.2.1. Die 5 Mechanismen des Darwinismus

Für jeden individuellen als auch gesellschaftlichen oder unternehmerischen Erfolg sind Kenntnisse über den Darwinismus elementar. Denn dessen Mechanismen beschreiben nicht nur den Erfolg einer Spezies in einer Umgebung, sondern exakt dieselben Gesetzmäßigkeiten gelten für Ihr Leben, für Firmen, für Gesellschaftssysteme, für Staaten und jeden Unternehmer. Das zentrale Thema des Darwinismus´ ist **Erfolg**!

Bei meinen Arbeiten auf der Basis der Erkenntnisse Zureks fand ich nach und nach 5 unterschiedliche Gruppen von Mechanismen. Sie beschreiben in ihrem Zusammenspiel die Phänomene des Darwinismus.

8.2.2. Mechanismus 1: Ideen, Fluktuationen und Mutationen

Am Anfang steht immer eine Art Idee für etwas Neues, für eine Innovation, für eine neue Struktur. Eine derartige neue Struktur entsteht entweder völlig neu, quasi aus dem „Nichts", initiiert durch bestimmte Fluktuationen oder Kombinationen von Fluktuationen des brodelnden Quantenschaums. Oder sie entsteht (bei bereits bestehenden Strukturen) durch Veränderungen (Mutationen) in dieser Struktur, was wiederum durch Fluktuationen des brodelnden Quantenschaums erfolgt, also den weiter vorhandenen quanten-mechanischen Anteilen dieser Struktur.

Die Natur brodelt ganz offensichtlich – und zwar permanent. Im Quantenschaum, am „Rand von Raum und Zeit" werden die Oszillationen zwischen Ordnung und Chaos besonders deutlich. Dieser Mechanismus bringt ständig neue Ideen hervor, auch wenn diese Ideen noch virtuell sind, noch nicht greifbar, sodass eine unfassbare Kreativität in der Natur existiert. Es ist ein sehr mächtiger, aber planloser Prozess.

Wir folgen nun einer Strukturidee, die – und das setzen wir für unser Beispiel nun voraus – genügend Eigen-Impuls für ein weiteres Wachstum hat. Diese Idee kann eine biologische Lebensform betreffen, oder auch eine technische Innovation. Wir sehen, ein wichtiger Fakt: Die Entwicklung von neuen Strukturen erfolgt zufällig und auf der Ebene des Individuums.

8.2.3. Mechanismus 2: Formierung

Bei jeder Innovation spielt der Mechanismus 2, die Formierung, die nächste wichtige Rolle. Unter Aufnahme von Energie und Ressourcen aus der Umgebung, also in der Koppelung mit ihr, entsteht nämlich nun aus der Fluktuation eine erste Form mit deterministischen Anteilen.

Die Entstehung und Weiterentwicklung dieser Grundform ist dabei an natürliche Vorgaben gekoppelt. So spielen grundsätzliche Kombinationsmöglichkeiten von Elementarteilchen und Atomen eine Rolle. Dazu kommen Symmetriebedingungen, die beispielsweise auf den natürlichen Zahlen (aus einer sich teilenden Zelle werden zwei usw.) und auf energetisch günstigen Anordnungen beruhen. Ein weiteres Beispiel dafür sind **Iterationen (Wiederholungen) von Rechenvorschriften**, die auf einfachste Weise Strukturen erzeugen, die denen in der Natur zum Teil verblüffend ähneln (s. unten stehende Abbildung).

Mit einem Computerprogramm durch Iteration erzeugte „Pflanzenstrukturen"

Lebendige Systeme müssen sich weiter an den grundsätzlichen biochemischen Möglichkeiten orientieren, und die Technik an dem, was wissenschaftlich-technisch grundsätzlich möglich ist.

8.2.4. Mechanismus 3: Adaptive Anpassung an die Umgebung

Nach den chaotischen Fluktuationen und den ersten deterministischen Einflüssen der Formierung folgt nun – wie am Beispiel vom Gorilla und Kamel eben beschrieben – das weite Feld der adaptiven Anpassung an die Umgebung – hier liegen die ersten wesentlichen Voraussetzungen für einen Erfolg. Es werden jetzt nämlich die Fragen beantwortet, ob die Eigenschaften eines neuen oder veränderten „Modells" gut genug für ein Bestehen innerhalb der Umgebung sind und ob dieses „Modell" veränderungsfähig im Rahmen einer permanenten Optimierung ist, zumal sich ja auch die Umgebung verändern kann.

Biologische neue Lebensformen müssen sich also nicht nur unter den Bedingungen unseres Planeten und seiner Naturgesetze bewähren, sondern sich auch adaptiv an die Umgebung und deren Ressourcen und Möglichkeiten anpassen und weiter entwickeln, indem sie sich durch adaptive Mutationen/Veränderungen (vgl. Mechanismus 1) zunehmend besser auf deren Bedingungen einstellen. So werden aus ersten Lebensformen zunehmend komplexere Formen.

Auch technische Innovationen müssen sich an der Umgebung und ihren Anforderungen orientieren, es entsteht eine Art erster Prototyp, an dem sichtbar wird, ob er grundsätzlich in der aktuellen Umgebung funktioniert und marktfähig ist. Die Entwicklung eines Transistors beispielsweise wäre vor 200 Jahren völlig erfolglos geblieben. Der Einfluss der Umgebung ist also enorm wichtig. Das muss – unternehmerisch gedacht – nicht immer unbedingt der Markt für eine Innovation sein, es betrifft am Anfang auch schon die innovationsfördernde (oder innovationshemmende) Umgebung, die Unternehmen ihren innovativen Mitarbeitern bieten.

Auch in der Natur lassen sich derartige Änderungen in der Umgebung beobachten. Diese werden oft durch die Populationen einzelner „Biotope" verursacht, mit der Folge, dass – gekoppelt mit diesen Veränderungen – sich andere Populationen ebenfalls adaptiv ändern müssen. Man nennt dies „mutual structural coupling". Jedenfalls: Ändern sich irgendwann die Umgebungsbedingungen, erfordert dies grundsätzlich – je nach Grad der Änderung – wieder mehr oder minder umfangreiche, adaptive Optimierungen der beteiligten Lebensformen (oder Unternehmen oder technischer Modelle).

Als Optimierung ist dabei nicht immer gemeint, dass besondere Eigenschaften sehr ausgeprägt sein müssen. Oft sind die Zusammenhänge sehr komplex, und es ist eher eine Art Vielseitigkeit gefragt. Die Ausbildung ganz bestimmter Vorzüge kann nämlich vor allem dann zu massiven Schwierigkeiten führen, wenn sich die Umgebung zu schnell ändert. Man denke nur an das Aussterben so mancher Tierspezies. In Zeiten sich ändernder Umgebungsbedingungen sind daher oft hohe Mutationsgeschwindigkeiten gefragt.

Bloß: Mutationen lassen sich nicht beschleunigen. Mutationen finden *immer* statt, und nicht, weil sich die Umgebung ändert. Nur führt die veränderte Umgebung zu einem Erfolg veränderter Strukturen und damit sekundär zu einer Erhöhung der Mutationsgeschwindigkeit.

Wie später gezeigt werden wird, erfordert die Änderung von Strukturen durch Mutation chaordische Vorgänge. Ist dieses Wechselspiel zwischen Ordnung und Chaos nicht mehr möglich oder nicht mehr ausreichend gegeben, bricht die notwendige Adaptionsfähigkeit zusammen.

In diesem Zusammenhang ist auch das Thema „übermäßige Ordnung" wieder einmal zu erwähnen. Dieses spielt vor allem in menschlichen Systemen (Gesellschaften, Unternehmen) eine Rolle. Denn der nach Ordnung strebende Verstandesmensch neigt zu einer Art Überstrukturierung von gesellschaftlichen Strukturen und zu einer Art „Over-Controlling" von Unternehmensorganisationen. Er will „alles im Griff haben". Auch das Parkinson-Gesetz zum Bürokratismus hat hier übrigens seine Wurzeln. Und auch das Scheitern totalitärer Systeme wie die DDR. Oder Ansätze wie der „Great Reset".

8.2.5. Mechanismus 4: Konkurrenz und Kooperation

Adaptiv erfolgreiche biologische Lebensformen treten aufgrund des begrenzten Lebensraums grundsätzlich in **Konkurrenz** zueinander, dies betrifft neben Pflanzen und Tieren auch Sie und natürlich auch technische Innovationen, Firmen und Gesellschaftsordnungen etc. – überall existieren Konkurrenzentwürfe in der (begrenzten) Umgebung. Für den Erfolg in diesem Konkurrenzkampf sind die Eigenschaften der lebenden oder technischen Modelle entscheidend.

Ein häufiges Missverständnis der Evolutionsbiologen liegt nun darin, dass Arten miteinander im Konkurrenzkampf stehen. Das dürfte nicht richtig sein; denn Konkurrenz gibt es auch innerhalb der Arten, sie findet daher grundsätzlich auf individueller Ebene statt. Sie selbst sind für Ihren Erfolg in Ihrem Leben verantwortlich, in der Abhängigkeit von ihren Eigenschaften und denen der Umgebung.

Nun kann es durchaus zu Synergie-Effekten kommen, wenn Arten durch **Kooperation** (Teamwork) ihrer Individuen erfolgreich sein können und dadurch der Erfolg der Individuen gewährleistet wird – was denn auch häufig der Fall ist und das obengenannte „Missverständnis" relativiert. Bienen und Ameisen dienen hier als klassisches Beispiel. Aber nicht nur die Kooperation der Individuen einzelner Arten kann für den Erfolg sorgen, sondern auch die Symbiose von Individuen verschiedener Spezies.

Hinzu kommt beim Mechanismus 4 noch die Frage, ob die „darwinistische" Nische, in der man erfolgreich sein will, schon besetzt ist. Denn es ist schwer, dort erfolgreich zu sein, wo sich schon ein anderes „Modell" breit gemacht hat und bereits mit dem Systemumfeld erfolgreich verknüpft ist, sodass das Gesamtsystem längst auf das andere „Modell" eingestellt ist.

Nach dem Gesetz der Trägheit, das wir oben ausführlich betrachtet hatten, wird dann allen Veränderungen erst einmal Widerstand entgegengesetzt. Systeme, das kann man gut beobachten, haben deshalb eine eigene Systemstabilität bzw. Systemträgheit.

Sind unsere „Modelle" aber erfolgreich gewesen, finden sie nun ihren Platz in der Welt. Und ich möchte Sie schon hier auf die Spieltheorie hinweisen, bei der Konkurrenz und/oder Kooperation in ihren verschiedenen Möglichkeiten diskutiert werden.

8.2.6. Mechanismus 5: Nachhaltigkeit

Für den **dauerhaften Erfolg** einer Lebensform sind nun seine Fähigkeiten zur **Reproduktion** und die **Schonung von Ressourcen** der Umgebung entscheidende Faktoren.

Reproduktion ist dabei gleichzusetzen mit dem Weitergeben von Information, um einen „impulshaltigen Strukturzustand", der sich auflöst bzw. stirbt, wiederherzustellen. Es geht also für das einzelne Individuum darum, „Kopien" von sich herzustellen und damit Nachfahren zu produzieren. Als „Vererbung" bezeichnet man dabei die Fähigkeit, Eigenschaften an die Kopien weiterzugeben.

Die Ökonomie unterscheidet sich dabei deutlich von der Biologie. In der betrieblichen Ökonomie reicht – und das relativiert aus unternehmerischer Sicht die Nachhaltigkeit – oft der kurzfristige Erfolg, so dass sich das Thema Nachhaltigkeit für Betriebe relativiert.

Erst volkswirtschaftlich gesehen wird daher die Nachhaltigkeit von hoher Bedeutung, um die gesellschaftliche Umgebung, also das Gesamtsystem, stabil zu halten. Bereits hier zeichnet sich ein wichtiger und grundsätzlicher Widerspruch zwischen betriebswirtschaftlichen Aufgaben und volkswirtschaftlichen Erfordernissen ab, auf den wir später noch zu sprechen kommen.

Wie wichtig die Reproduktion in der Natur ist, zeigt die Ausstattung des Menschen mit dem **Informationsträger DNA**. Wie bei der Diskussion der Entropie gezeigt, befinden sich in jeder Zelle unseres Körpers etwa 2 Meter DNA. Bei etwa 100 Billionen Zellen in unseren Körpern dürfte die Menge der DNA in uns noch deutlicher werden. Unsere Körper sind de facto eine Ansammlung von Informationen, mit einem Mechanismus zur Weitergabe.

Ist diese Weitergabe nun an einen geschlechtlichen Austausch von „Informationen" mit einem anderen Partner gebunden, wird der Mechanismus der Reproduktion eng mit dem Mechanismus 4 gekoppelt. Arterhaltung (ohne diese gäbe es keine Partner) und individueller Erfolg sind eng miteinander verknüpft. Und doch scheint die Entwicklung des Individuums Vorrang zu haben – die natürliche „Auslese" auf der Ebene des Individuums ist stärker und schneller als die Artenselektion. Was nicht dem individuellen Erfolg dient, kann auch nicht der Arterhaltung dienen.

Wichtig für die Nachhaltigkeit kann auch die sog. „Variabilität" sein. Man bezeichnet damit die Möglichkeit der Mutation bzw. eine Auswahl nur bestimmter Informationen zur Weitergabe, um adaptive Veränderungen zu erleichtern. Man sieht hier bereits, wie verschiedene Mechanismen (hier die Mechanismen 1,3 und 5) miteinander verbunden sind.

Die Fähigkeit der Nachhaltigkeit beschränkt sich aber nicht nur auf die Reproduktion, sondern sie betrifft auch – wie oben bereits angedeutet – den Umgang mit der Umgebung und ihren **Ressourcen**. Ist diese Fähigkeit nicht oder nur eingeschränkt gegeben, wird die Umgebung ruiniert und die auslösende Struktur verschwindet wieder aus der Welt, wobei sie oft viele andere mitreißt. Unser Gorilla aus dem einfachen Beispiels eines komplexen Systems sitzt also auch dann auf dem Trockenen, wenn er (oder jemand anders) den Dschungel abgefressen hat.

Man kann also durchaus kurzfristig erfolgreich sein – werden die Ressourcen aber mit der Zeit zu sehr abgebaut, ist irgendwann jede Nachhaltigkeit verbaut, und man scheitert längerfristig als Individuum, als Unternehmen oder als Gesellschaft. Das ist genau der Mechanismus, der seit dem Tipping Point in den absoluten Vordergrund rückt.

8.3.   Das Zusammenspiel der Mechanismen

Jeder Erfolg eines Individuums, einer Spezies, eines Unternehmens oder einer Gesellschaftsform lässt sich nach diesen Erkenntnissen darauf gründen, wie gut ich (als Individuum, Spezies, Unternehmer oder Politiker etc.) auf der Klaviatur dieser darwinistischen Mechanismen spiele.

Diese sind – hier noch einmal zusammengefasst – folgende:

- Innovationsfähigkeit (Mechanismen 1 und 2)

- Adaptionsfähigkeit an die Umgebung (Mechanismus 3)

- Konkurrenz- und Kooperationsfähigkeit (Mechanismus 4) und

- Nachhaltigkeit (Mechanismus 5)

Diese Anforderungen an einen Erfolg wirken natürlich nicht einzeln für sich, sondern sie existieren alle mehr oder minder gleichzeitig, und auch Rückkopplungen können eine Rolle spielen.

Wie ich bald bei der Diskussion zu komplexen Systemen weiter ausführen möchte, liegt der Hauptantrieb für die biologische Evolution denn auch nicht allein in den zufälligen Mutationen (Mechanismus 1), sondern eher in den komplexen Interaktionen dieser „quantenmechanischen Mutationen" mit den deterministischeren Bereichen Zelle und Genom (Mechanismen 2 und 3), die wiederum mit den äußeren Einflüssen der Umgebung interagieren und diesbezüglich einem ständigen Veränderungsdruck ausgesetzt sind. Damit lässt sich locker sagen, dass der Determinismus in der Evolution abhängig von dem ist, was im quantenmechanischen Bereich geschieht – und umgekehrt.

So dienen denn auch die codierten Gene von Lebewesen vorwiegend zur deterministischen Informationsspeicherung, während das, was lange Zeit als „wertloser Müll" in den DNA-Texten angesehen wurde, nämlich etwa **98,5 Prozent nichtcodierende Anteile**, offenbar eine wichtige Rolle in der Kopplung der verschiedenen Mechanismen und der Veränderung der Zellprozesse spielen, als eine Art Werkzeuge und Schalter. Auf diese Weise scheint es sogar möglich, dass subjektive Erfahrungen eines Lebewesens, die nichts am genetischen Code selbst verändern, an die nächste Generation weitergegeben werden können.

Wie wir beispielsweise beim Mechanismus 2 (Formierung) gesehen haben, sind nicht alle denkbaren Strukturen möglich. Diese Begrenztheit möglicher Strukturen nutzt die Natur auch bei der Adaption. Die Natur (und jeder Erfinder) muss nicht unendlich viel erproben, sie kann aus einer Art Katalog auswählen, und manchmal sogar aus einer Art vorgefertigten „Bauteilen", wie es eine neue Wissenschaft, die Evolutionsbiologie (genannt **„Evo-Devo"**) nahe legt. Durch Kombination verschiedener Bauteile, die selbstorganisierend entstanden sind (s. Erkenntnisse von M. Eigen, Kapitel 11.5.4.), kann die Evolution dann in kurzen Zeitabläufen unglaubliche Mengen von Formen hervorbringen. Und so – wie bei der Entwicklung des Auges – auch Entwicklungssprünge vollziehen. Weiter existieren sog. Steuerungs-Netzwerke, die in Form von Schaltkreisen dafür sorgen, dass ursprüngliche Grundverdrahtungen in einem lebendigen System beibehalten werden. Das lebendige System wird so stabilisiert und den möglichen Mutationen werden damit gleichzeitig Grenzen gesetzt. Grundsätzliche, schwerwiegende Mutationen sind so kaum möglich. Damit wird vermieden, dass biologische Systeme zusammenbrechen. Dies dürfte auch auf die Strukturen und Organisationsmuster von Unternehmen und Gesellschaften zutreffen, die ebenfalls durch interne „Schaltkreise" stabilisiert werden und deren Wandlungsfähigkeit – ein wichtiger Punkt – dadurch automatisch beschränkt ist.

Neben Adaptionsfähigkeit und Nachhaltigkeit, die einen eher grundsätzlichen und langfristigen Charakter haben, steht im Alltag aber oft der momentane Erfolg im Fokus. Dieser Bereich hat – wie ich nun zeigen möchte – ganz eigene **Spielregeln zwischen Konkurrenz und Kooperation**.

Das Aufregende ist: Diese Spielregeln bestimmen nicht nur Erfolg oder Scheitern von Strategien, sondern sie werden viel zu oft nicht beachtet – mit entsprechenden desaströsen Folgen. Das ist denn auch der Grund, warum ich nun intensiver darauf eingehen möchte; denn es sind tatsächlich die elementaren Naturgesetze im Erfolgs-Darwinismus, auch wenn sie in ihrer Bedeutung noch nicht ausreichend erkannt worden sind.

Und gerade in der heutigen Situation auf dem überfüllten Planeten sind diese Regeln essentiell – vor allem für Politiker.

9.   Spieltheorie: Erfolg durch Konkurrenz und Kooperation

Um die Erfolgsaussichten von Individuen, Unternehmern etc. durch Strategien der Konkurrenz und/oder Kooperation zu beschreiben, hat sich auf diesem Gebiet eine Spezialdisziplin entwickelt, die mit **Spieltheorie** benannt ist. Es ist nicht ganz klar, ob sie eher der Ökonomik oder der Mathematik zuzuordnen ist – wegen ihrer hohen Bedeutung für unternehmerische und politische Strategien möchte ich ihr an dieser Stelle aber ein gesondertes und besonderes Kapitel widmen. Und auch wenn wir jetzt den Bereich der klassischen Naturwissenschaften verlassen, ist diese Spieltheorie **der nächste elementare Bestandteil der Naturgesetze**. Er beschäftigt sich ausschließlich mit den Mechanismen 4 und auch 5 des oben ausführlich dargestellten Darwinismus.

Der Darwinismus wird bekannterweise im allgemeinen Sprachgebrauch oft mit „survival of the fittest" beschrieben. Danach ringt jeder mit allen anderen in einem unerbittlichen Wettkampf um seine individuelle Existenz, vor allem wenn die Ressourcen begrenzt sind. Mit diesem angeblichen „**Nullsummenspiel**" der Natur, in der es immer Gewinner und Verlierer gibt, obsiegt der Stärkere über den Schwächeren.

In unserer Kultur ist dieses Verhalten einer Art von „Konkurrenzwahnsinn" sehr verbreitet. Bekannt ist das Beispiel von Manager-Workshops, in denen die Aufforderung „Sammeln Sie möglichst viele Punkte!" wahrgenommen wird als „Sammeln Sie mehr Punkte als die anderen!". Nicht der eigene Erfolg (oft in Kooperation mit den Anderen) wird zum Ziel, sondern der Erfolg relativ zum Anderen bzw. über den Anderen.

Spielen wir aber in diesem Paradigma nun tatsächlich dieses aggressive Nullsummenspiel, kann am Ende sogar ein Negativsummenspiel entstehen, weil bis auf einen nur noch Verlierer übrig bleiben. Nun mag dies in der Ökonomie für einige Zeit funktionieren, und manchmal entsteht dann sogar die begehrte Position des Monopolisten, mit all ihren Vorzügen. Und doch ist diese Position, wie auch das Nullsummen-Spiel selbst, aus evolutionärer Sicht sehr gefährlich – und zwar vor allem, wenn es um längerfristige Entwicklungen und Nachhaltigkeit geht.

Dies belegen umfangreiche Studien zur **Spieltheorie.** Wichtige Stichworte hierzu – und ich werde mich hier vor allem auf die für Sie als Individuum, für Unternehmer und für Politiker wichtigen Aspekte der Spieltheorie beschränken – sind z.B. „Tit for tat", das „Gefangenendilemma", das „Nash-Gleichgewicht", „Supercooperators" und die „Logik des kollektiven Handelns" oder die „Diktatur von Minoritäten".

Ich beginne mit der für mich grundlegendsten Erkenntnis der Spieltheorie, mit Tit for tat.

9.1 Tit-for-Tat

In einem „Iterated Prisoner´s Dilemma Simulator", einem Computerprogramm, das von P. Mathieu und J.P. Delahaye an der Universität Lille entwickelt worden ist, wurden drei Strategien über mehrere Läufe ausprobiert. Es waren eine kooperative („nette") Strategie, eine zufällige (mal kooperativ, mal aggressiv) und eine aggressive. Die kooperative Strategie war chancenlos und starb schnell aus. Sobald die kooperative Strategie ausgestorben war, begann der Untergang der anfangs noch einigermaßen erfolgreichen zufälligen Strategie. Dies hätte die allgemeine Auffassung des „survival of the fittest" bestätigt.

Nun wurde aber in einer neuen Runde eine andere, vierte Strategie hinzugefügt: **Tit-for-tat**. Das ist eine Strategie, die grundsätzlich kooperativ ist, bei einem Angriff aber sofort zurückschlägt, nach dem Zurückschlagen aber dann genauso rasch wieder Kooperation zulässt, wenn der Gegner den Angriff abbricht. Zudem, offenbar ein weiterer Vorteil: Sie ist einfach, d.h. für den Gegner klar und durchschaubar. Das Ergebnis mehrerer Läufe war dramatisch anders. Die Zufallsstrategie starb zuerst aus, und mit dem Aussterben der zufälligen Strategie verschwand dann auch bald die anfangs erfolgreiche aggressive Strategie (die nach Monopol strebende), bis nur noch die beiden kooperativen Strategien übrig blieben. Auch bei anderen Zusammensetzungen von Strategien erwies sich die einfache und grundsätzlich kooperative, aber **wehrhafte Strategie Tit-for-tat als die erfolgreichste überhaupt.**

Dieses Ergebnis wurde nun genauer untersucht. Es wurde geprüft, inwieweit aggressive Strategien in eine Tit-for-tat-Population eindringen konnten. Und es stellte sich heraus, dass dies nur gelingt, und dann wurde Tit-for-tat instabil, wenn die Zukunft unwichtig war, also Tit-for-tat nicht ausreichend Zeit zum wirksamen Gegenschlag hatte. Je wichtiger eine Zukunft, d.h. eine Nachhaltigkeit war, desto deutlicher dominierte wieder Tit-for-tat. Und die aggressive Strategie verschwand wieder.
Anders ist es, wenn eine Population alleine aus aggressiven Strategien besteht. Tit-for-tat kann erst dann in diese Population eindringen, wenn der Tit-for-tat-Anteil beim Start mindestens etwa 5% beträgt.

Zu ergänzenden Ergebnissen kam der Biologe J. Pepper vom **Santa Fe Institute**. Er untersuchte anhand von Computermodellen, warum es sich für Organismen lohnt, uneigennütziges Verhalten zu entwickeln: In einem begrenzten System ließ er zwei Strategien nebeneinander laufen. Eine (blaue) Strategie war nachhaltig, ihre Mitglieder ernährten sich langsamer und gaben dem System Zeit, sich wieder zu regenerieren, so dass auch ihre Nachkommen etwas davon hatten. Eine (rote) Strategie war schnell und aggressiv, verschlang alle Ressourcen und vermehrte sich dafür wie wild.

Das Ergebnis: Solange genügend Ressourcen da waren und alle Teilnehmer miteinander im Wettbewerb standen, gewannen die „Roten", und die „Blauen" starben aus. Waren die Ressourcen verbraucht, hatte es gewaltige Folgen für die Roten, die hungrig im selbst verschuldeten Kahlschlag umherirrten. Waren aber beide Populationen räumlich einigermaßen getrennt voneinander, gewannen die bescheidenen und nachhaltigen „Blauen".

Mangelt es also an leicht zugänglichen und schnell erneuerbaren Ressourcen, lohnt es sich grundsätzlich nur dann, nachhaltig zu sein, wenn es keine „Roten" gibt, oder man sich von ihnen ausreichend abgrenzen kann. In Zeiten der ökonomischen Globalisierung eine elementare Aussage, vor allem für die Politik – so kann im abgeschiedenen Himalaya-Staat Bhutan eine Wirtschaftsform der Optimierung des Glücks (statt des BIPs) durchaus funktionieren, für einen mit dem Rest der Welt vielschichtig verflochtenen Staat wie Deutschland sind aber andere Strategien notwendig, wenn ich nachhaltig sein möchte. Man müsste entweder alle Konkurrenten zu „Blauen" machen oder sich vom globalen Rattenrennen der „Roten" wehrhaft abschotten. Ich überlasse nun Ihnen als Leser die Einschätzung, ob das möglich sein wird.

Die Ergebnisse von Pepper dürften aber auch für jeden Wettbewerbsteilnehmer in der Ökonomie interessant sein: Will ich nur den kurzfristigen Erfolg, ohne zukunftsfähig zu sein, ohne Rücksicht auf Ressourcen oder Nachhaltigkeit, ist eine aggressive Strategie tatsächlich die erfolgreichste. Ähnliches gilt, wenn nur aggressive Mitspieler auf dem Markt sind.

Das Verhalten so mancher Unternehmensleiter ist daher absolut plausibel – mit den entsprechenden Folgen allerdings für die Ökologie und die Ressourcen. Will ich dagegen nachhaltigeren, dauerhafteren Erfolg, ist Tit-for-tat – also eine wehrhafte kooperative Strategie – die erfolgreichste. Vorausgesetzt, ich bin nicht alleine kooperativ. Und wenn ich mich genügend abgrenzen kann, dann kann ich mir sogar erlauben, bescheiden zu sein und eine „blaue" Strategie zu verfolgen.

Diese Ergebnisse weisen wieder einmal auf entgegengesetzte, widersprüchliche Aufgaben von Unternehmen (individueller Erfolg) und Gesellschaft bzw. Politik (Nachhaltigkeit, Ressourcenschonung) hin: Strebe ich gesellschaftlich bzw. volkswirtschaftlich den Erhalt von wichtigen Ressourcen an, muss ich den aggressiven unternehmerischen Strategien Einhalt gebieten, sei es durch Gesetze oder durch finanzielle Benachteiligung.

Und das Spannungsfeld zwischen Erfolg und Weisheit, zwischen individuellem Durchsetzungsvermögen und gesellschaftlichem Ausgleich wird hier noch einmal in seiner ganzen Bedeutung sichtbar.

9.2.   Das Gefangenendilemma

Wie wichtig kooperatives Verhalten und Themen wie gegenseitiges Vertrauen sind, zeigt auch das bekannte Beispiel des **Gefangenendilemmas**, auf das ich nun eingehen will:
Zwei Männer werden beschuldigt, einen Bankraub begangen zu haben. Sie sind in getrennten Zellen inhaftiert und können nicht miteinander kommunizieren. Beide werden nun vom Sheriff verhört und haben die Möglichkeit, mit ihm zusammenzuarbeiten oder zu schweigen. Außerdem gibt es – das Dilemma spielt in USA – die Kronzeugenregelung. Und es ist auch nicht klar, ob sie den Bankraub überhaupt begangen haben.

Das Dilemma besteht in folgender Regelung (es gibt hier verschiedene Versionen):

- Gestehen beide, werden sie wegen Bankraub zu 6 Jahren Haft verurteilt
- Gesteht einer und der andere schweigt, wird der Redende freigesprochen und der andere zu 10 Jahren Haft verurteilt.
- Schweigen beide, so hat der Sheriff nicht genügend Beweismaterial und beide werden wegen illegalen Waffenbesitzes zu 1 Jahr Haft verurteilt.

Das Problem ist aber – wie oben gesagt – dass beide nicht miteinander kommunizieren und damit nicht offen kooperieren können.
Daher werden beide – es sei denn, sie verfügen über eine nicht-egoistische Ethik oder vertrauen sich gegenseitig – nach der herrschenden Wirtschaftslehre eine dominante Strategie (so der Fachausdruck) wählen, in der sie einzeln am besten fahren. Untersucht man nun aus Sicht der Gefangenen (jeweils einzeln) die Situation, so lässt sich zeigen, dass es für beide jeweils immer die bessere Alternative ist, zu reden und zu gestehen – egal, was der andere macht. Um den 10 Jahren Haft aus dem Weg zu gehen. Auch wenn sie es gar nicht waren.
So werden beide in der Regel zu 6 Jahren Haft verurteilt. Getreu dem Motto: „**Ich will erfolgreich sein, gegen die Anderen**" oder auch (anders formuliert) „**Keiner will der Dumme sein**". Letzteres kennt man z.B. bei ökologischen Themen als Mikado-Prinzip oder St.-Florians-Prinzip.

Dies spricht nun deutlich gegen die Begründung, mit der Adam Smith oder auch wirtschaftsliberale Gruppen den Kapitalismus verteidigen, nämlich dass durch das Streben eines jeden Individuums nach eigenem Vorteil das Beste für die Gesellschaft (das Gesamtsystem) erreicht wird. Das Gegenteil ist hier der Fall, sowohl jedes einzelne Individuum verpasst die vergleichsweise deutlich bessere Möglichkeit (1 Jahr Haft) als auch beide zusammen. Statt 2mal 1 Jahr erhalten sie 2mal 6 Jahre.

An diesem einfachen, aber eindrucksvollen Beispiel möchte ich zeigen, dass weder für die einzelnen Individuen noch für ein gesamtes System von Individuen (= Gesellschaft) eine optimale Lösung dadurch erhalten werden kann, dass jeder nur seinen eigenen Vorteil sucht. Wären wir als Menschen also immer dem herrschenden Dogma der Maximierung des individuellen Nutzens gefolgt, gäbe es uns wahrscheinlich gar nicht mehr. Dies zeigt eindeutig, dass unser verbreitetes Dogma falsch und nicht natürlich ist und nicht funktionieren kann. Und doch wird es derzeit so massiv vertreten, dass es die Teilnehmer des „Gesellschaftsspiels" in negativem Sinne manipuliert. Neuere Studien zeigen denn auch, dass das natürliche Verhalten von uns Menschen komplexer und deutlich sozialer geprägt ist als es die aktuelle Lehre vermittelt, und dass es dringend angebracht ist, diesen Irrtum in der Wirtschaftstheorie zu korrigieren.

Diese Ergebnisse legen nahe, dass die Maxime der Natur zwar auch lautet: „Keiner will der Dumme sein", in Relation zum anderen, sie sich aber insgesamt besser damit beschreiben lässt: „Ich will erfolgreich sein, im System mit dem anderen". Das Spiel „Aller-gegen-alle" ist damit nicht das wirklich erfolgreiche, sondern das bessere Spiel des Lebens ist eher ein **Plussummenspiel** (Win-win-Situation), in dem der Vorteil des einen auch Vorteile für den anderen bringen muss. Dann ist es durchaus möglich, dass beide Gefangenen schweigen und ein gemeinsames Gewinnen möglich wird. Eine Grauzone des Verhaltens wird hier sichtbar, die vom komplexen Umfeld abhängt. Vertrauen und Kooperationen werden wichtig – wie es Tit-for-tat zeigte.

So ist es im realen Darwinismus beispielsweise der Tierwelt daher auch offenbar so, dass derartige Tierpopulationen bevorzugt stabil sind, die zur Stabilität des Gesamtsystems beitragen und seinen Ablauf optimieren, statt diesen zu gefährden. Entscheidend für die Mechanismen des Darwinismus´ sind damit auch zusätzliche „unsichtbare Abhängigkeiten" der einzelnen Teilnehmer voneinander, die das System insgesamt stabilisieren und erfolgreich machen.

Ist ein System mit unterschiedlichen Teilnehmern dann stabil erfolgreich, entsteht offenbar eine Art stabile „**Systemträgheit**". Das System ist in der Regel dann komplett (bis vielleicht auf Nischen) und auch gut funktionsfähig. Und es versucht, diese Konstellation und das Verhalten der Teilnehmer aufrecht zu erhalten – eine Art Gleichgewicht ist entstanden. Bei der Diskussion der Eigenschaften komplexer Systeme werde ich noch genauer darauf eingehen.

Ein System wird nun bestrebt sein, diesen Gleichgewichtszustand zu erhalten – was in der Regel gelingt, solange keine verändernden Kräfte oder neuen Teilnehmer von außen hinzukommen, sich also die Rahmenbedingungen nicht ändern. Man nennt ein derartiges Systemgleichgewicht in der Literatur auch **Nash-Gleichgewicht**, obwohl es in dieser Form wohl nicht stimmt. Der Bedeutung dieses Themas angemessen möchte ich deshalb näher darauf eingehen.

9.3. Das Nash-Gleichgewicht

Das Nash-Gleichgewicht ist benannt nach dem Mathematiker **John Nash**, dessen Leben und Leistung im Film „A beautiful mind" gezeigt wird, der 1994 den Nobelpreis erhielt, und den ich hier trotz allem ein wenig kritisieren möchte. Im Vergleich zur Wirtschaftslehre von Adam Smith, die gerne ein rein rationales Verhalten der Marktteilnehmer „ohne Rücksicht auf andere" annimmt, das (merkwürdigerweise) den gesellschaftlichen Gesamterfolg optimieren soll, hat Nash nun das Verhalten der „Mitspieler" einbezogen. Leider hat auch er rein rationale und egoistische Verhaltensweisen postuliert.

Nash konnte aber immerhin zeigen, und das war der Erkenntnisfortschritt, dass der Erfolg dieser egoistischen Verhaltensweisen vom Verhalten der anderen Teilnehmer abhing und ein gemeinsames Gewinnen wichtig werden kann. Das kennt in der Praxis jeder, der mal „Malefiz" oder „Hase und Igel" oder ähnliche Spiele gespielt hat: Jeder Spieler spielt die aussichtsreichste Strategie als Antwort auf das Verhalten der Gegenspieler. Deutlicher ausgedrückt: Ich versuche also nicht mehr „auf Teufel komm raus" mein Ergebnis zu maximieren, wenn ich merke, dass meine Gegenspieler dies nicht zulassen und ich mir dann dadurch Nachteile einhandle, sondern ich wähle eine Strategie, die das mögliche Verhalten der anderen Spielteilnehmer berücksichtigt und diese einbindet.

Nash fand weiter heraus, dass dabei in der Realität oft Gleichgewichte entstehen, sogenannte strategische Gleichgewichte, in denen keiner der Spielteilnehmer einen Anreiz hat, als Einziger von der Gleichgewichtskombination abzuweichen: Allen Spielteilnehmern geht es einigermaßen gut mit der Lösung. Gegenüber dem Nullsummenspiel von Smith war damit erstmals eine Art **Plussummenspiel** (s.o.) formuliert, mit der Folge einer gleichzeitigen Systemstabilisierung.

Was aber wohl nicht ausreicht; denn Nash hatte – vielleicht auch aufgrund seiner Persönlichkeit, er war an Schizophrenie erkrankt – soziale Fragen völlig außer Acht gelassen, die auf **längerfristiger** Verlässlichkeit und Ethik beruhen, also das, was eine nachhaltig funktionierende Gesellschaft ausmacht. **Nachhaltigkeit** spielt in dem Modell von Nash keine Rolle.

So existieren diese Nash-Gleichgewichte bei näherer Betrachtung oft nur kurzfristig, und zwar so lange, bis sich ein Teilnehmer gerade mal einem Nachteil ausgesetzt sieht, dem er entweder durch Verlassen des Systems entgehen kann oder (wenn dies aktuell nur unter großen Nachteilen möglich ist) der ihn dazu animiert, eine Verlassen-Strategie zu entwickeln und diese dann eben bei nächster Gelegenheit zu realisieren – ohne die Folgen für die anderen oder das System zu berücksichtigen bzw. ohne die langfristigen Folgen für zukünftige Kooperationen (Vertrauens- oder Reputationsverlust?) zu bedenken.

Wir sehen: Die Anerkennung der Gesellschaft für rationales und monetär optimiertes (= „neoliberales") Verhalten der Individuen ist unter Nachhaltigkeitsaspekten fragwürdig.

Selbst nutzenorientierte Nash-Gleichgewichte mit Win-win-Situationen sind brüchig, langfristige Kooperationen sind unwahrscheinlich und darauf aufbauende Systeme oft instabil. Überhaupt spielt Nachhaltigkeit kaum eine Rolle – es sei denn, es gibt ein Korrektiv wie z.B. gesellschaftliche Konventionen, die für Nachhaltigkeit sorgen. Auch die zunehmenden Scheidungen von Eltern sind für mich ein deutliches Zeichen für die Brüchigkeit von Nash-Gleichgewichten und der Philosophie, die dahinter steckt.
Damit wird deutlich, dass in sozialen und gesellschaftlichen Systemen die Philosophie der Vorteilssuche Einzelner – anstatt kooperativ und konstruktiv etwas zur Funktion der Gesellschaft beizutragen – selbst beim Plussummenspiel immer noch Anlass zu Instabilitäten gibt. Ein gesellschaftliches System, in dem jeder nur nach seinem eigenen Vorteil strebt und bei plötzlichen Nachteilen oder besseren Möglichkeiten die ehemalige Win-win-Situation verlässt, ist also weder nachhaltig noch längerfristig erfolgreich. Aber dies ist genau das, was wir in unserer Gesellschaft gerade erleben und zukünftig wohl noch stärker erleben werden: Der Zerfall von Familien und sozialen Ordnungen und die Zunahme von Egoismen und damit der Verlust von Nachhaltigkeit.

Die Systemstabilität gerät also nicht nur dann in Gefahr, wenn sich die Umstände der Umgebung heftig verändern, oder aber eine neue Spezies eindringt, gegen die „kein Kraut" gewachsen ist, sondern auch dann, wenn sich die Systemteilnehmer nicht ausreichend sozial und nachhaltig verhalten – egal was sie dazu zwingt, ob Gesetze und Strafen oder ein Wertekontext.
Die Rolle des „modernen, aufgeklärten" Menschen innerhalb unseres Systems und die unglaubliche Geschwindigkeit, mit der derzeit parallel dazu ein Artensterben und eine Vermüllung auf diesem Planeten ablaufen, die zusätzlich auch noch unsere äußere Systemumgebung verändern, sind daher dringend und noch intensiver zu diskutieren als bisher.

Wir brauchen daher grundsätzlich kein Nullsummenspiel, auch keine Art Plussummenspiel nach Nash, sondern ein **konstruktives Plussummenspiel**, in dem systemisch auch **langfristig** konstruktive Rollen eingenommen werden.
Das tägliche Denken der Akteure in unserer westlichen Welt mit der in unserer Gesellschaft verankerten offensichtlich falschen Vorstellung des Darwinismus´ und Wettbewerbs und einer zu geringen Wertschätzung von Kooperation und Nachhaltigkeit ist daher in seinen gesamtgesellschaftlichen Auswirkungen grundsätzlich ziemlich destruktiv und systemdestabilisierend.

9.4.   Supercooperators

Seit langem versuchen daher Spieltheoretiker, Abwandlungen der Spieltheorie zu identifizieren, die zu konstruktiver Kooperation (statt egoistischer Maximierung) führen. **Martin Nowak** von der Harvard University, der Spieltheorie und Evolutionstheorie miteinander verbindet, definiert beispielsweise fünf grundlegende Mechanismen, die zu Kooperation führen:

Martin Nowak
*1965

1. **Direkte Reziprozität:** Treffen zwei Spieler z.B. aus beruflichen Gründen wiederholt aufeinander, gilt oft die direkte Gegenseitigkeit: „Wie Du mir – so ich Dir." Das entspricht nicht nur Tit-for-tat, sondern auch der Moral in fast allen Weltreligionen:

„Was Du nicht willst, was man Dir tut, das füg auch keinem anderen zu". Diese Strategie ist allerdings außerhalb der Menschen kaum zu beobachten.

2. **Indirekte Reziprozität:** In größeren Populationen entwickeln sich Kooperationen weniger durch einen direkten Kontakt (dieser ist nun seltener, da man sich nicht so häufig trifft) als durch eine Art Reputation: Man profitiert von seinem Ruf, den man sich durch sein Verhalten in der Population erworben hat. Bei ebay beispielsweise profitieren vertrauensvolle Verkäufer von der Bewertung durch Käufer.

3. **Begrenzte Beweglichkeit**: Ist meine Beweglichkeit begrenzt, folgt daraus eine hohe Wahrscheinlichkeit, immerzu mit denselben anderen Individuen zu agieren. Es ist hier ein räumliches Kriterium (im Vergleich zur direkten Reziprozität).

4. **Die Gruppenselektion:** Der Fortpflanzungserfolg eines Individuums hängt hier entscheidend vom Kooperationsgrad in der Gruppe ab. Als Individuum bin ich zur Kooperation mit anderen Teilnehmern der Gruppe gezwungen, will ich überleben und mich fortpflanzen. Es lohnt sich also (als evolutionäre Strategie) zu kooperieren, auch wenn man nicht verwandt ist.

5. **Die Verwandtenselektion:** Die Verwandtenauslese ist biologisch der wichtigste Mechanismus. Entscheidend hierbei ist, wem meine Kooperationsleistungen zu gute kommen. Je näher meine genetische Übereinstimmung mit demjenigen ist, dem mein Altruismus zuteil wird, desto größer wird die Wahrscheinlichkeit, dass meine genetische Ausstattung Erfolg hat. Ein oft genanntes Beispiel hierfür sind Ameisen und Bienen, die unglaublich hohe Kooperationsraten aufweisen.

Der Mensch ist für Nowak nun ein **Supercooperator**, da bei ihm alle 5 Mechanismen wirksam sind – der evolutionäre Erfolg des Menschen ist danach vor allem das Ergebnis seiner Kooperationsfähigkeit. Gleichzeitig ist Nowak der Auffassung, dass mit diesen Mechanismen nicht nur die Evolution von Kooperation beschrieben werden kann, sondern auch Berechnungen der Wahrscheinlichkeit von Kooperation möglich sind.

Nowak erkannte in seinen Studien weiter, dass es in der Realität keine (!) stabilen Gleichgewichte gibt. Bildet sich evolutionär ein System von kooperativen Teilnehmern, kommt es irgendwann dazu, dass Schmarotzer oder Trittbrettfahrer mit egoistischen, aggressiven Strategien in diesem System auftauchen, davon profitieren und sich vermehren. Die Folge ist, dass das System der kooperativen Teilnehmer zusammenbricht und nur noch nichtkooperative Teilnehmer „spielen", mit den entsprechenden Folgen (Monopole, Kahlschlag etc.), die dann wieder dazu führen können, dass kooperative Strategien zwangsweise wieder aufkommen. Eine Dynamik zwischen kooperativ und nichtkooperativ wird sichtbar. Es sei denn, die kooperativen Teilnehmer wählen eine Tit-for-tat-Strategie, in der Schmarotzer und Trittbrettfahrer sofort abgestraft werden.
In der Eurozone und auch in der Migrationsproblematik lassen sich diese Dynamiken von einseitig kooperativen und wenig wehrhaften Strategien der Political Correctness aktuell gut beobachten.

9.5.   Die Logik des kollektiven Handelns

Der interdisziplinär arbeitende amerikanische Wirtschaftswissenschaftler **Mancur Olson** (1932-1998) verfasste 1965 das Werk „Logik des kollektiven Handelns".
In diesem Werk kritisiert er das Postulat, dass bei der Bereitstellung von Kollektivgütern so lange keine Probleme auftauchen, wie die Mitglieder der Organisation ein gemeinsames Interesse an diesem Kollektivgut besitzen. Olson zeigte stattdessen, dass diese Übereinstimmung zwischen individueller und kollektiver Rationalität nicht zwangsläufig gegeben ist, sondern dass vielmehr die Bereitstellung von Kollektivgütern durch eine Gruppe prekär ist, weil es für einzelne Gruppenmitglieder rationaler sein kann, nicht im Sinne der Gruppe zu handeln, sondern den eigenen Nutzen zu maximieren. Dies führt dann zu Problemen in der Organisation dieser Gruppen.
Olson unterscheidet nun die Probleme anhand der Größe der Gruppen. Er beginnt mit privilegierten Gruppen (klein), geht über zu mittelgroßen Gruppen und dann weiter zu latenten Gruppen. Erst hier, wenn die Beiträge eines Mitglieds wegen der Größe der Gruppe nicht mehr wahrnehmbar sind, spielt jetzt rationales Handeln eine Rolle. Also ein Handeln, wie es Nash (s.o.) formulierte. Denn in diesen latenten Gruppen wird nun das Problem des **Trittbrettfahrens** virulent. Er nennt es das **„free-rider-problem"**.

Trittbrettfahrer ziehen ohne eigenen Beitrag einen Nutzen aus dem kollektiven Handeln anderer. Und es besteht kein Anreiz mehr, sich an dem kollektiven Handeln zu beteiligen. (Voraussetzung dafür ist allerdings, dass niemand vom Nutzen des kollektiven Gutes ausgeschlossen werden kann.)

Um trotzdem ein kollektives Handeln zu ermöglichen, empfiehlt Olson das Implementieren selektiver Anreize (positiv oder negativ).

Noch stärker sind die Einflüsse von Gruppengrößen auf das von Olson so genannte **„trivial contribution problem"**. Angenommen mein eigener Beitrag macht aufgrund der hohen Zahl an Mitgliedern nur einen Bruchteil der notwendigen Mittel aus, die eine Organisation zur Bereitstellung des öffentlichen Gutes benötigt. Dann habe ich wenig Anreiz, diesen Beitrag weiterhin zu leisten. Denn er verbessert nicht spürbar die Fähigkeit einer Organisation, ihre Ziele zu erreichen.

Ein beliebtes Beispiel hierfür ist die Politik. Warum sollte ich wählen gehen, wenn nur in Ausnahmefällen gerade meine Stimme den Ausschlag dafür gibt, welche Partei in die Regierung kommt?

Oder warum sollte ich Mitglied einer Partei mit vielen Mitgliedern werden, in der meine Interessen untergehen?

Mancur Olson
(1932-1998)

Nach Olson ist daher nicht der Wille ausschlaggebend, zu einem öffentlichen Gut beizutragen, sondern es muss einen Anreiz geben, dies mittelbar zu tun. Auch hier sind also selektive Anreize förderlich, sollen sich Gruppenmitglieder veranlasst sehen, im gemeinsamen Gruppeninteresse zu handeln. Rein rationale Akteure verfolgen also gerade aufgrund ihrer individuellen Rationalität das gemeinsame Gruppeninteresse nur mit Hilfe der Anreizwirkungen institutioneller Arrangements (also etwas wie „Nudging"), eine Art Paradoxon. Die Eigeninteressen von Teilnehmern großer Gruppen wirken sich nicht von selbst im Sinne des Gruppeninteresses bzw. des Gemeinwohls aus.

Diese Erkenntnisse von Olson müssten eigentlich ein zentraler Punkt bei den aktuellen Klimaverhandlungen der Staaten sein. Es nützt danach nichts, für ein mögliches gemeinsames Gruppeninteresse (wie z.B. weniger Treibhausgase) mit einem guten Beispiel voranzugehen, wenn die anderen Teilnehmer keinen selektiven Anreiz haben, mitzumachen.

Das gilt noch mehr, wenn es einen Vorteil geben kann, nicht mitzumachen.

9.6. Mehrere Systemteilnehmer in einem begrenzten System

Was geschieht nun, wenn in einem geschlossenen Gesamtsystem mehrere Teilnehmer (incl. Gruppen) agieren und kein Teilnehmer das System verlassen kann, obwohl ihm schwere Nachteile entstehen?

In einem begrenzten System, wie es unser Planet darstellt oder wie es ökonomische Systemeinheiten (Beispiel Eurozone) in hoher Annäherung darstellen, befinden sich immer mehrere Systemteilnehmer. Ein begrenztes System bedeutet allerdings, dass man es nicht verlassen kann.

Man sollte nun meinen, dass die Spieltheorie hierzu wichtige Erkenntnisse liefern müsste – zu bedeutend ist dieses Thema in Zeiten der Globalisierung oder von Wirtschafts- und Währungsbündnissen. Und doch war ich bei meiner Suche nach Erkenntnissen dazu lange erfolglos – bis ich auf das Buch „My Ishmael" von Daniel Quinn stieß. Er beschreibt diesen Fall anhand von Indianerstämmen in Nordamerika, die sich in einem begrenzten Gebiet nachbarschaftlich angesiedelt hatten.

Quinn hatte das Verhalten von Stämmen, die gebietsmäßig aneinander grenzten, recherchiert und war dabei zu folgenden Erkenntnissen gekommen: Diese Stämme sicherten ihr Territorium dadurch ab, dass sie immer wieder in kurzen Scharmützeln ihre gegenseitige Stärke und Wehrfähigkeit demonstrierten, um dann wieder längere Zeiten des Friedens einzuläuten. Eine Art **Tit-for-tat-Spiel** hatte sich etabliert, wie es auch wohl der Sinn der Militärparaden bei Staatsbesuchen ist: Man demonstriert seine Verteidigungsfähigkeit. War jetzt aber ein Stamm stärker als sein Nachbar, resultierte ein entsprechender Ländergewinn oder ein anderer Gewinn. Phasen eines über längere Zeit stabilen Gleichgewichts waren daher nur dann möglich, wenn alle Stämme sich als ähnlich stark erwiesen.

Interessant an diesem Beispiel zur elementaren Bedeutung der Wehrhaftigkeit von miteinander verbundenen Teilnehmern im Sinne einer Tit-for-tat-Strategie ist für mich zusätzlich, dass von den Indianerstämmen keine gemeinsame Strategie mit verlässlichen Absprachen (nach dem Motto: Wie wollen **wir** das regeln?) oder mit dem Ziel des Gemeinsam-Gewinnens gewählt wurde. Offenbar funktionierte das nicht oder war zu kompliziert, und ich gehe davon aus, dass Win-win-Situationen situativ entstanden und die relativ einfache Tit-for-tat-Strategie auch deshalb verfolgt wurde, weil sie eine gewisse Autonomie der Stämme bedeutete.

Diese Erkenntnisse sind elementar für politische und ökonomische Fragen: Habe ich ein begrenztes System mit verschiedenen Systemteilnehmern, die eine gewisse Autonomie besitzen, sind gemeinsame verlässliche Absprachen und gemeinsame „Gruppenstrategien" unzuverlässig und zu kompliziert. Man kennt das aus Brüssel. Sinnvoller ist eine grundsätzlich kooperative, aber wehrhafte Tit-for-tat-Strategie.

Sind die Systemteilnehmer aber verschieden stark, folgen trotz allem automatisch Ausgleichsmechanismen, die eine Verschiebung in Form von Gewinnen hin zu den stärkeren Teilnehmern bewirken. Ist dies nicht erwünscht oder nicht möglich, resultiert genauso automatisch eine große Instabilität zwischen den Teilnehmern.

Das ist so einfach und plausibel, dass ich mich umso mehr wundere, dass dies bis heute keinen Einzug in die Ökonomik oder die Politik gefunden hat. Denn ich halte diese Erkenntnisse für enorm wichtig, man denke nur an die EU und die Eurozone.

9.7.   Die Diktatur von Minoritäten

Die Wehrhaftigkeit spielt auch eine große Rolle bei der Diktatur von Minoritäten. Der amerikanisch-libanesische Finanzguru und Philosoph **Nassim N. Taleb** hat – ergänzend zu den Untersuchungen des Santa-Fe-Instituts und den Tit-for-tat-Ergebnissen – beobachtet, wie unnachgiebige Minderheiten von nur etwa 3-5 % der Gesamtbevölkerung es erreichen, dass sich eine gesamte Bevölkerung ihren Präferenzen unterwerfen muss.

Taleb ist sogar überzeugt, dass nicht (ignorante) Mehrheiten, sondern (ideologisch unnachgiebige) Minderheiten in der Welt den Ton angeben.

Nassim N. Taleb
* 1960

Die geschichtliche Erfahrung mit Machtübernahmeprozessen und der Machterhaltung zeigt nach Talebs Beobachtungen, dass, wenn es unkooperative und strategisch aggressive Minderheiten gibt, sie es sind, die mit den von ihnen diktierten Dynamiken eine kooperative und tolerante Mehrheit geradezu zwangsläufig unterwerfen. Meist im Glauben, dass sie selbst – die Mehrheit – dabei das Heft in der Hand behält, gerade, weil die anderen ja bloß eine Minderheit darstellen.

Dazu ein Beispiel: Gerade bei der uns herrschenden Toleranzethik und Wokeness, auf die ich später vertieft eingehen werde, wäre es doch „unfair" zu verlangen, dass eine z.B. islamische und damit religiös gebundene Minderheit praktische Opfer bringen müsste, die mit ihren religiösen Regeln und Kultureigenheiten nicht in Übereinstimmung zu bringen sind. Selbst durch Islamisten lässt man sich nicht davon abbringen, indem man sagt: „Diese militanten Islamisten sind ja nur eine Minderheit, die Mehrheit der Muslime ist doch ausgesprochen freundlich und legt den Koran nicht wortwörtlich aus."

Wir übersehen mit unserer Toleranz schnell die Gesetze der Evolution, und zwar den Teil des Wettbewerbs und Kampfes. Befragungen von Muslimen in deutschen Vierteln mit hohem muslimischem Bevölkerungsanteil ergaben zum Beispiel, dass etwa ein Drittel eine Gesellschaft wie in Mohammeds Zeiten wünschte, für fast die Hälfte der Befragten die

112

Gebote der Religion wichtiger waren als die Gesetze des Landes und für mehr als ein Drittel der Islam die einzige wahre Religion war. Der islamische Rechtsgelehrte und TV-Prediger Yusuf al-Garadawi sagte z.B.: „Der Islam wird Europa erobern, ohne Schwerter und ohne Kampf". Kritik an derartigen Äußerungen wird – da man hat schnell gelernt – als „Islamophobie" oder als „antimuslimischer Rassismus" abgebügelt.

Viel heftiger drückt es Hassan al-Banna aus, der 1928 in Ägypten die Muslimbruderschaft gegründet hatte, die für den radikalen Islamismus steht: „Gott ist unser Ziel. Der Prophet unser Führer. Der Koran ist unsere Verfassung. Der Dschihad ist unser Weg. Der Tod für Gott ist unser edelster Wunsch."

Bereits Karl Marx warnte spieltheoretisch: „Der Koran und die auf ihm fußende Gesetzgebung reduzieren Geografie und Ethnografie der verschiedenen Völker auf die einfache und bequeme Zweiteilung in Gläubige und Ungläubige. Der Ungläubige ist der Feind. Der Islam ächtet die Nation der Ungläubigen und schafft einen Zustand permanenter Feindschaft zwischen Moslems und Ungläubigen." Und wie wir täglich erfahren, betrifft das sogar intern nur wenig unterschiedliche muslimische Glaubensrichtungen wie Schiiten und Sunniten. War Karl Marx islamophob? Oder nur Realist?

Im Krieg der Ideen und Überzeugungen hat die westliche Kultur jedenfalls keine Antworten auf den Islam. Denn wie geht man gegen des Islamismus vor und schont dabei die Muslime?

Nun, als Folge unserer woken Friedfertigkeit und toleranten Kooperationsbereitschaft werden wir nun – es handelt sich ja nur um eine Minderheit – gemäß Taleb Möglichkeiten frei machen, damit z.B. islamischen Bürgern keine religiös unzumutbaren Opfer zugemutet werden müssen.

Als Beispiel dafür dient das einfache Beispiel des Kantinenwesens, das sich damit auseinandersetzen muss, ob es nach islamischen Regeln „Halal"-Gekochtes mit anbietet.

Ein anderes Beispiel ist der Kindergarten, der muslimischen Kindern kein Schweinefleisch zumuten will, damit muslimische Kinder sich in einer nichtmuslimischen Welt nicht ausgeschlossen fühlen sollen. Wird ein zweispurig vorbereitetes Gericht zu aufwendig und zu teuer, wird der Küchenchef sich im Zweifel dann für ein ausschließliches „Halal"-Angebot entscheiden, das ja auch Nicht-Muslimen erlaubt ist und niemanden „verletzt".

Man ordnet sich der muslimischen Vorschrift unter. So kommt es, dass der Intoleranteste schließlich die Regeln bestimmt. Und damit die weitere Entwicklung.

Ein völlig anderes Beispiel ist das zunehmende Gendern unserer Sprache – gegen den Wunsch der Mehrheit. Und auch den aggressiven Teil des Feminismus´ könnte man anführen, der unter manchen Frauen einen Nährboden fand und sich dann ausbreitete – weil er überall dort eingesetzt wird, wo Frauen noch keine Vorteile haben bzw. sich benachteiligt fühlen könnten und damit individuell für jede Frau von Nutzen ist und bequeme Opferstrategien unterstützt.

Viele weitere Beispiele dafür, wie Minderheiten bzw. Ideen von Minderheiten den Diskurs bestimmen, werden sichtbar, wenn man darüber nachdenkt, wie Political Correctness mittlerweile aussieht: Wie schnell können mittlerweile Äußerungen als sexistisch, queerfeindlich, homophob, anti-feministisch, anti-semitisch, rassistisch, islamophob, rechts oder sogar rechtsradikal, ausländerfeindlich bzw. als Aneignung fremder Kulturen oder Leugnen von Klima und Corona angesehen und als anstößig diffamiert werden. Bei so vielen „Stolpersteinen" in der Meinungsäußerung muss man sich schon fast eine Art „Neusprech" (siehe George Orwell in „1984") zulegen.

Alexander Kissler schreibt denn auch in der NZZ: es „dominiert eine linke Identitätspolitik, die die Gesellschaft in Kleingruppen anspruchsberechtigter und fürsorgebedürftiger Opfer unterteilt".

Das Fazit: Wie man erkennt, steht eine nicht wehrhafte Kultur gegenüber einer entschlosseneren und unnachgiebigeren schnell auf verlorenem Posten (s. Tit-for-tat). Und die Toleranz gibt der Intoleranz erst den Entfaltungsraum, um spieltheoretisch schließlich irgendwann der Intoleranz die Herrschaft zu überlassen.

Karl Popper sagt denn auch: „Uneingeschränkte Toleranz führt mit Notwendigkeit zum Verschwinden der Toleranz".

9.8.   Ausblick zur Spieltheorie

Warum habe ich dem Gebiet der Spieltheorie so viel Platz eingeräumt und versucht, neueste Entwicklungen wie die Ansätze von Nowak, Olson und Taleb zu berücksichtigen? Der Grund ist der, dass ich die Spieltheorie für eine ganz essentielle Theorie im Rahmen der Naturgesetze halte: Denn neben dem grundsätzlichen permanenten Evolutionsdruck der Natur ist das **Streben ihrer einzelnen Akteure oder Gruppen nach Erfolg** ein zentraler Bestandteil der Natur und damit unserer Welt. Welche Folgen es haben kann, wenn man in einer Welt der Konkurrenz nicht wehrhaft ist oder sich ausreichend abschotten kann, wird erst mit den spieltheoretischen Erkenntnissen deutlich.

Die Bedeutung der Inhalte der Spieltheorien kann daher m.E. nicht hoch genug eingeschätzt werden, und dies gilt auch für die Entscheidungen unseres politischen Führungspersonals.

Gespannt darf man auf die weitere Entwicklung dieses Gebietes sein, hat doch die Spieltheorie (bisher!) das wichtige Thema Nachhaltigkeit noch weitgehend vermieden – sieht man von den Ergebnissen des Biologen Pepper vom Santa Fe Institute einmal ab. Nachhaltigkeit (wie auch die Spieltheorie selbst) wird aber dann und vor allem dann wichtig, wenn sich begrenzte Systeme der **Sättigung** nähern – wenn also die Anzahl der Teilnehmer im System die zur Verfügung stehenden Ressourcen übersteigt.

10.   Begrenzte Systeme

10.1.   Die Erde: ein begrenztes System

Eine seltsame Welt ist das. Vor um die fünfzehn Milliarden Jahren, vorher war absolut nichts, platzte offenbar in weniger als einer Nanosekunde das materielle Universum ins Dasein.

Noch seltsamer ist, dass die so entstandene Materie kein konturloser chaotischer Brei war, sondern sich zu immer komplexer verschachtelten Formen ordnete. So komplex waren diese Formen, dass manche von ihnen Jahrmilliarden später fähig wurden, sich selbst zu reproduzieren, und so ging aus Materie das Leben hervor.

Und das ist noch längst nicht das Allerseltsamste, denn diesen Lebensformen genügte es offenbar nicht, sich zu reproduzieren, sondern auch zu repräsentieren, das heißt, Zeichen und Symbole und Begriffe hervorzubringen. So ging aus dem Leben der Geist hervor.

Hinter diesem Evolutionsprozess, was auch immer man sonst in ihm sehen mag, scheint ein ungeheurer Antrieb gestanden zu haben – von der Materie zum Leben zum Geist.

Aber noch viel seltsamer: Vor gerade mal ein paar Jahrhunderten wurde die Evolution auf einem kleinen, kaum bemerkenswerten Trabanten eines unbedeutenden Sterns ihrer selbst bewusst.

Und von genau diesem Zeitpunkt an begann eben das, was der Evolution ihrer selbst bewusst zu werden erlaubte, auf seinen eigenen Untergang hinzuarbeiten.

Und das ist das Allerseltsamste.

Ken Wilber in „Eros, Kosmos, Logos"

Gibt es Grenzen des Wachstums? Natürlich, wir leben auf einem Planeten in den Weiten des Weltraums, und selbst wenn manche Optimisten mit der Besiedelung des Mars spekulieren, wir leben damit in einem begrenzten System! Als ehemaliger Chef einer systemisch-ökologischen Beratungsfirma und Kandidat für die D2-Mission im Space Shuttle wurde ich oft darauf gestoßen, wie begrenzt unser System ist:

Berechnen wir beispielsweise eine Biosphäre um die Erde herum mit einer Schichtdicke von 10 km (bei den Landflächen ist das wenigste davon Ackerboden, das meiste davon ist nur Luft, und zwar ziemlich dünne Luft, bei den Wasserflächen ist, berücksichtigt man die unterschiedlichen Meerestiefen, etwa die Hälfte die Biosphäre des Lebens im Wasser und die andere Hälfte darüberstehende Luft), so ergibt sich umgerechnet für die gesamte Biosphäre ein Würfel mit einer Kantenlänge von 1.650 km – mehr nicht (s. Abbildung nächste Seite).

Das ist alles, das ist unsere Biosphäre, in der bald 8 Milliarden Menschen leben, produzieren und konsumieren, in der wir also ökonomisch aktiv sind, Ressourcen verbrauchen und in die wir unsere Abfälle und Schadstoffe emittieren.

Diejenigen Astronauten, mit denen ich weiter in Kontakt bin, erzählen denn auch von braunen Flecken in der Atmosphäre, an denen sie die Lage von Großstädten wie Sao Paulo etc. problemlos identifizieren können. Und betrachten wir die Abgase von Autos und Industrieanlagen etc. in China, so erkennen wir, dass dort in den Ballungsgebieten die Atmosphäre über die Grenzwerte der TA-Luft hinaus belastet ist und sich diese Schadstoffe über den gesamten Globus verbreiten. Aber nicht nur die Luft wird global zu einem Problem werden, unser Planet wird gleichermaßen auch am Boden Zug um Zug ausgelaugt. Seit etwa 1970 verbraucht die Menschheit laut WWF mehr Ressourcen, als die Erde im gleichen Zeitraum erneuern kann., seit 1970 gehen wir Stück für Stück auf den **Tipping Point** zu. Die Nachhaltigkeit hat sich erledigt. Zu beobachten sind: Überstrapazierte Äcker, verunreinigtes Trinkwasser, abgeholzte Wälder, überfischte und vermüllte Meere, eine belastete Atmosphäre und ein dramatischer Rückgang der Artenvielfalt.

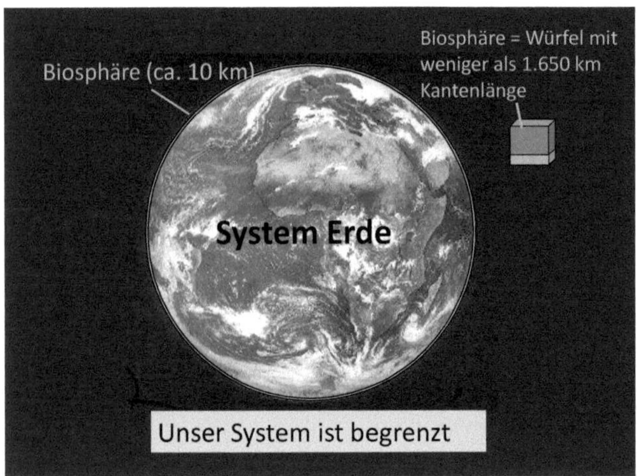

Die Maßeinheit dafür ist der sog. **ökologische Fußabdruck**. Er umfasst alle Flächen, die für den menschlichen Verbrauch benötigt werden (Fischgründe, Wälder, Acker- und Weideland und bebaute Flächen). Auch der CO_2-Ausstoß ist eingerechnet über die Waldfläche, die nötig wäre, um das nicht von den Ozeanen absorbierte CO_2 wieder aufzunehmen. Dieser Fußabdruck wird nun der Biokapazität der Erde gegenübergestellt, die angibt, wieviel der Planet langfristig bereitstellen kann.
Bereits 2014 schätzte man diesen Fußabdruck bei 150 %. Neuere Schätzungen liegen bereits derzeit bei etwa 190-250 %. Das ist dramatisch, wir zerstören Stück für Stück unsere Lebensgrundlagen.

Das große Drama ist aber nicht nur, dass wir nicht mehr viel Zeit haben, etwas zu ändern, sondern noch etwas Anderes: Genau hier, wo wir es bräuchten, haben wir eine riesige **Wissenslücke**.

Wir kennen und beachten viel zu wenig die komplexen Eigenschaften unseres globalen Systems, und wir wollen ganz einfach nicht sehen, dass sich vor etwa 20-30 Jahren, seit dem Tipping Point, die „Spielregeln" auf diesem Planeten um 180 Grad gedreht haben.

Denn mit all diesem Wissen ist bis heute kein Geld zu verdienen.

Und dieses doppelte Drama ist der Grund, warum ich versuche, dieses Kapitel zu schreiben, in dem es nun um die Änderungen der „Spielregeln" auf dieser Welt geht.

10.2.   Wachstum in begrenzten Systemen

Begrenzte Systeme, auf die ich nun näher eingehen möchte, sind ein wichtiger, vielleicht sogar der wichtigste Bestandteil der Wissenschaft von den komplexen Systemen. Begrenzte Systeme bedeuten grundsätzlich begrenzte Ressourcen. Dieses Thema „begrenzte Ressourcen" spielt bei der illusionären Forderung von Industrie, „Wirtschaftsweisen" und Politik nach immer weiterem Wirtschaftswachstum eine zunehmend wichtige Rolle.

Startschuss zum Oklahoma Land Run (zeitgenössische Fotografie 1889)

In meinen Vorträgen verwende ich zur Illustration der Problematik von begrenzten Systemen gerne das Beispiel des **Oklahoma Land Run**: Im Jahr 1889 wurde damals ein zuvor von den Indianern "abgekauftes" Gebiet, das den Namen Oklahoma erhielt, auf spektakuläre Weise besiedelt. Es ist eigentlich eine unglaubliche Geschichte: Interessierte Siedler, die zuvor eine bestimmte Summe bezahlt hatten, wurden an einer Startlinie versammelt und durften – nachdem ein Startschuss erfolgt war – in einer Art Wettrennen um die besten Grundstücke sich die entsprechenden Claims abstecken und so in Besitz nehmen. Nach einer gewissen Zeit war ein großer Teil der potentiellen Siedlungsgebiete besetzt. Konflikte mit Neuzugängern ließen sich relativ leicht lösen, indem diese in unbesiedelte Gebiete geschickt wurden, die noch frei waren. Das „Go West" funktionierte problemlos weiter (s. Abbildung), bis, ja bis ganz Oklahoma „besetzt" war.

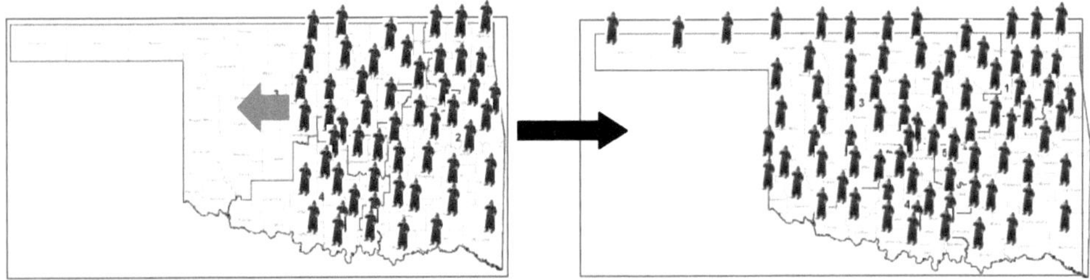

Wachstum in einem begrenzten System („Go West") bis zur Sättigung

Betrachten wir das nun aus systemischer Sicht. Die Situation ändert sich systemisch dann, dann aber vollständig und schlagartig, wenn irgendwann alle Gebiete besiedelt sind und ihre Ressourcen von den Siedlern komplett genutzt werden. Ein weiteres „Wachstum" der Bevölkerung durch Neusiedler (egal ob durch Zuwanderer oder Geburten verursacht) führt nun zu Konflikten, die nicht mehr durch die Inanspruchnahme neuer Gebiete gelöst werden können. Das Prinzip „Go West" funktioniert jetzt nicht mehr, und die nachhaltige Nutzung der Ressourcen gerät in Gefahr.

Die lapidare Schlussfolgerung ist, dass sich nun – da die Ressourcen sich ja als begrenzt erweisen – die **Spielregeln** komplett verändern. Verteilungskämpfe innerhalb des Systems beginnen, Konkurrenz und Kooperation werden als Strategien zunehmend wichtig – spieltheoretische Aspekte (s.o.) gewinnen enorm an Bedeutung – und auch das Gesamtsystem wird strapaziert: Ressourcen werden übermäßig genutzt und auf die Dauer verbraucht, die Systemstabilität gerät in Gefahr.

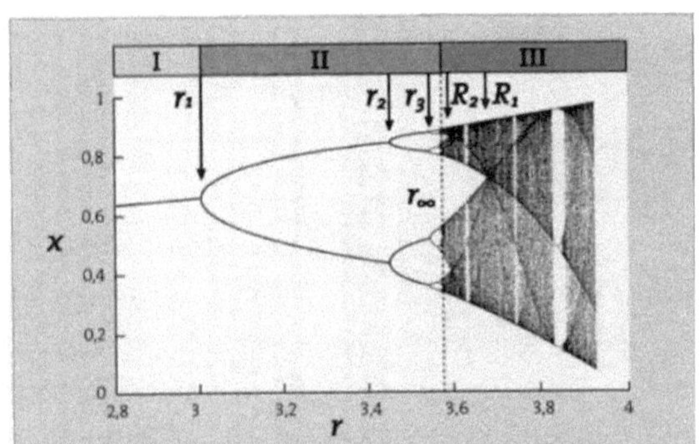

Die Entwicklung erfolgreicher Teilnehmer in einem begrenzten Gesamtsystem.
Mit zunehmendem Erfolg – wenn die Sättigungsphase nicht angemessen berücksichtigt wird – drohen Chaos- und Crashszenarien.

Quelle: Richter/Rost, Komplexe Systeme.

In ihrem Buch „Komplexe Systeme" weisen die Autoren **K. Richter** und **J.-M. Rost** zu diesem „Thema Systemstabilität" auf eine interessante Graphik (s.o.) hin, die wesentliche Aussagen dazu beinhaltet, wenn sie sich auch noch auf Tierpopulationen beziehen.

Mit dieser Grafik lässt sich auch theoretisch ableiten, dass in begrenzten Systemen der Aufstieg und das Wachstum einer erfolgreichen Population anfangs linear beginnt (Phase I) und dann (bei zunehmender Reproduktion) an eine Sättigung stößt (Phase II wird eingeläutet). Der Anstieg der Population (Wert x auf der Ordinaten) steht in Beziehung zur Reproduktionsrate (Wert r auf der Abszisse). Beim Wert r_1 beginnt die Sättigung.

Ist die Reproduktionsrate r größer als r_1, so führt dies für die Population nun unweigerlich zu einer Aufspaltung (**Bifurkation)** der stabilen Populationszustände in zwei mögliche Populationen: Eine weiter wachsende und eine mit abnehmenden Werten (linker Teil von Phase II). Chaos-Ordnungsprinzipien beginnen nun zu wirken.

Als Folge beginnt die Population nun zwischen diesen beiden Zuständen zu schwingen. Nehmen wir als Beispiel eine Flamingo-Population an einem ostafrikanischen See. Das Wachstum der Population über einen Gleichgewichtswert hinaus führt dazu, dass die Ressourcen nicht mehr ausreichen, sodass die Population wieder abnimmt. Die Ressourcen erholen sich und die Population kann wieder zunehmen usw. usw.

Diese Schwingung ist denn auch der Ausdruck dafür, dass die Population erfolgreich war und ist, sie nun aber an ihre Sättigungsgrenzen gestoßen ist. Diese Oszillation zweier Zustände zwischen mehr oder weniger Ordnung ist übrigens ein grundlegendes Mittel von lebendigen Systemen, sich zu stabilisieren.

Hierzu eine Abbildung, die ein einfaches, anderes Beispiel für eine derartige, in diesem Fall relativ harmonische Oszillation zeigt – am Beispiel eines Kinderzimmers (s. Abbildung nächte Seite): Die Eltern räumen das Kinderzimmer auf, lassen ihr 3-jähriges Kind (möglichst mit vielen Freunden) für einige Stunden hinein und schlagen danach die Hände über dem Kopf zusammen, wenn sie sich das Chaos im Kinderzimmer wieder anschauen müssen.

Die Physik kennzeichnet dies gerne als Beispiel für das Wirken der Entropie, übersieht dabei aber, dass etwas später (durch die Energie der Eltern) wieder Ordnung in diesem lebendigen Kinderzimmersystem entsteht; und sich das Kinderzimmer so in einem oszillierenden Prozess zwischen relativer Ordnung und relativem Chaos befindet – übrigens die einzige Form, in der das Kind sich wohlfühlen, spielen und wieder zurechtfinden kann.

Schauen wir genauer hin, lässt sich in diesem Beispiel folgender Ablauf rekonstruieren: Einmal werden die Eltern z.B. durch einen Telefonanruf beim Aufräumen gestört (Störung A), ein anderes Mal haben sie (Realisierung des freien Willens) nach kurzer Zeit keine Lust mehr dazu (Störung B), und ein anderes Mal kommt eine weitere Horde 3-jähriger Freunde zu Besuch (Störung C). Und doch sind die Schwingungen zwischen Ordnung und weniger Ordnung recht regelmäßig und daher weitgehend vorhersagbar (= deterministisch), das System ist so stabilisiert.

Wir haben hier ein instabiles Gleichgewicht, das stabilisiert ist, also ein lebendiges System.

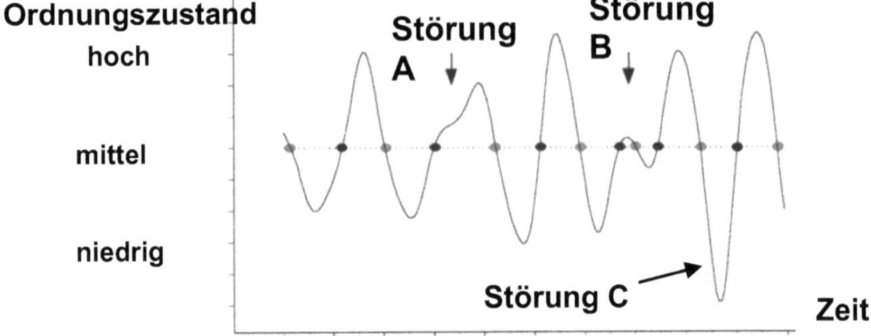

Beispiel für eine relativ harmonische Oszillation der Strukturzustände eines Systems (in diesem Fall ein Kinderzimmer). Die Entwicklung bleibt – selbst wenn Störungen eintreffen – relativ deutlich determiniert.

Interessant ist nun der **Blick auf den mittleren Ordnungszustand**, der durch graue und schwarze Punkte hervorgehoben ist. Die grauen und schwarzen Punkte der Kurve sind, was den Ordnungszustand der Struktur betrifft, auf den ersten Blick absolut identisch. Und doch unterscheiden sie sich, wie einfach zu sehen ist, grundsätzlich in ihrer Impulsrichtung, im zu erwartenden Verlauf der Strukturänderung: Die grauen Punkte tendieren zu weniger Ordnung, die schwarzen zu mehr. Wir sehen: Die Historie des Systems bestimmt die weitere Entwicklung. Und wir erkennen hier wieder einmal die **Impulszustände** und die **Trägheitsaspekte** des Systems.

Nun aber zurück zu den Flamingos. Was wird geschehen, wenn die Population weiter wächst, weil die Reproduktionsrate r auf der Abszisse in der Grafik von Richter/Jost durch irgendwelche (biologischen) Besonderheiten oder Ereignisse weiter ansteigt? Wird das System dann instabil? Wir betrachten dafür noch einmal die Abbildung auf der Seite 116 und können erkennen, wie mit wachsendem r eine Aufspaltung in weitere mögliche Populationswerte bzw. –zustände (rechter Teil der Phase II) erfolgt. Je zahlreicher diese Aufspaltungen aber werden, desto größere Vorsicht ist nun geboten, weil irgendwann – und zwar unvermittelt – eine Art **Crash** eintritt und das System plötzlich (!) in ein Chaos umschwingt (Beginn der Phase III), mit völlig diffusen Populationszuständen und dem drohenden Zusammenbruch dieser Spezies. Zu viel Erfolg (= Wachstum) oder zu viel Ordnung führt wieder zurück ins Chaos und es – ist die Zeit „reif" – reicht dann bereits ein kleines Ereignis aus, um das Chaos auszulösen.

Ein gutes Beispiel hierzu ist der berühmte Zettel von Schabowski: Ein einziges Stück Papier war der Auslöser, der das überstrapazierte System DDR zu Fall brachte und auflöste.

Bei unserem System Erde geht es aber nun um mehr als um ein Kinderzimmer oder einen gescheiterten Staat, es geht nun um alles. Wir schauen dafür auf die wichtigsten zwei systeminternen Wachstumsfunktionen: Das Wachstum der Bevölkerung und das Wachstum der Wirtschaft bzw. der Güterproduktion.

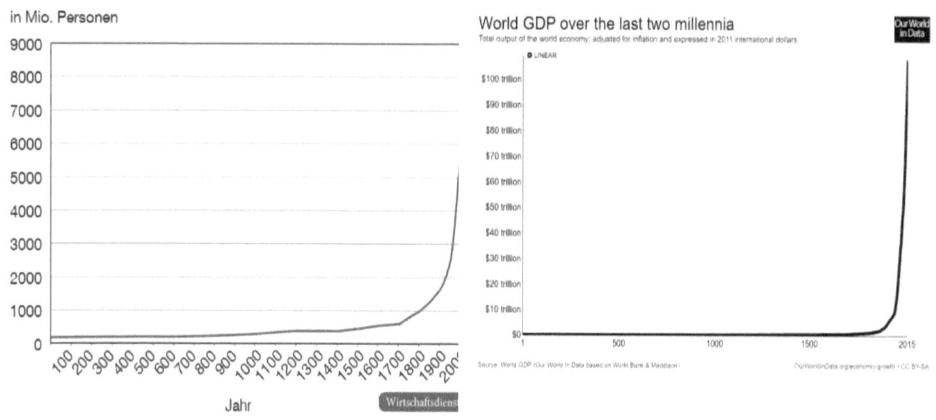

Wachstumsfunktionen zur Bevölkerungsentwicklung (links, Quelle Wirtschaftsdienst) und Entwicklung des globalen BIPs (rechts, Quelle: Our World in Data)

Ich zeige Ihnen hier die beiden Wachstumsfunktionen für den Zeitraum der letzten 2000 Jahre – sie sind es, die nun unseren Planeten so strapazieren. Auch wenn der Exponentialcharakter beider Kurven derzeit leicht abnimmt, wird das exponentielle Wachstum hier dramatisch deutlich.

Die demografische Entwicklung der arabischen, aber vor allem der afrikanischen Länder übertrifft alles, was bisher historisch bekannt ist. Während die Bevölkerungsentwicklung in Europa und Russland mehr oder minder stagniert, gilt für die islamische Welt, das sie im Zeitraum 1900 bis 2000 von 150 Millionen auf 1,2 Milliarden Menschen zugenommen hat. Heute – nur wenig später – beträgt sie bereits 1,9 Milliarden und bis 2050 wird sie bei 2,8 Milliarden liegen. In Afrika wird die Bevölkerung z.B. in Tansania bis 2050 von derzeit etwa 50 Millionen auf 120-140 Millionen und bis 2100 auf etwa 300 Millionen anwachsen, im Sudan bis 2050 ziemlich analog von aktuell etwa 40 Millionen auf 91 Millionen, in Nigeria (bis 2050) von derzeit etwa 190 Millionen auf 410 Millionen; in Uganda geht es von aktuell 50 Millionen zu 107 Millionen (2050) und dann weiter zu über 200 Millionen (in 2100). Nach UNO-Schätzungen wird die Hälfte des globalen Bevölkerungszuwachses aus nur gerade neun Ländern stammen: In der Reihenfolge sind das Indien, Nigeria, Kongo (Kinshasa), Pakistan, Äthiopien, Tansania, USA, Uganda und Indonesien.

Die Gesamtbevölkerung der Welt wird 2100 wohl über 11 Milliarden Menschen betragen, auch durch die steigende Lebenserwartung.

Wenn in den letzten 40 Jahren die Weltbevölkerung „nur" um ca. 70 % zugenommen hat, so gilt für das globale BIP (= die Güterproduktion), dass es sich im gleichen Zeitraum nahezu verzehnfacht hat (Quelle: statista).

Was bedeutet das nun für unser System? Wie ich in Physiconomics zeigen konnte, ist bei Sättigung natürlicherweise eine periodische Oszillation aus Wachstum und Rezession, die um einen Mittelwert schwankt, die Folge. Angesichts der Dynamik von Bevölkerungs- und Wirtschaftswachstum ist dies in unserer modernen Zeit nicht mehr möglich. Das liegt nicht nur daran, dass rezessive Phasen volkswirtschaftlich nicht erwünscht sind, sondern auch daran, dass ein globaler Wettkampf entstanden ist um höchste Produktivität und niedrigste Preise, vor allem aber daran, dass ohne Wachstum unser Wirtschaftssystem nicht funktioniert. Denn Wachstum ist auch aufgrund unseres Schuldgeldsystems ein untrennbarer Teil unseres Wirtschaftssystems. Der Wert r dieser Wachstumsfunktionen ist sogar so hoch, dass als Folge automatisch dieses **exponentielles Wachstum** resultiert.

Wenn Sie in einem geschlossenen System eine Exponentialfunktion entdecken, sollten bei Ihnen **alle Alarmlichter** angehen; denn sie stehen dann vor einem möglichen worst-case-szenario. Nun geht man inzwischen bei der Bevölkerungsentwicklung davon aus, dass sie bei 12-13 Milliarden Erdbewohnern zum Stillstand kommen könnte, aber alleine unser Wachstumsdogma der Wirtschaft wird sicherlich irgendwann zu einer hochgehenden „Bombe" in unserem begrenzten System. Sie werden es in den nächsten Jahren bei den Bemühungen zur Rettung des Finanzsystems beobachten können. Die essentielle Frage ist daher, ob wir Menschen es als intelligente Lebewesen schaffen, das weitere Wachstum von Bevölkerung und Wirtschaft rechtzeitig zu stoppen, oder ob die Natur durch einen Crash dafür sorgen wird.

Übertragen wir daher einmal alleine die Wirtschaftsfragen aus der Grafik der Physik der komplexen Systeme in eine anschaulichere (s. nächste Seite).
Aufgetragen ist nun nicht mehr der Wachstumsdruck gegen den Erfolg einer Spezies, sondern die Zeit gegen den ökonomischen Erfolg einer Volkswirtschaft (bspw. als BIP gemessen). Das ist bei dem extremen Wachstumsdruck unserer Ökonomie sinnvoll. Betrachten wir nun diese Kurve näher … und jetzt wird es ganz wichtig: Bei Sättigung ändern sich die Spielregeln des Systems. Erinnern Sie sich noch an den Oklahoma Land Run?

In einer ersten Phase ist Wachstum tatsächlich positiv und schafft ökonomischen Wohlstand, den es gerecht zu verteilen gilt. Gerät man jetzt aber in die Sättigungsphase, wird es kritisch. Das System drängt auf eine Stabilisierung in Form einer Schwingung um einen Erfolgsmittelwert (Schwanken des BIP um einen stabilen Mittelwert).

Erhöht man nun – weil es ja bisher so gut klappte und der Wohlstand der Gesellschaft bisher ständig im Gefolge eines wachsenden BIP mitwuchs – den Wachstumsdruck, beginnt ein Wachstum, das das System gefährdet. Aus positivem Wachstum wird negatives, systemgefährdendes.

Die Spielregeln haben sich abrupt geändert, weiter wachsendes BIP bedeutet nun keinen wachsenden Wohlstand mehr, sondern das Gegenteil geschieht. Wohlstand nimmt ab. Denn es entsteht nun ein übermäßiger Verbrauch von Ressourcen, und nicht nur der Planet wird angegriffen, sondern auch der gesellschaftliche Wohlstand selbst, der auf der Verfügbarkeit der Ressourcen beruht. Damit würde unser gesamtes ökonomisches und gesellschaftliches System ebenfalls gefährdet (!), bis hin zum Kollaps.

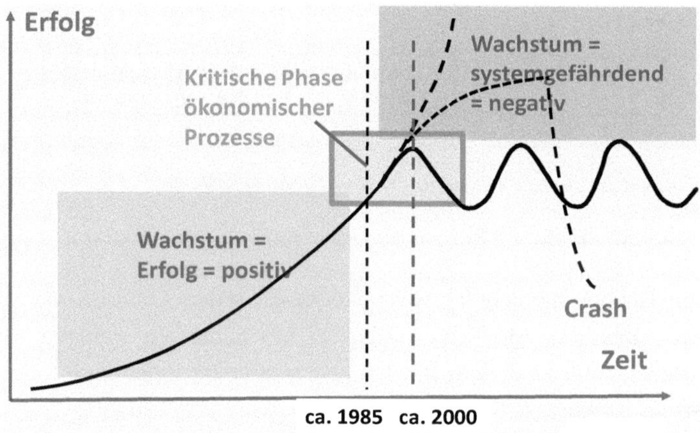

Berücksichtigt man die ökologischen, globalen Ressourcen der Erde, zeigen sich hier die Auswirkungen des globalen Wirtschaftswachstums: Spätestens seit ca. dem Jahr 2000 (=Tipping Point) gefährdet weiteres Wirtschaftswachstum das System Erde und unseren Wohlstand, da die Ressourcen Zug um Zug zerstört werden

Auf diese Weise wird endlich deutlich, was wir bei der Konstruktion unserer auf wirtschaftlichen Erfolg getrimmten Gesellschaften übersehen haben: Wir haben keine Mechanismen eingebaut, die unser globales Wirtschaftswachstum dann begrenzen, wenn es beginnt, unser Habitat zu zerstören. In der Theorie der komplexen Systeme, auf die ich bald eingehen werde, nennt man derartige Mechanismen **Rückkopplungsmechanismen**. Sie sind essentiell für die Stabilität von lebendigen Systemen.

Wenn es Sie interessiert, gehe ich gerne noch etwas weiter auf unser dysfunktionales System ein. Nun, es ist eigentlich ganz einfach und beginnt bei dem österreichischen Ökonomen Schumpeter. Von ihm stammt der Satz: *„Die Grundlage einer funktionierenden Ökonomie ist eine funktionierende Gesellschaft"*. Ich übernehme diese

123

Aussage bei Vorträgen gerne in eine Grafik, die unter dem Titel „Das Paradoxon der Spielregeln in der Ökonomie" läuft und in meinem Buch „Physiconomics" noch ausführlicher diskutiert wird.

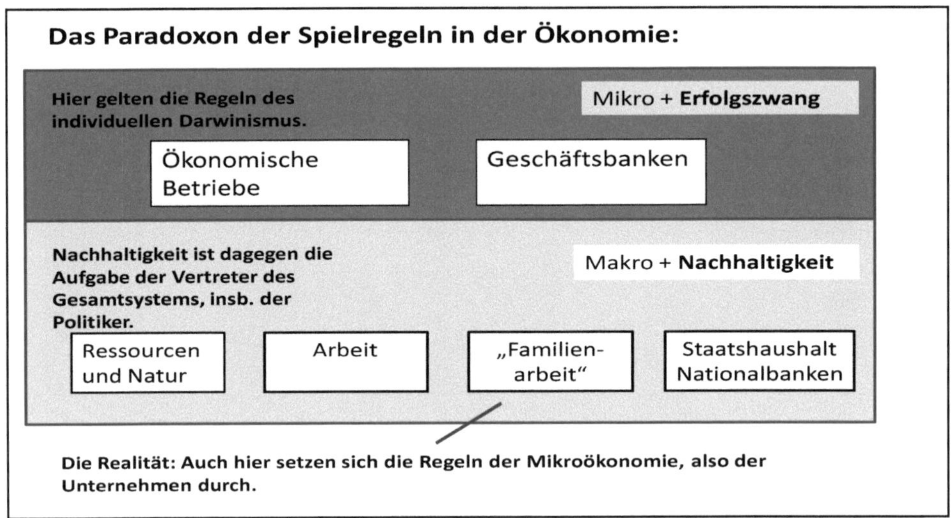

Wir erkennen im oberen Teil den Bereich der Mikroökonomie, in dem Unternehmen (also ökonomisch handelnde Betriebe, die eine Rendite erwirtschaften müssen) incl. Geschäftsbanken angesiedelt sind. In diesem Bereich gelten in erster Linie die Regeln des individuellen Darwinismus. Es existiert hier ein Zwang zum ökonomischen Erfolg.

Man kann also Unternehmern nicht vorwerfen, nach geschäftlichem Erfolg zu streben, es ist ihre Aufgabe, sie **müssen individuell erfolgreich** sein.

Grundlegend für diesen mikroökonomischen Bereich der Unternehmen ist aber gemäß Schumpeter die Gesellschaft, die sich ökonomisch im unteren Bereich der Abbildung, in der Makroökonomie zeigt. Eine erste Erkenntnis ist, dass nicht die Mikroökonomie in ihrer Summe der Geschäftstätigkeiten die Grundlage der Makroökonomie ist, sondern es genau umgekehrt ist! Was allerdings erst sichtbar wird, wenn Systemgrenzen wirksam werden und Nachhaltigkeit geboten ist.

In der Makroökonomie spielen andere, nämlich gesellschaftliche, volkswirtschaftliche Überlegungen die zentrale Rolle ... und **Nachhaltigkeit** der Gesellschaft sollte – anders als individueller Erfolg – hier eigentlich immer im Vordergrund stehen und der übergeordnete Rahmen für Wohlstand und gerechte Verteilung der Güter sein.

Sie sehen, in Mikro- und Makroökonomie gelten verschiedene Spielregeln, und das nenne ich das (oft übersehene) **Paradoxon der Spielregeln in der Ökonomie:** Mikroökonomisch gelten die Regeln des individuellen Darwinismus, makroökonomisch die Regeln der Nachhaltigkeit und der Gesellschaft und ihrer Menschen. Dieses Paradoxon existiert, es ist eine natürliche Folge von Wachstumsgrenzen, es ist aber in der klassischen Ökonomik nicht bekannt, weil sie diese Grenzen nicht wahrnimmt.

Betrachten wir dieses Paradoxon in der Abbildung einmal näher. Hier im (unteren) makroökonomischen Bereich ist die gesamte Gesellschaft repräsentiert, mit den Themen Familie und Arbeit und Ressourcen, ergänzt noch um National- und Zentralbanken, die die Ausgabe von Geld (an die Geschäftsbanken) kontrollieren sollen und mit dem Staatshaushalt verbunden sind. Gesellschaft heißt auch **Politik**, hier hat die Politik ihre Heimat, nicht oben, bei den Unternehmen und Geschäftsbanken.

Das Paradoxon der Spielregeln hat aber seine Tücken, was an den unterschiedlichen Wachstumsphasen in einem System liegt (s.o.). In den positiven Wachstumsphasen, in denen Nachhaltigkeit noch kein Thema ist, scheinen sich mikro- und makroökonomische Interessen zu decken, mehr unternehmerischer Erfolg schafft tatsächlich mehr gesellschaftlichen Wohlstand. Und die Politik braucht sich eigentlich nur um die gerechte Verteilung des Wohlstands kümmern, was in der Ära Ludwig Erhards („Soziale Marktwirtschaft") auch ganz gut erfolgte.

Das eigentlich zentrale Thema dieses Makro-Bereichs, die Nachhaltigkeit, tritt nämlich erst dann in den Vordergrund, wenn die Sättigungsphase des Wirtschaftswachstums erreicht ist. Wird diese überschritten, indem weiteres Wachstum erfolgt, werden gesellschaftliche Ressourcen angegriffen und Zug um Zug demontiert. Die Spielregeln haben sich geändert (!), und zwar genau ins Gegenteil – wie es oben ja ausführlich dargelegt wurde. Reichte es vorher politisch, dem Erfolg von Unternehmen genüsslich zuzuschauen, müsste man nun dem Erfolg von Unternehmen Grenzen setzen.

In Deutschland dürfte der historische Zeitpunkt für die schleichende Änderung der Spielregeln in etwa bei 1990-2000 liegen – bis dahin waren Wirtschaftswachstum und Lohnsteigerungen unproblematisch. Hinzu kam gleichzeitig, dass seitdem auch Realökonomie und Geldmenge nicht mehr zusammen passten – das Geldmengenwachstum drängte auf kaum noch mögliches weiteres ökonomisches Wachstum. Nur war dieser Änderungsprozess in der Realität schleichend, man befand sich ja noch in so einer Art Sättigungsphase, aus der man kaum merkbar Stück für Stück in die negative Wachstumsphase hinüberging. Die Folge war, dass man diese Entwicklung einfach übersah, auch weil sie in der ökonomischen Theorie nirgendwo erwähnt wurde.

Das ist er, unser schleichender, unbemerkter **Tipping Point**, hier haben wir ihn.

So lief alles weiter wie gehabt. Dazu kam, dass man generell ungern ein Erfolgsmodell verlässt, zumal wenn es so erfolgreich war wie das „deutsche Wirtschaftswunder". Wissenschaftlich gesprochen, blieb der **ökonomische Impulszustand** auf diese Weise auch politisch erhalten.

Die Folge ist klar: Die Regeln der Mikroökonomie bestimmen seit 30 Jahren (!) weiter die Makroökonomie. Sie sehen, wieder einmal wirkt das Trägheitsgesetz.

So investierte man zunehmend Energie und **politisches Wollen** in die Steigerung (und nicht in die Begrenzung) der ökonomischen Kennzahlen. Damit startete automatisch das, was ich als **Ökonomisierung und Finanzialisierung der Gesellschaft bezeichne**. Nicht mehr der Mensch, sondern die Ökonomie und das Finanzsystem stehen nun im Fokus der Gesellschaftspolitik. Bleibt unsere Politik also bei einer Ökonomie des Wachstums mit allen sich daraus entwickelnden Konstruktionen, in denen viele Interessen integriert sind, wird dieses System ohne massive Eingriffe so weiterlaufen.

Die notwendige Maßnahme der Ökonomie ist eigentlich klar, will sie anhand begrenzter Ressourcen kein Chaos provozieren: Sie muss weniger erfolgreich sein! Das BIP müsste beispielsweise sinken statt weiter gesteigert zu werden. Nur erklären Sie das einmal in Zeiten des globalen Wettbewerbs der Politik, der Wirtschaft und den Bürgern. Und Sie stehen vor „kulturellen Herausforderungen", die enorm sind.

Im Vergleich zur parallel laufenden Klimadiskussion, die ich als sehr moralisierend statt verantwortungsvoll erlebe und auf die ich bald komme, zeichnen sich hier aber noch viel grundsätzlichere Fragen und Aufgaben ab. Es geht um globale Einschränkungen im Wirtschaftsleben, um eine Reduktion nicht nur der Produktionsgüter, sondern auch der Bevölkerung unseres Planeten. Und es geht um eine Vermeidungspolitik von Müll und Schadstoffen, die – dafür sorgt nun einmal die Entropie – sich langsam aber sicher über die ganze Erde verbreiten. Die Vermüllung unserer Meere ist nicht mehr zu übersehen, vom Artenschwund ganz zu schweigen. Das alles erfordert heute eine völlige Neuorganisation der Güterproduktion! Wie auch unser Geld- und Finanzsystem völlig neu so zu organisieren ist, dass es ohne Geldmengenwachstum auskommt. Von der Bevölkerungsentwicklung ganz zu schweigen.
Es ist die Begrenztheit unseres Planeten, die uns diese Aufgaben für die Zukunft stellt. Es sind Aufgaben, die ungemein hohe Anforderungen an unser Verantwortungsbewusstsein stellen werden. Ein Moralisieren wird da wirklich wenig helfen.

Für diese Aufgaben habe ich Ihnen hoffentlich einiges an Wissen vermitteln können, das ich zum besseren Verständnis nun, da wir uns dem Thema „Komplexe Systeme und die Wissenschaft von der Lebendigkeit" nähern, noch einmal kurz zusammenfassen möchte:

Es ging um die **Verschiebung der Macht** vom Menschen hin zur Natur, um die Erkenntnis, dass die Welt nicht nur logisch ist, sondern aus **logischen Inseln** in einem Meer von Wahrscheinlichkeiten und **Unentscheidbarkeiten** besteht und darum, dass wir ein Gesamtbild brauchen.

Es ging um die **4 Zeitgesetze**: Die Trägheit, das Streben nach Ausgleich, das Streben nach Unordnung (Entropie) und das Streben nach Ordnung und Struktur.

Es ging um **Dualismus statt Monismus**, um **chaordische Systeme**, Yin und Yang, um 2 komplementäre Prinzipien, nach denen die Welt funktioniert.

Es ging um **Evolution** und **Darwinismus** als Basis einer lebendigen Welt mit Innovation, Adaption, Konkurrenz, Kooperation und Nachhaltigkeit, um **Spieltheorie** mit Tit for tat, Blaue gegen Rote oder die Logik des kollektiven Handelns als politische Grundlage zur "Weltrettung" oder darum, wie Minoritäten die Mehrheiten dominieren können.

Und es ging um die Erde als **begrenztes System** und die Umkehrung der Spielregeln im Tipping Point, seit dem nun offenbar ein neues Zeitalter im Verhältnis zur Natur und ihren Gesetzen begonnen hat.

Und doch sind an dieser Stelle noch viele Fragen offen. Denn wir stehen immer noch vor der vielleicht wichtigsten wissenschaftlichen Frage überhaupt, die auch das Wunder betrifft, dass Sie existieren, Sie mit ihren Gedanken und Gefühlen und dem, was Sie an Erfahrungen machen:

Was ist Leben?

Was ist Lebendigkeit? Wie funktionieren lebendige Systeme wirklich? Welches Wissen ist hier zu finden? Hier, in diesem „dunklen" Bereich der Physik, in dem Bereich, in dem exakte Reproduzierbarkeit nicht mehr existiert?

Vielleicht ist das für Sie der richtige Moment, innezuhalten, eine Kerze anzuzünden, zu einem Glas Wein oder einem guten Whisky oder zu einem guten Zigarillo zu greifen oder eine gute Musik abzuspielen, um sich nun den Erkenntnissen derer zu öffnen, die sich wissenschaftlich mit diesen Fragen beschäftigt haben.

Und es vorwegzunehmen, dieses Wissen, das nun auf sie wartet, wird Ihnen helfen, nicht nur die Welt besser zu verstehen, sondern auch intelligenter mit den Herausforderungen der heutigen Zeit umzugehen.

Und damit steige ich mit Ihnen nun endlich in das Fachgebiet der komplexen Systeme ein.

Teil 2

Die Wissenschaft von der Lebendigkeit:

Komplexe Systeme

Wir leben in einer Zeit der hohen **Komplexität**. Unsere Überforderung liegt aber nicht nur an der Globalisierung und ihrer weltweiten Vernetzung oder an dem Internet und Big Data, sondern auch daran, dass seit dem „Tipping Point" die Welt, wie wir sie kennen und uns wünschen, **instabil** geworden ist.

Um mit dieser neuartigen Herausforderung, die es vorher noch nie gab, umzugehen, ist es historisch zum ersten Mal dringend notwendig, dass wir als Wissenschaftler uns mit den komplexen Eigenschaften von lebendigen Systemen beschäftigen.

Was ist also Leben, was sind die Grundlagen und Mechanismen lebendiger Systeme?

Das Aufregende ist: wir stoßen hier auf eine völlig neue Welt, die uns tatsächlich das Wissen liefern kann, das wir für unsere auch zukünftige Existenz auf diesem Planeten gut gebrauchen können.

Ich werde Ihnen daher nun zeigen, dass lebendige Systeme ganz anders funktionieren und andere Eigenschaften haben, als es die klassische Physik kennt.

Von der eher logischen Sicht auf die Welt der Dinge gehen wir dafür nun endgültig in den dunklen Teil der Wissenschaften und stoßen auf etwas ganz Anderes: eben auf die Regeln des komplexen Lebens.

In diesem Teil der Wissenschaften werden nicht nur Gödel und das Bild der logischen Inseln in einem Meer von chaordischen Phänomenen bestätigt, sondern es treten nun endgültig die 2 Prinzipien von Ordnung und Chaos, von Hierarchie und Heterarchie in den Vordergrund, und es wird deutlich, wie sich chaordische Systeme im Schwingen zwischen Ordnungen und Chaos selbst stabilisieren.

In der Komplexität ist nun alles miteinander verbunden, was es der Naturwissenschaft auch so schwer macht, hier irgendwie „auf den Punkt" zu kommen. Sie werden daher beobachten können, dass ich mit meinen Versuchen, diese lebendige Seite der Welt zu erfassen und zu beschreiben, immer wieder schon Beschriebenes wiederholen werde, weil es in einem anderen Zusammenhang wieder auftaucht.

Aber genau das ist das Wesen der komplexen Systeme.

Die Bedeutung dieses Wissens ist immens, wenn wir die Welt verstehen wollen. Wir werden uns allerdings von so manchen – auch wenn sie noch relativ jung sind – veralteten Narrativen trennen müssen.

11. Komplexe Systeme und die Grundlagen der Lebendigkeit

11.1. Philosophische Grundlagen

Ich steige nun mit Ihnen ein in die Suche nach dem zentralen Wissen für die vielen Fragen der heutigen Zeit. Es geht um die Grundlagen und „Spielregeln" der Lebendigkeit. Und ich beginne historisch und philosophisch.

Während des 18. Jh. gab es die Philosophie zur Beschreibung der „lebendigen Welt", sie enthielt die Bereiche Metaphysik, Logik, Moralphilosophie und Naturphilosophie. Aus letzterer sollten sich die Naturwissenschaften als unabhängige Disziplin entwickeln, die eine eigene Herangehensweise und Methodologie verlangten. Neue Fachgebiete zum Studium des Lebens entstanden, Botanik, Zoologie, Geologie und Chemie. Schon hier erkennt man eine wachsende Spezialisierung – das Ganze verlor man bereits hier aus dem Blick. Man versuchte Ordnung in dieses Chaos der Erkenntnisse zum Leben hineinzubringen, klassifizierte viel und doch begann man sich mit der Idee anzufreunden, dass Pflanzen und Tiere womöglich anderen Gesetzen gehorchen als unbelebte Gegenstände. Denn das mechanische Naturmodell vermochte die Existenz lebender Materie einfach nicht zu erklären. Es musste eine Kraft geben, die lebendige Aktivität auslöst. Johann Friedrich Blumenbach nannte dies 1781 den **Bildungstrieb**. Blumenbach sah ein dreistufiges biologisches Konzept hinter diesem Bildungstrieb, nämlich Zeugung, Ernährung und Reproduktion: „Jedes lebendige Wesen, vom Menschen bis zum Schimmelpilz, habe diesen Bildungstrieb." 1907 formulierte schließlich Henry Bergson für diesen Drang zur Bildung von lebendigen Strukturen den Begriff Élan Vital.

Was ist also Leben? Nun, eigentlich beginnt die Geschichte der Suche nach den Grundlagen der Lebendigkeit beim Philosophen **Friedrich von Schelling** (s. dazu auch Kapitel 5.3.2.). Bei ihm steht der „logische" Verstandesmensch nicht mehr über oder außerhalb der Natur, sondern ist Teil von ihr und unauflöslich mit ihr verbunden und ihren Gesetzen unterworfen. Schelling sprach von der Notwendigkeit, die Natur in ihrer Einheit zu erfassen. Eine Trennung des subjektiven Ichs von der objektiven Welt der Natur lehnte er ab. Stattdessen betonte er die gemeinsame Lebenskraft und die Verbindung von Natur und Mensch. Er erklärte schließlich, dass Mensch und Natur identisch sind. Damit und mit seinem Werk „Naturphilosophie" hatte Schelling großen Einfluss auf Alexander v. Humboldt. Schelling schlug vor, den Begriff des Organismus zur Grundlage des Naturverständnisses zu machen. Man sollte die Natur nicht länger als mechanisches System betrachten, sondern als **lebendigen Organismus** begreifen. Humboldt erkannte schnell, dass dies nichts weniger war als eine Revolution der Naturwissenschaften.

Unser menschliches Leben als Ausdruck der Naturgesetze ... nun, das Denken á la Descartes, Newton, Einstein, Laplace etc. wurde dem nicht gerecht, war viel zu einseitig und damit als einzig gültiges Weltbild eigentlich schon seit langem erledigt.

Und bis heute stellt allein dieser über 200 Jahre alte Gedanke Schellings der Einheit von Natur und Mensch, dass alles Ausdruck derselben Gesetze ist, die logizistischen Grundlagen unseres bisherigen wissenschaftlichen, ökonomischen, wachstumsorientierten und materialistischen Weltbildes und unser sog. Herrschaftswissen heftig in Frage.

Vor Schelling hatte bereits **Immanuel Kant** (1724-1804) die Wissenschaft dafür kritisiert, dass sie nur mechanistische Erklärungen liefern konnte, und sie aufgefordert, sich mit anderen, ergänzenden Methoden verstärkt dem Verstehen des Lebens zu widmen. Als er sich mit der Natur lebender Organismen beschäftigte, erklärte er, dass Organismen im Vergleich zu Maschinen selbstreproduzierende, selbstorganisierende Wesen seien. Kant war damit der erste, der den Begriff **Selbstorganisation** in die wissenschaftliche Welt brachte.

Mit der Quantenphysik wurde ein anderer Schritt auf dem Weg zum Leben möglich. Alles schien plötzlich miteinander verbunden. Es galt hier nun, von den einzelnen Teilen zu dem Ganzen zu kommen. Eine neue Art des Denkens wurde initiiert – das systemische Denken, ein ganzheitlicherer Ansatz war gesucht. Und das Ganze war jetzt etwas anderes als die Summe seiner Teile. Die alte reduktionistische Methode auf dem Fundament exakter mathematischer Formeln funktionierte nicht mehr. Man legte nun das Augenmerk auf den Kontext, auf Zusammenhänge und das Wesen von Beziehungen. Kurz gesagt: Man begann, systemisch zu denken. **Werner Heisenberg** formulierte 1973: „Die Welt erscheint in dieser Weise als ein kompliziertes Gewebe von Vorgängen, in dem sehr verschiedenartige Verknüpfungen sich abwechseln, sich überschneiden und zusammenwirken und in dieser Weise schließlich die Struktur des ganzen Gewebes bestimmen".

Mit dem Verlust der alten mechanistischen und kausalen Erklärungen fand schließlich schnell der Begriff „**Komplexität**" seinen Platz in der systemischen Denkweise. Man formulierte verschiedene Ebenen der Komplexität, indem auf jeder von ihnen jeweils andere Phänomene und Eigenschaften auftraten, die auf einer anderen Ebene nicht existierten. So kommt der Geschmack von Zucker nicht in den Atomen (Kohlenstoff, Wasserstoff und Sauerstoff) vor, aus denen er zusammengesetzt ist. Hierfür wurde der Begriff **Emergenz** geprägt: Emergente Eigenschaften sind neue Eigenschaften, die auf einer niedrigeren Komplexitätsebene noch nicht existiert haben. Das mag mechanistisch auch für Autos gelten, aber es ist vor allem bei lebendigen Systemen, und um die soll es jetzt gehen, grundlegend. Diese Eigenschaften eines Organismus oder lebenden Systems, die aus den Wechselwirkungen und Beziehungen zwischen den Teilen hervorgehen, werden vernichtet, wenn das System in seine Teile zerlegt wird.

Dies mag hier unspektakulär klingen, aber die Entwicklung des Systemdenkens stellt eine tiefgreifende Umwälzung in der Geschichte des naturwissenschaftlichen Denkens in der westlichen Welt dar. Das zentrale Paradigma des kartesianischen Denkens, nämlich dass sich in jedem komplexen System das Verhalten des Ganzen völlig aus dem Verhalten der einzelnen Teile erklären lässt, muss dann, wenn es um das Lebendige geht, fallen gelassen werden.

Die lebendige Welt erwies sich in der Folge als so komplex und kompliziert, dass es bis heute kein Wunder ist, dass sich die Quantenphysik lieber mit Riesenaufwand mit den einzelnen subatomaren Teilen (Quarks) beschäftigt, um über sie statt über die Beziehungen untereinander und zum Ganzen die Lösungen zu finden. Wie es viele Menschen auch bei hoher Komplexität im Alltag genauso machen: Entweder wegschauen oder simplifizieren.

Die Systemwissenschaft zeigt aber, dass lebende Systeme nicht durch eine Analyse der Eigenschaften ihrer einzelnen Teile verstanden werden können. Auch wenn wir oft dazu neigen, sie durch Reduktion auf einzelne Aspekte verstehen zu wollen, wie es z.B. bei der Corona-Pandemie 2020-2022 der Fall ist, in der man sich auf die virologischen Aspekte beschränkt. Lebende Systeme lassen sich aber nur im **Kontext eines größeren Ganzen** verstehen.

Wenn die Welt aber so komplex ist und viele Wissenschaftler vor ihr zurückschrecken, möchte ich mich hier nun den Wissenschaftlern zuwenden, die es gewagt haben, hinter ihre Geheimnisse zu kommen.

In den siebziger Jahren des 20. Jahrhunderts führte **Geoffrey Chew** seine **Bootstrap-Theorie** in die Physik ein. Diese Theorie verzichtet nicht nur auf die Vorstellung von Grundbausteinen von Materie und akzeptiert auch keine fundamentalen Konstanten bzw. Gesetze oder Gleichungen, sondern sieht alles als ein dynamisches Netz von wechselseitig miteinander zusammenhängenden Vorgängen, die wiederum oft in größere Netzwerke eingebunden sind. Aus Objekten oder logischen Inseln werden Netzstrukturen, die durch ihre wechselseitigen Beziehungen definiert sind.

Mir selbst ist diese Theorie aber zu radikal und zu einseitig, sie verneint die direkten Kausalitäten der klassischen materiellen Physik, die Teil von logischen Inseln sind. In dem Bereich der Quantenphysik jedoch bekommt sie einen hohen theoretischen Wert.

Und so stimme ich ihr denn auch gerne in ihren Verknüpfungen, also hier in diesem Teil zu, weil sie in lebendigen Systemen endlich die Netzstrukturen in den Vordergrund stellt, die sich aus den wechselseitigen Beziehungen von logischen Inseln (s. Gödel) ergeben.

11.2.   Komplexität und wissenschaftliche Objektivität

Wie sehr das Lebendige und seine Netzstrukturen das Fundament der klassischen Physik angreifen, zeigt sich darin, dass mit ihnen die wissenschaftliche Objektivität attackiert wird. Bisher wurden wissenschaftliche Beschreibungen für objektiv gehalten, wenn sie unabhängig vom menschlichen Beobachter und dem Prozess des Erkennens waren. Dies ist bei komplexen Netzstrukturen nicht mehr möglich. Der Erkenntnisprozess selbst spielt jetzt eine wichtige Rolle: Eine komplette Analyse von Netzstrukturen ist (s.o.) unmöglich – wo endet sie, wo höre ich auf? Wie weit gehe ich mit meinem Erkenntnisprozess, der nie komplett sein wird?

Ein gutes und einfaches Beispiel ist die Beschreibung eines Baumes im Wald. Wir sehen anfangs ein begrenztes Netzwerk von Zusammenhängen zwischen Blättern, Zweigen, Ästen und einem Stamm.

Die Komplexität erhöht sich schnell, wenn wir uns Gedanken über die Baumwurzeln machen. Das reicht aber noch längst nicht; denn in einem Wald hängen die Wurzeln aller Bäume zusammen und bilden, zusammen mit der komplexen Nährstoffversorgung, ein dichtes unterirdisches Netzwerk usw., bis wir schließlich noch die Sonne, den Mond, das Klima und die übrige Flora sowie die Tiere und die Menschen (auch uns selbst und unsere Fähigkeiten der Wahrnehmung) einbezogen haben.

Um dann festzustellen, dass – wie es Gödel nachwies – wir grundsätzlich scheitern müssen, weil es unmöglich ist, ein System komplett (!) zu beschreiben, solange man selbst Teil des Systems ist.

Ein weiteres Beispiel mag dies noch besser verdeutlichen. Es ist ein einfaches Experiment, das oft in Einführungskursen der Physik vorgeführt wird: Der Dozent lässt einen geeigneten Gegenstand aus einer gewissen Höhe fallen. Mit einer einfachen Formel von Newton ließe sich nun eigentlich die Zeit berechnen, die das Objekt braucht, um am Boden anzukommen. Jetzt hat man aber den Luftwiderstand vergessen – eine Feder als Objekt würde schon mal nicht funktionieren. So geht der Dozent dazu über, mit einem mathematischen Zusatzterm die Berechnung zu verbessern. Selbst das ist aber nur eine (allerdings verbesserte) Näherung, denn der Luftwiderstand ist von Temperatur und Luftdruck abhängig. Eine noch bessere Näherung muss dies berücksichtigen. Allerdings kommt nun noch die Luftkonvektion im Raum hinzu, und dann geht es weiter zur Atmung der Anwesenden usw., vielleicht sogar bis zur Mondanziehung, bis der Dozent die schrittweisen Näherungsversuche abbrechen wird. Wenn aber alles mit allem, alle Naturphänomene letztlich miteinander verbunden sind, müssen wir, um ein Phänomen exakt zu erklären, eigentlich alle anderen Einflüsse auf das Phänomen verstehen, was letztlich unmöglich ist.

Sie sehen also, systemisch betrachtet kann man, können Naturwissenschaftler nie zur absolut präzisen Wahrheit gelangen, **eine präzise Übereinstimmung zwischen Beschreibung und dem beschriebenen System kann nur in einer Näherung erfolgen.**

Hier gilt damit etwas, das Einstein angesichts der Quantenphysik formulierte: *„Es war, als ob mir der Boden unter den Füßen weggezogen wurde, mit keinem festen Fundament irgendwo in Sicht, auf das man hätte bauen können."*

Das alles gibt aber keinen Anlass zur Resignation. Der wissenschaftliche Fortschritt im systemischen Denken ist die Entdeckung, dass es ein näherungsweises Wissen gibt. **Alle wissenschaftlichen Begriffe und Theorien lassen sich näherungsweise festlegen – und diese Näherung kann, befindet man sich auf einer logischen Insel, sehr sehr hoch sein,** vor allem dann, wenn die Ergebnisse von Versuchen reproduzierbar sind. Und man kommt auf diese Weise dann durchaus zu **objektiven Wahrheiten.** Es geht also um den Grad der Näherung, der vor allem in komplexeren Fragen wichtig wird. Das ist das neue Paradigma, das ist die Abkehr von der kartesianischen Gewissheit absoluter wissenschaftlicher Erkenntnis.

Die nächste Änderung in der Auffassung von der Welt betrifft etwas, das ich – Sie kennen es mittlerweile – regelmäßig fordere, nämlich, dass wir Wissenschaftler lernen müssen, in dynamischen Prozessen zu denken und endlich eine neuartige Prozessphysik zu entwickeln. Zumal die Welt grundlegend nicht aus Raum und Zeit besteht, sondern aus Wirkung, also einem Baustein mit einem Mix aus Raum, Zeit und Energien und Kräften (s. Band I).
Diese Dynamik von Prozessen war natürlich schon immer beobachtet worden, auch wenn ihre Ursache bisher nicht bekannt war. Das Denken in Prozessen ist in der Systemwissenschaft sogar elementar, was angesichts der Beobachtung von sich entwickelnden oder bereits entwickelten Strukturen und Netzen nicht verwundern sollte.

Welche Prozesse stecken also hinter der Entstehung von vor allem lebenden Strukturen? Welche Organisationsmuster sorgen für strukturelle Ordnungen und ihre Aufrecht-erhaltung? Was unterscheidet sie von nichtlebenden Strukturen?

Es werden nun neue Begriffe auftauchen; Begriffe wie **Organisationsmuster** (Beziehungen, Form, Ordnung, Qualität), materielle **Struktur** (materielle Verkörperung des Organisationsmusters wie Formen, chemische Zusammensetzung etc.) und **Prozesse** (alle Aktivitäten, um Muster und Struktur aufrechtzuerhalten) werden in den Vordergrund treten.

Am Beispiel eines Fahrrades lässt sich das ganz gut erklären. Das Muster des Fahrrades entspricht den funktionellen Beziehungen seiner einzelnen notwendigen Teile. Seine Struktur besteht aus seinen festen materiellen Bestandteilen selbst, die durchaus unterschiedlich sein können. Im Unterschied zu lebenden Systemen bleibt das Fahrrad allerdings wie es ist. Bei einem lebenden System dagegen verändern sich die Bestandteile ständig. Jede Zelle stellt unablässig Strukturen her, löst sie wieder auf und beseitigt die Abfallprodukte. Gewebe und Organe ersetzen ihre Zellen in kontinuierlichen Zyklen, und es findet Wachstum und Zerfall, Entwicklung und Evolution statt. Permanent finden also zwischen Muster und Struktur Stoffwechsel- und Entwicklungsprozesse statt.

Mit diesem Wissen um die Grundlagen der Funktion komplexer Systeme sind wir nun bereit für die historische und inhaltliche Entwicklung des Wissens um die Entstehung und um die Eigenschaften von Lebendigkeit.

Bevor ich damit beginne, möchte ich aber noch eine wichtige Anmerkung hinzufügen: Als Grundlage für die nun folgenden Ausführungen zur historischen Entwicklung der Wissenschaft von den komplexen Systemen beziehe ich mich auf die Arbeiten von **Fritjof Capra**, der in dem Werk „Lebensnetze – Ein neues Verständnis der lebendigen Welt" wegweisend die Entwicklung der Gedanken und Ausarbeitungen vieler Wissenschaftler zur Lebendigkeit komplexer Systeme zusammenstellte. Sie werden so manche Textteile in der Folge wiedererkennen. An dieser Stelle daher ein großer Dank an ihn.

11.3. Erste Entdeckungen in der Welt der Lebendigkeit

11.3.1. Lebendige Systeme sind offene Systeme

Die Geschichte der wissenschaftlichen Entdeckungen beginnt kurz vor dem ersten Weltkrieg. **Alexander Bogdanow** (1873-1928), ein russischer Arzt, Philosoph und Ökonom, entwickelte eine umfassende und komplexe Systemtheorie, die er **Tektologie** nannte. Auch wenn Bogdanow und seine Theorie selbst heute noch kaum bekannt sind, ist er für mich mit seinen weit reichenden Gedanken der Begründer des systemischen Denkens.

Sein Hauptziel war das Herausarbeiten und Verallgemeinern der Organisationsprinzipien von Systemen, es ging ihm darum, wie strukturelle Ordnungen und Aktivitäten in einem System miteinander kombiniert sind. Als Ergebnis fand er, dass für die Bildung von komplexen Systemen Spannungen zwischen Krise und Umwandlung sowie die Existenz von Gleichgewichten von zentraler Bedeutung sind. Eine Organisationskrise manifestiert sich als Zusammenbruch des bestehenden Gleichgewichts und stellt gleichzeitig einen organisatorischen Übergang zu einem neuen Gleichgewichts-zustand dar.

Alexander Bogdanow

Bogdanow erkannte als erster, dass lebende Systeme offene Systeme sind, die sich ganz und gar nicht in einem stabilen Gleichgewicht befinden, sondern von der Umgebung abhängig sind. Und bei der Untersuchung der Selbstregulierungsprozesse nahm er einen zentralen Begriff der später entwickelten Kybernetik vorweg: Die **Rückkopplung**.

Das war revolutionär. **Lebende Systeme sind immer offene Systeme** (s. Diskussion zur Entropie) und bilden **ein nicht stabiles Gleichgewicht** aus, dass sich durch **Selbstregulierungsprozesse** stabilisierte! **Die Welt des Lebens ist eine völlig andere Welt als es die Entropie fordert, es sind keine geschlossenen Systeme und sie tendieren auch nicht zu einem stabilen Endzustand.**

Lebendige Systeme sind so etwas – mir fällt keine bessere Metapher ein – wie schwebende Systeme, die durch Aufnahme von Materie und Energie im Schwebezustand bleiben. Werden Energie- und Materieimport unterbrochen, fallen sie zusammen.

Etwa 10 Jahre später entwickelte der Physiologe **Walter Cannon** den Begriff der **Homöostase**. Es geht hier um einen Selbstregulierungsmechanismus, der es Organismen erlaubt, einen Zustand des dynamischen Gleichgewichts (dieses Schwebezustands) aufrechtzuerhalten, der innerhalb gewisser Toleranzgrenzen schwankt (zwischen

Zuständen von etwas mehr oder weniger Ordnung). Die Stabilisierung von Systemen durch Oszillation war erstmals formuliert.

In den 1940er Jahren war es dann der Wiener Biologe **Ludwig von Bertalanffy** (1901-1972), der den nächsten wichtigen Schritt machte. Ihm war ebenfalls aufgefallen, dass biologische Phänomene andere Denkweisen erforderten als die traditionellen Methoden der Wissenschaft und betonte den entscheidenden Unterschied zwischen physikalischen und biologischen Systemen. Dabei berief er sich auf die **Idee der Evolution**. Und die Evolution mit ihren Veränderungen, ihrem Wachstum und ihren Entwicklungen erforderte eine Wissenschaft der Komplexität.

Die allererste Herausforderung für die neue Wissenschaft war die **Entropie**. Die Biologen beobachteten täglich, dass zumindest das Leben im Kosmos sich von der Unordnung zur Ordnung entwickelte, also in Richtung ständig zunehmender Komplexität – entgegen dem 2. Hauptsatz.

Von Bertalanffy konnte dieses Dilemma damals natürlich nicht lösen, aber es bestärkte ihn, Leben und „tote" Physik voneinander zu trennen. Da es ohne Energiezufuhr von außen unmöglich war, dass sich Strukturen entwickelten, erkannte er, dass lebende Organismen offene – also keine geschlossenen – Systeme sind und deshalb nicht der klassischen Thermodynamik unterliegen.

L. von Bertalanffy

Offen heißt, dass sie durch einen ständigen Zustrom von Materie und Energie aus ihrer Umwelt gespeist werden müssen, um am Leben zu bleiben. Für uns Menschen sind dies der Lebensmittelmarkt um die Ecke und auch all die anderen Lieferanten von Materie und Energie. Sie sind überlebenswichtig, sofern sie unsere Grundbedürfnisse abdecken. Den Stoffwechselprozess, der daraus resultiert und der das Fließgleichgewicht aufrecht erhält, erkannte von Bertalanffy als die Selbstregelung oder **Selbstorganisation** innerhalb des Systems. Damit konnte er eine weitere Schlüsseleigenschaft offener Systeme definieren.

Im Gegensatz zu geschlossenen Systemen, die einen Zustand des thermischen Gleichgewichts erreichen, befinden sich offene Systeme also fern von jedem stabilen Gleichgewicht in einem Zustand von einem ständigen Fluss und Wechsel, der sich gerade dadurch stabilisiert. Der selbst in der Fachwelt nahezu unbekannte Bogdanow dürfte sich posthum bestätigt fühlen. Von Bertalanffy forderte nun eine neue Thermodynamik offener Systeme. Überhaupt hatte er die Vision einer künftigen formalen, mathematischen Theorie, einer neuen mathematischen Disziplin, die auf systemische Strukturen anwendbar wäre.

11.3.2. Kybernetik und Rückkopplung

Analog zu den eben erwähnten Arbeiten führten Versuche zur Konstruktion selbststeuernder und selbstregelnder Maschinen zu einem weiteren systemischen Untersuchungsgebiet, das sich auch auf die systemische Sicht des Lebens auswirken sollte. Es ist die **Kybernetik**, die Wissenschaft von den **Kommunikations- und Steuerungsmechanismen in Lebewesen und Maschinen**. Es ist eine Wissenschaft, die versucht, Mechanismen in klarer mathematischer Sprache, also logisch auszudrücken.

Die Kybernetik-Bewegung begann während des 2. Weltkrieges. Eine Gruppe von Mathematikern, Gehirnwissenschaftlern und Ingenieuren – wichtige Namen sind Norbert Wiener, John von Neumann (Begründer der Spieltheorie), Claude Shannon und Warren McCulloch – traf sich in der militärischen Forschung, um Probleme mit der Verfolgung und dem Abschuss von Flugzeugen zu lösen. **Das Ziel der Kybernetik war eine exakte Wissenschaft von systemischen Zusammenhängen.**

Alle wichtigen Leistungen der Kybernetik resultierten in der Folge aus Vergleichen zwischen Organismen und Maschinen, es ging um mechanistische Modelle lebender Systeme. Der entscheidende Unterschied dieser Modelle zu Uhrwerken á la Descartes liegt in **Norbert Wieners Idee der Rückkopplung**.

Eine Rückkopplungsschleife ist eine kreisförmige Anordnung von kausal miteinander verbundenen Elementen, in denen sich eine Anfangsursache entlang der Verbindungsglieder fortpflanzt. Jedes Element übt dabei eine Wirkung auf das nächste aus, bis das letzte die an dieser Stelle befindliche Wirkung in das Anfangselement einspeist. Dadurch entsteht eine Selbstregulierung des gesamten Systems, da die Anfangswirkung jedesmal, wenn sie sich im Kreislauf fortpflanzt, modifiziert wird. Rückkopplung bedeutet also die Übermittlung von Information über das Ergebnis irgendeines Prozesses oder einer Aktivität an dessen oder deren Quelle.

Norbert Wiener
1894-1964

Ein einfaches Beispiel mag dies veranschaulichen: Meine ersten Paddelversuche mit einem Kajak auf dem Main endeten frustrierend. Während des Paddelns steuerte das Kajak – sie sehen, ich machte hier noch das Kajak verantwortlich – irgendwann unweigerlich nach rechts oder links, und alle meine Bemühungen mit kräftigen Paddelschlägen reichten nicht aus, das verdammte Boot wieder auf Kurs zu bringen. Im Gegenteil, das Boot fuhr mit mir eine kreisförmige Kurve. Nachdem ich erst das Boot verflucht hatte und schon überlegte, es umzutauschen, dämmerte mir, dass diese Dysfunktion im System Fluss, Boot, Paddel, Mensch vielleicht an mir lag.

Und so war es denn auch. Auf erste kleine Abweichungen des Bootes vom Geradeauskurs, die das System mir meldete, hatte ich viel zu spät reagiert, meine Rückkopplung kam zu spät, und das System wurde instabil.

Erst als ich lernte, rechtzeitig auf kleine Abweichungen zu reagieren und diese – es ist tatsächlich analog zum Fahrradfahren – sofort durch leichtes Variieren des Paddelschlags zu korrigieren, fuhr ich geradeaus und war sogar in der Lage, Stromschnellen zu überstehen. Die Rückkopplungsschleife war hier Einschätzung der Kursabweichung – Gegensteuern – Änderung der Kursabweichung – Einschätzung der nächsten Kursabweichung – usw.

Allein um ein Ruderboot auf Kurs zu halten, ist man also auf eine ständige Rückkopplung angewiesen, wobei die tatsächliche Bahn dann um die vorgegebene Richtung schwankt. Und die Kunst besteht darin, diese Schwankungen möglichst gering zu halten. In Ihrem Leben dürfte das Thema Rückkopplung noch eine ganz andere Bedeutung haben und auch bei der Pflege Ihrer Beziehungen immer wieder mal eine Rolle spielen.

Übertragen auf lebende Organismen erkannte Wiener in der Rückkopplung den entscheidenden **Mechanismus der Homöostase**, der Selbstregelung, die es den Organismen erlaubt, sich quasi automatisch in einem Zustand des dynamischen Gleichgewichts zu halten. Und heute wissen wir, dass **Rückkopplungsschleifen** überall in der Lebenswelt anzutreffen sind.

Aber auch in der Technik werden sie eingesetzt, man denke nur an die Fliehkraftregler, die z.B. eine Dampfmaschine regulieren. Diese Regler bestehen aus einer rotierenden Spindel, an der zwei Gewichte so befestigt sind, dass sie sich bei zunehmender Drehgeschwindigkeit der Spindel durch die Zentrifugalkraft voneinander weg bewegen und dabei zunehmend den Dampf blockieren, der in der Maschine ein Schwungrad antreibt, das wiederum mit dem Regler verbunden ist. Damit ist die Rückkopplungsschleife geschlossen und das Schwungrad wird automatisch geregelt.

In diesem Beispiel wirkt die Rückkopplung bremsend bzw. begrenzend. Der Kybernetiker spricht von **negativ** oder selbstausgleichend.

Es gibt aber auch die **positive** (selbstverstärkende) Rückkopplung. In der Regel sind in selbstregelnden Systemen beide Kopplungsformen gemeinsam vorhanden.

Probleme gibt es, wenn die Rückkopplung nur positiv ist, und sich der Anfangseffekt ständig verstärkt, bis hin zur **Resonanzkatastrophe**. Man spricht hier auch von dem Teufelskreis, aus dem es, greift man nicht „negativ“ ein, kein Entrinnen gibt und das System dann kollabiert.

Andere weniger dramatische Beispiele sind die „self-fulfilling-prophecy" (ursprünglich unbegründete Ängste führen zu einem Verhalten, das die Ängste bestätigt) und der Nachahmungseffekt (eine Sache hat Erfolg aufgrund der wachsenden Zahl ihrer Anhänger).

In der Natur kommen reine Selbstverstärkungen selten vor. Zwar haben viele Spezies das Potential zu einem exponentiellen Populationswachstum, aber diese Tendenzen werden in der Regel durch ausgleichende, begrenzende Wechselwirkungen innerhalb des Systems in Schach gehalten. Rückkopplungsschleifen stellen sich damit als **systeminterne Organisationsmuster** wie z.B. Reaktionen auf Ressourcenknappheit dar. Im Systemdenken unterscheiden die Kybernetiker damit das Organisationsmuster eines Systems klar von der physikalischen Struktur.

Kommt es doch zu ungebremsten Wachstumserscheinungen, werden andere Systembestandteile oft ausgelöscht und das System wird instabil. Wird das System instabil, lösen sich diese Organisationsmuster dann auf, sie funktionieren nicht mehr.

Das gilt natürlich auch für den Menschen (und die drohende Überbevölkerung des Planeten).

11.3.3. Die Geschlossenheit von lebendigen Systemen bzgl. Selbstregelung

In den 60er Jahren versuchte man in der Kybernetik einen weiteren Schritt. Der Neurologe **Ross Ashby** (1903-1972) versuchte das einzigartige Anpassungsverhalten des Gehirns, seine Speicherfähigkeit und andere Muster von Gehirnfunktionen auf rein mechanistische und deterministische Weise zu erklären. Das war gegensätzlich zu den Ansichten von Wiener, der klar zwischen einem mechanistischen Modell und dem damit näherungsweise dargestellten nichtmechanistischen Lebenssystem unterschied. Für ihn waren die physikalischen, chemischen und geistigen Prozesse des Lebens nicht identisch mit den das Leben imitierenden Maschinen.

Ross Ashby

Und doch formulierte Ashby etwas Neues. Auch er erkannte, dass lebendige Systeme energetisch offen sind, aber gleichzeitig stellte er fest, dass sie **bzgl. Informationen und Selbstregelung geschlossen** sind.

11.4.   Die Black-Box-Methode

11.4.1.   Ein Instrument für die geschlossene Selbstregelung in Systemen

Es war diese Formulierung Ashbys, die mich auf die Idee einer Art „**Black-Box-Methode**" brachte. Mit dieser Methode formuliere ich ein lebendiges System, das bzgl. interner Kommunikation, Selbstregelung und Organisationsmuster einem schwarzen Kasten gleicht, über dessen Inhalt wir – solange wir nicht seinen Deckel heben und versuchen, in ihm etwas zu erkennen – erst einmal nichts Genaues wissen. Wir stellen uns, wie es so schön im Film „Die Feuerzangenbowle" heißt, „erst einmal dumm". Und wir lenken unser Augenmerk nur auf den Austausch (Energie, Ressourcen, Abfall etc.) mit der Umgebung. Sie ist es, die das System im instabilen Gleichgewicht hält. Und sie ist es, die sich wesentlich besser beobachten und analysieren lässt als das komplexe System mit seinen kaum exakt definierbaren internen und nach außen abgeschlossenen Organisationsmustern.

Leben, das wird an dieser Stelle immer deutlicher, zeichnet sich durch etwas Nichtmaterielles aus, ein Organisationsmuster. Und dieses besteht – wie man schließlich herausfand – aus einem Netzwerkmuster. Wo immer Leben ist, besteht es aus Netzwerken, die zur Organisation (und damit zur Selbstorganisation) fähig sind mit der wichtigen Eigenschaft dieser Netzwerke, dass sie sich in alle Richtungen erstrecken. Die Beziehungen in Netzwerkmustern sind somit nichtlineare Beziehungen, in denen Rückkopplungsschleifen integriert sind:

Das Muster des Lebens bzw. lebendiger Systeme ist also ein Netzwerkmuster mit nichtlinearen Beziehungen sowie Rückkopplungsschleifen und Verknüpfungen, das zur Selbstorganisation fähig ist.

Ein komplexes System wie unsere Gesellschaft weist demnach Organisationsmuster, Rückkopplungs- und Selbstorganisationsmechanismen auf, die bis auf ihre logischen Inseln, so diese definiert werden können, nur wenig rational zu erfassen und damit schon grundsätzlich nicht so zu entschlüsseln geschweige denn so beherrschbar sind, wie wir es gerne hätten. Es sind diese Netzwerkstrukturen mit ihren nichtlinearen Beziehungen und Rückkopplungsmechanismen, die es uns so schwer machen, komplexe Systeme zu durchschauen und es mir als geeignet erscheinen lassen, in der Diskussion zu wichtigen aktuellen Beispielen wie die Sars-Cov-2- Epidemie und die Klimaerwärmung mit der Black-Box-Methode zu arbeiten. Denn alle Versuche, die auf scheinbarer Logik basieren und schnelle Rückschlüsse auf die Auswirkungen innerhalb des Systems versprechen, können schnell einen großen Teil der komplexen Realität und der Zusammenhänge aussparen. Sie sind in der Beurteilung geplanter Maßnahmen daher gefährlich.

Aussagen von Wissenschaftlern werden denn auch gerne vorschnell als wissenschaftliche Wahrheiten hingestellt. Man geht dabei dann aber unbewusst in Unkenntnis der Komplexität der Zusammenhänge dem veralteten Wissenschaftsbegriff der Beweisbarkeit auf den Leim – **in Gebieten, in denen klare Beweisbarkeiten einfach nicht mehr existieren.**

Der große Vorteil der Black-Box-Methode ist daher, dass man wenig eindeutige und falsche Aussagen zu den Netzwerkstrukturen innerhalb des beobachteten komplexen Systems vermeidet und sich stattdessen erst einmal auf die Beurteilung offensichtlicher Input- und Outputdaten konzentriert, die sich in der Regel gut charakterisieren lassen und anzeigen, ob ein System instabil geworden ist. Erst dann sollte man einen Blick in die Black-Box hinein wagen.

11.4.2. Die Anwendung der Black-Box-Methode auf Gesellschaft u. Ökonomie

Betrachten wir nun gemeinsam, was sich ergibt, wenn man die Black-Box-Methode z.B. auf die Ökonomie unserer Gesellschaft anwendet. Eine Betrachtung von Input und Output zeigt schnell eine Erhöhung des Ressourcenabbaus und der Abfälle und Emissionen, die das Habitat, in dem sich die Gesellschaft bewegt, Zug um Zug zerstört. Der Gesellschaft selbst scheint es gut zu gehen, bis ihre Versorgung und Entsorgung kollabieren. Mit dieser alarmierenden Erkenntnis ist der Blick in die Box angesagt.

Schaut man also in die Black Box hinein, wird man die groben Strukturen der gesellschaftlichen Ökonomie erkennen: Treibmittel dieser Gesellschaft ist die Erzeugung von Produkten und Konsum, der Verbrauch von Rohstoffen und damit die Schmälerung der Ressourcen sowie die Erzeugung von Abfall und Emissionen. Das „Benzin" dafür ist Geld. Eigentlich ist das Tauschmittel Geld eine gute Idee, nur haben wir bei seiner Kreation etwas geschlampt und ein Schuldgeldsystem eingerichtet mit Zinseszins.

In diesem System ist die Geldmenge immer identisch mit den Schulden. Das Problem bei einer durch Zinseszins exponentiell wachsenden Geldmenge (und Schulden) entsteht dann, wenn die Realökonomie, die mit Systemgrenzen klarkommen muss und daher nicht exponentiell wachsen kann, dann nicht mehr mit der Geldmenge zusammenpasst.

Das Resultat: Das viele Geld sucht einen Zweck, und es entsteht ein hoher Druck auf das Wirtschaftswachstum, das immer weiter angetrieben wird.

Das Ergebnis ist also nicht nur eine Exponentialfunktion des Geldmengenwachstums, sondern gleichzeitig ein dadurch erzeugter Druck auf das Wirtschaftswachstum.

Angesichts des ökologischen Fußabdrucks ist das eine fatale Entwicklung, da Korrekturen durch Rezessionen nicht möglich sind. Ist irgendwann zu viel Geld im Spiel, könnte allerdings eine andersartige Korrektur erfolgen, entweder durch eine Inflation oder durch das Verschwinden von Giralgeld in einer Art „schwarzem Loch" (s. „Physiconomics").

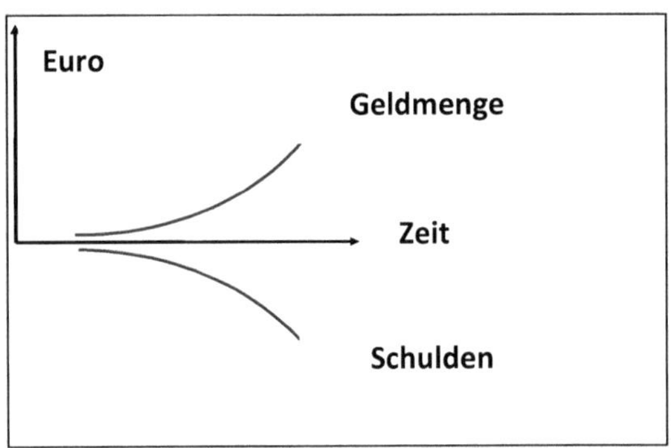

Aus diesen Gesetzmäßigkeiten heraus folgt von mir hier ein ganz persönlicher Tipp für Sie. Der **Trick für Ihr Leben** ist es nun, dass es gilt, dauerhaft auf der Plusseite der obigen Abbildung zu leben, also mehr Besitz/Geld zu haben als Schulden. Ist man unterhalb der Kurve, ist man gezwungen, im Rattenrennen gegen andere Geld zu verdienen, um die Schulden zu bedienen (mehr dazu ebenfalls s. Physiconomics).

Unabhängig von ihren persönlichen Entscheidungen zum Geld geht es aber nun um die Stabilisierung unseres ökonomischen und gesellschaftlichen Systems. Eine erste Forderung wird bei diesem Vorgehen schnell deutlich: Wir brauchen ein neues, nachhaltigeres Geldsystem. Wie es aussehen könnte und wie es implementiert werden könnte, ist aber eine viel schwierigere Frage, bei der es gilt, beim Blick in die Box weitere Bestandteile unseres Gesellschaftssystems zu untersuchen und zu schauen, welche Folgen Maßnahmen zur Änderung des Geldsystems auslösen würden – wie ich es beispielhaft bei der Anwendung der Black-Box-Methode auf die Sars-Cov-2-Pandemie zeigen möchte.

11.4.3. Die Anwendung der Black-Box-Methode auf die Sars-Cov-2-Pandemie

Wenden wir die Black-Box-Methode auf die **Corona-Pandemie** an, dann wäre es sinnvoll gewesen, den Eindringling (das Virus) genauer in seinen Eigenschaften und seiner Gefährlichkeit für unser menschliches Gesellschaftsystem zu charakterisieren und sich als zweites den Output aus dem System, also die nach außen sichtbar werdenden Folgen anzuschauen. Dieser betrifft in erster Linie die potentielle Überlastung des Gesundheitssystems und die Mortalität, aber auch viele andere Aspekte des Systems wie die Verunsicherung der Menschen im System.

Hätte man dies angemessen durchgeführt, wäre bereits April/Mai 2020 schnell klar gewesen, dass SARS-Cov-2 ernst zu nehmen, aber kein Killervirus ist, also die Mortalität nicht so alarmierend ausfällt wie anfangs befürchtet. Wie bei jedem potentiell die Gesundheit schwer gefährdenden Virus war gleichzeitig klar, dass vor allem Menschen mit schlechtem Immunsystem (also vor allem alte Menschen ab 80) gefährdet und diese damit zu schützen waren – um dann die behandelnden Kliniken fachgerecht zu unterstützen.

Stattdessen wurden Kliniken geschlossen und Intensivbetten abgebaut sowie die notwendigen Pflegekräfte zu wenig unterstützt. Trotzdem: Die befürchtete Gefahr für unser Gesundheitssystem bestand nie wirklich, was teilweise auch an der Wirksamkeit der Maßnahmen wie Lockdown und weiteren Kontaktreduzierungen gelegen haben mag. Jedenfalls: Die durchschnittliche Belegung der Klinikbetten mit Covid-19-Patienten über das ganze Jahr 2020 betrug insgesamt ganze 2 %, auf den Intensivstationen lag der Anteil bei 3,4 % (Quelle: Bundesministerium für Gesundheit). In den Hochphasen waren es dann aber eher 17-20 %. Bei der Übersterblichkeit gehen die Meinungen auseinander, je nachdem welche Statistik benutzt und interpretiert wird.

So liegen die Daten in etwa vergleichbar mit sehr schweren Grippewellen (wie z.B. 2017/2018 mit ca. 25.000 zusätzlich Gestorbenen) oder darüber. Wobei nicht geklärt ist, inwieweit die höheren Zahlen (ca. 40.000) für z.B. den Zeitraum März 2020 bis Ende Februar 2021 wirklich auf Covid-19 zurückzuführen sind oder sich auch durch psychischen Stress, aufgeschobene Operationen, eine Hitzewelle etc. erklären lassen. Bei insgesamt ca. 950.000 Gestorbenen in Deutschland pro Jahr liegen diese Zahlen also, soweit man ihnen vertrauen kann, saisonal nicht immer, aber meist über der schweren Grippeepidemie von 2017/2018. Sie bewegen sich aber in einer vergleichbaren Größenordnung.

Sars-Cov-2 ist mit einer Fallsterblichkeitsrate von 1,6 % (John Hopkins University) nach meiner Einschätzung damit nicht ansatzweise vergleichbar mit z.B. dem Marburg-Virus (1967, Fallsterblichkeitsrate ca. 80 %) oder der Vogelgrippe (H7N9) von 2013 (Fallsterblichkeit 39,3 %), sondern zwar etwas gefährlicher als die normale Grippe, aber eindeutig kein Killervirus. Es gab also schon nach Vorlage der ersten Ergebnisse (April/Mai 2020) keinen ernst zu nehmenden Grund für die hysterische Reaktion der Politik, sondern eher einen Anlass zur teilweisen Entwarnung. Auch die Daten des Statistischen Bundesamtes zeigen, dass die Feststellung einer epidemischen Lage nationaler Tragweite nicht gerechtfertigt war und ist.
Mehr Gelassenheit und das Schaffen von Vertrauen in die zu treffenden Maßnahmen – wie es in Schweden der Fall war – hätte der Politik gut zu Gesicht gestanden.

Irritierend sind auch die Folgen der empfohlenen Impfungen. So zeigte eine Studie zur Übersterblichkeit für einen 4-Wochen-Zeitraum in den Monaten September und Oktober 2021, die nun im Thüringer Gesundheitsministerium vorliegt, dass je höher die Impfquote ist, desto höher auch die Übersterblichkeit ist. Eigenartigerweise sind auch die Inzidenzwerte im beginnenden Winter 2021/2022 deutlich höher, obwohl im Vergleich zum vorherigen Winter wesentlich höhere Impfzahlen vorliegen. Gleichzeitig scheint gesichert, dass Impfungen helfen können, einen schweren Krankheitsverlauf zu mildern.
Nach meiner Einschätzung ist Covid-19 damit – zusammengefasst – ein ernst zu nehmender Faktor in den aktuellen Gesundheitsfragen, es ist aber für Menschen mit einem gesunden Immunsystem und ohne gravierende Vorerkrankungen keine Krankheit, die Panik oder Hysterie rechtfertigt.

Welche Maßnahmen wären dann in unserem komplexen Gesellschaftssystem zu treffen gewesen?

Nun, als nächstes hätte man dafür den Deckel der Black-Box geöffnet und dann geschaut und versucht zu erkennen, ob und welche Organisationsmuster in diesem Fall attackiert wären. Unter Benutzung des Weltbildes vernetzter logischer Inseln ergibt sich dann ein Bild, mit dem man die Folgen eines „rein virologischen" Eingriffs hätte erkennen können (s. nächste Seite). Es wäre eigentlich relativ einfach gewesen.
Vorausgesetzt, es wäre klar gewesen, dass es sich hier um ein komplexes System handelt, das man nicht logisch beherrschen und steuern kann. Und dass es ratsam gewesen wäre,

vorsichtig an vermutet (!) relevanten „Systemschrauben" zu drehen, um dann zu schauen, welche Folgen das hätte.

Stattdessen wurde – so meine Kritik – mit Angstmechanismen gearbeitet, auch dann, als schließlich und eigentlich eine Entwarnung anstand. Beruhigende Nachrichten wurden verschwiegen, und mit Hilfe von ausgesuchten Virologen beschränkte man sich völlig einseitig auf alleine den virologischen Aspekt dieser Herausforderung unseres Gesellschaftssystems.

So stieg die Verunsicherung der Bürger, weitere Lockdowns wurden beschlossen und immer wieder neu durchgeführt – mit schweren Nebenfolgen für die Ökonomie, den Staatshaushalt, eine ganze Schulkinder- und Kitageneration, die Psyche vieler Menschen und die Behandlung anderer Krankheiten, und noch viele weitere Probleme wurden künstlich geschaffen.

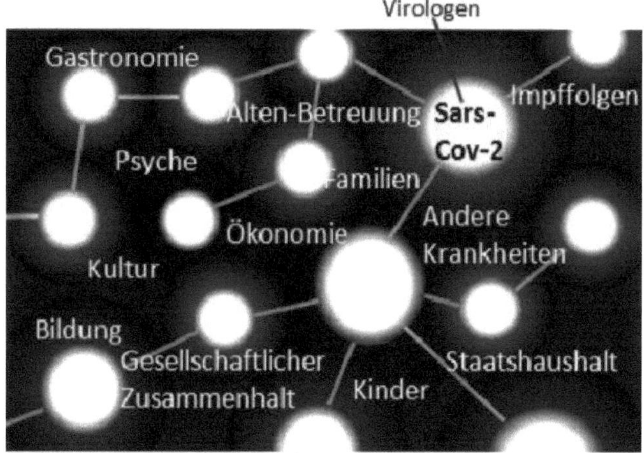

Man denke nur an die Folgen für Gastronomie und Kultur. Hinzu kommt immer noch eine Impfkampagne, die mit Vakzinen völlig neuer Technologie in einer Notzulassung arbeitet, deren Nebenwirkungen auf das körpereigene Immunsystem unter Autoimmunaspekten noch unsicher sind und dazu führen, dass wie ich auch viele andere Wissenschaftler nun die Daumen drücken, dass mit den Folgen der Impfungen vielleicht doch alles gut geht. Insgesamt wurde ein eigentlich stabiles System so an den Rand der Instabilität gefahren – die vielen negativen systemischen Nebenwirkungen der „Maßnahmen" übersteigen längst die wenigen positiven.

Und hier und da arbeitet man sogar trotzig weiter an einer Art No-Covid-Strategie, obwohl das Gesetz der Entropie und die Evolution von Mutationen – gerade bei Viren mit einsträngiger RNA – massiv dagegen stehen und das Vorhaben scheitern muss. Das alles geschah und geschieht weiter, weil man sich ausschließlich auf die unterkomplexen

Aussagen der Virologen stützt, die sicher einen wichtigen, aber eben nur einen einzigen Aspekt des gesamten Systems behandeln und dies in die Instabilität führen. Und das über mehrere Jahre lang.

Mit der Black-Box-Methode zeigt sich nun ein ganz anderes Bild. Es wurde versucht, in dieser Black Box das gesamte Gesellschaftsystem zumindest ansatzweise in seiner Komplexität abzubilden (s. Abbildung oben).
Damit lassen sich nun die Folgen selektiver Eingriffe, die die Komplexität gravierend vernachlässigen, wesentlich deutlicher machen.
Erst auf diese Weise lässt sich demnach ermitteln, ob und wie ein bestehendes System wie unsere Gesellschaft destabilisiert werden könnte – mit den potentiell entsprechenden heftigen Folgen. Wie es in dieser Pandemie aus meiner Sicht zweifelsfrei zu beobachten ist.

Die Black-Box-Methode führt also zu ganz anderen Handlungsempfehlungen, die nun das Gesamtsystem berücksichtigen. Für mich kaum zu verstehen ist, warum ein derartiger Ansatz, obwohl absolut plausibel, zu keiner Zeit in Betracht gezogen wurde.

11.5. Weitere Entdeckungen in der Welt der Lebendigkeit

11.5.1. Menschliche und künstliche Intelligenz

Aber gehen wir noch einmal zurück zu Ross Ashby und einem ganz anderen Thema, das aber eine ähnliche Hybris der Beherrschbarkeit aufweist. Denn man kann Ashby auch als Vorreiter der Diskussion zur **künstlichen Intelligenz** bzw. dem Computerdenken bezeichnen.

Der Grundgedanke der damals neu aufkommenden Kognitionswissenschaft bestand darin, dass die menschliche Intelligenz der Intelligenz eines Computers gleiche, und zwar so sehr, dass sich die Kognition, also der Prozess des Erkennens, als Informationsverarbeitung definieren lasse. Mit Begeisterung stürzte sich damals die logizistische Wissenschaft auf den Computer als Metapher für das menschliche Gehirn. Mit der so schön logisch reduzierenden und vereinfachenden Annahme, dass die Funktionen dieser Computer mit bekannten menschliche Fähigkeiten vergleichbar sind.

Nun haben spätere Entwicklungen in der Kognitionswissenschaft aber deutlich gemacht, dass menschliche Intelligenz sich völlig von der künstlichen Intelligenz einer Maschine unterscheidet. So verarbeitet das menschliche Nervensystem keine Informationen, die in der Außenwelt fix und fertig existieren und rein kognitiv aufgegriffen werden, sondern es steht in einem Dialog mit der Umwelt, indem es ständig unter verschiedenen Aspekten seine eigene Struktur modelliert. Die Intelligenz, das Gedächtnis und die Entscheidungen des Menschen sind niemals völlig rational, sondern sie werden von Emotionen, Erfahrungen und von körperlichen Empfindungen und Vorgängen begleitet. Was, wie wir noch sehen werden, in der Komplexität der Welt seinen Sinn macht. Computerintelligenz und menschliche Intelligenz werden sich daher stets fremd sein. Und wir Menschen sollten doch sehr aufpassen, dass wir, nachdem die Computerintelligenz in viele Bereiche unseres Lebens eingezogen ist, nicht unsere menschliche Intelligenz hinter sie zurückstellen und sie vernachlässigen. Weisheit, Mitgefühl, Achtung, Verständnis und Liebe und Intuition und so manches mehr wie Menschlichkeit werden wir in der künstlichen Intelligenz nicht finden. Ebenso das Gefühl für Schönheit, Qualität oder Poesie. Wir müssen zunehmend aufpassen, dass wir unsere Kulturformen nicht dem kybernetisch-logischen Denken unterordnen, das auf mechanistische Effizienz getrimmt ist, und das Gefühl für die Schönheit und Poesie des Lebens nicht ganz verlieren.

Das betrifft auch unser **Schulwesen**, in dem gerne die Verwendung von Computern als eine Revolution gepriesen wird. Der menschliche Geist arbeitet im Lernprozess mit Vorstellungen und Ideen, sinnvolles Wissen ist daher ein kontextbezogenes Wissen und ein Erfahrungswissen. Abstrakte, wertfreie Daten ohne Kontext kann man zwar aufnehmen, aber sie fördern kein Erkennen und sie werden in der Regel schnell wieder vergessen. Unsere Gehirne haben keinen Logikprozessor, und auch Informationen werden nicht lokal gespeichert. Gehirne arbeiten offensichtlich auf der Basis massiver Vernetzung, speichern Informationen verteilt ab und besitzen eine Fähigkeit zur Selbstorganisation, wie man sie nirgendwo in Computern findet.

Dementsprechend sind auch die Erfolge der Molekularbiologie, so revolutionär sie waren, einzuschränken. Man kennt jetzt die präzise Struktur von Genen, weiß aber nur sehr wenig, wie Gene bei der Entwicklung eines Organismus miteinander kommunizieren und kooperieren. Der genetische Kodex ist bekannt, aber man hat fast keine Ahnung von der Syntax und weiß mit dem hohen uncodierten Anteil der Gene nichts anzufangen. Auch wenn sich wissenschaftlich langsam abzeichnet, dass gerade diese Anteile für das genetische Weitergeben von Erfahrungen (!) an die folgende Generation wichtig sind.

Der Mensch als codiertes System – diese Bild monistischen Denkens hat seitdem große Risse. Es wäre auch ein Mensch „ohne Herz", und die Poesie der Welt wäre entsorgt.

11.5.2. Komplexe Systeme und ihr „Import"

Es sollte dann der Physiker und Kybernetiker **Heinz von Foerster** sein, der sich als nächster mit dem Inhalt der nach außen geschlossenen Selbstregulierung und Selbstorganisation von Systemen beschäftigte. Ihn interessierte das Maß von Ordnung in dieser Selbstorganisation, und er kam zur Conclusio einer „Ordnung aus Rauschen", um damit auszusagen, dass ein selbstorganisierendes System nicht einfach Ordnung aus seiner Umgebung importiert und diese unverändert übernimmt, sondern energiereiche Materie aufnimmt, sie so „umbaut", dass sie in seine eigene Struktur integriert werden kann und dann damit seine innere Ordnung erhöht.

Heinz von Foerster
(1911-2002)

Das ist durchaus vergleichbar mit der aktuellen Migrationskrise. Nehmen wir einfach Migranten und deren andersartige kulturelle Ordnung in unsere Gesellschaft auf (=Import ohne Integration) oder nehmen wir sie auf, modulieren und integrieren wir sie in unsere Organisationsstruktur? Sofern sie dazu bereit sind.

Ist die Organisationsstruktur unserer Gesellschaft dem gewachsen und gelingt es, bleibt sie stabil. Gelingt dies nicht, kann dies schwerwiegende Folgen für unsere Organisationsstruktur und Selbstorganisation und damit für das gesamte System haben.

Wir müssen uns nur die Ergebnisse des Philosophen Taleb zur Spieltheorie anschauen. Es könnte aus wissenschaftlicher Sicht recht schnell zur Instabilität unseres Gesellschaftssystems führen, wenn diese modulierte Integration nicht gelingt.

Eine andere Möglichkeit wäre die Bildung von Parallelgesellschaften. Wie ich später zeigen möchte, „exportieren" komplexe Systeme nämlich gerne problematische Aspekte bzw. grenzen sich von ihnen ab, um Instabilitäten abzuwehren.

Parallelgesellschaften wären dann eine automatische Folge, was aber wieder zu anderen Problemen führen muss wie die Konkurrenz unterschiedlicher Systeme und den Verlust eines einheitlichen Gesellschaftssystems, also eine Spaltung der Gesellschaft. Der dritte mögliche Weg wäre eine Veränderung der Organisationsstruktur unserer Gesellschaft. Ist dies aber überhaupt möglich? Wenn nicht kompatible Gesellschaftsformen zu einer gemeinsamen zusammengefügt werden müssten?

11.5.3. Die Veränderung von Organisationsstrukturen in komplexen Systemen

Mit der Frage nach möglichen Veränderungen von Organisationsstrukturen im Rahmen der Selbstorganisation von Systemen beschäftigten sich in den 70er und 80er Jahren erfolgreich weitere Wissenschaftler. Neue Namen wie Ilya Prigogine, Manfred Eigen, James Lovelock, Humberto Maturana und Francisco Varela tauchen nun auf.

Die neuen, verbesserten Modelle berücksichtigen nun auch die **Bildung neuer Strukturen** und neuer Verhaltensweisen in der Selbstorganisation von Systemen. Bei Ashby war es noch anders: Die Stabilität und Überlebensfähigkeit von Systemen hing bei ihm davon ab, dass ein System über einen Pool von Verhaltensweisen und Strukturen verfügte, auf die es bei Bedarf zurückgreifen konnte. Für ihn gab es keine Kreativität, Entwicklung oder Evolution.

Bei den neuen Modellen spielt dagegen jetzt die Kreation neuer Strukturen und Verhaltensweisen eine wichtige Rolle, genauso wie Lernen und Evolution. Dabei fand man heraus, dass es zur auffälligen Entwicklung neuer Strukturen oder Verhaltensweisen nur dann kommt, wenn das System **in einem höheren Maße instabil** geworden ist (!), wenn es sich also weit vom funktionierenden Nichtgleichgewicht entfernt hat. Neue innere Rückkopplungsschleifen und neue nichtlineare Verknüpfungen der Netzwerkbestandteile des Systems werden dann gebildet – sofern das System dazu in der Lage ist.

Das ist für unser Leben auf der Erde sehr bedeutsam; denn es bedeutet, dass auch komplexe Systeme eine Art Trägheit (s. Kapitel 6.2.) aufweisen, die Veränderungen erst dann zulassen, wenn der Druck aus veränderten Umgebungsbedingungen zu stark geworden ist.

Das erinnert an die Erkenntnisse der Psychologie, in der oft ein Leidensdruck als entscheidend angesehen wird, will man Änderungen in der psychischen Struktur erreichen.

Erinnern Sie sich noch an den **Tipping Point** beim Kanufahren vor einer Stromschnelle (s. Kapitel 1.3.) und daran, dass er leicht übersehen werden kann?
Ähnlich ist es für die globale Herausforderung durch die Überforderung unseres Planeten. Es existieren (regional) unterschiedliche ökonomische und gesellschaftliche System-einheiten, die zwar auf unübersichtliche Weise miteinander verbunden sind, aber gleichzeitig in Konkurrenz zueinander stehen … und alle müssten eigentlich gemeinsam ihre Organisationsstrukturen so ändern, dass eine gemeinsame nachhaltige Nutzung der Erde möglich wird.
Ich bezweifle sehr, dass dies eintreten kann, zumal der Tipping Point ja längst überschritten ist – und das seit 20 Jahren. Ich werde später intensiver darauf eingehen und kehre jetzt wieder zur Wissenschaft der komplexen Systeme zurück.

Um das Rätsel der Stabilität fern vom Gleichgewicht zu lösen, dessen Struktur ja durch die Lieferung von Materie und Energie von außen aufrecht erhalten wird, untersuchte der in Russland geborene Chemiker und Physiker **Ilya Prigogine** (an der Universität Brüssel) keine lebenden Systeme, sondern Strukturphänomene der Wärmekonvektion, sog. Bénard-Zellen. Dort entsteht Struktur physikalisch durch Reibung – also Energieverlust. Man nennt diesen Energieverlust **Dissipation**.

Wurden derartige Energieverluste bisher als Verschwendung angesehen, veränderte Prigogine diese Ansicht radikal, indem er zeigte, dass diese Dissipation in offenen Systemen zu einer Triebfeder für Strukturen und Ordnung wird.
Nach Prigogine befinden sich diese „dissipativen Strukturen" nicht nur in einem stabilen Zustand fern vom Gleichgewicht, sondern sie können sich bei zunehmendem Energie- und Materiefluss – nach Durchlaufen neuer Instabilitäten – auch in **neue Strukturen** von zunehmender Komplexität verändern.

Ilya Prigogine
(1917-2003)

Eine einigermaßen geeignete Metapher dazu ist mal wieder das Kanufahren in Stromschnellen.
Um „strukturell agil und veränderungsfähig" zu sein – also dort navigieren zu können – muss man entweder in der Stromschnelle beschleunigen oder bremsen. Die Organisationsstruktur eines selbstorganisierenden Systems ändert sich also durch Bremswirkung (Energieverlust) oder Beschleunigung.

11.5.4. Die Entstehung des Lebens

Der deutsche Biochemiker **Manfred Eigen** (1927-2019) stieß auf den Begriff der Selbstorganisation, als er das Rätsel der Entstehung des Lebens lösen wollte. Nach der damals dafür geltenden Lehre des Darwinismus bildeten sich erste lebende Organismen aus dem „molekularen Chaos" zufällig durch willkürliche Mutationen und natürliche Auslese.

Das Problem ist, dass die Wahrscheinlichkeit, dass dadurch auch nur einfache Zellen entstehen können, verschwindend gering ist. Und uns Menschen gäbe es erst einige Milliarden Jahre später.

Eigen fand einen ganz anderen Mechanismus. Er entdeckte, dass der Ursprung des Lebens auf einem Prozess der fortschreitenden Organisation in chemischen Systemen fern vom Gleichgewicht mit Hilfe von vielfachen Rückkopplungsschleifen basieren konnte. Er nannte diese Schleifen **Hyperzyklen**. Damit formulierte er eine vorbiologische Phase der Evolution, in der durch „molekulare Selbstorganisation" in speziellen chemischen Systemen eine Art Selektionsprozess stattfand und katalytische Zyklen die Folge waren. Als Katalysatoren fungierten dabei u.a. Enzyme.

Manfred Eigen

Die chemischen Hyperzyklen sind demnach selbstorganisierende Systeme, die man aber noch nicht als lebend bezeichnen kann. Offenbar reichen die Wurzeln des Lebens bis hinein in den Bereich der „toten" Materie.

Die Folge dieser chemischen Zyklen ist nun, dass in biochemischen Systemen fern vom Gleichgewicht – also in Systemen, die Energieströmen ausgesetzt sind – durch unterschiedliche katalytische Reaktionen nun komplexe Netzwerke mit geschlossenen Schleifen entstehen können. Diese Zyklen spielen tatsächlich eine wesentliche Rolle in den Stoffwechselfunktionen lebender Organismen, und sie sind sowohl bemerkenswert stabil als auch in der Lage, sich selbst zu kopieren und sogar Kopierfehler zu korrigieren. Hinzu kommt die Eigenschaft der chemischen, noch nicht lebendigen Zyklen, bei Instabilität zu mutieren und dann einen darwinistischen Selektionsprozess zu durchlaufen.

Die Evolution beginnt also nach Eigen bereits auf einer vorbiologischen molekularen Ebene mit systemischen Eigenschaften und setzt sich dann auf der biologischen Systemebene fort.

Und alles geschieht durch Selbstorganisation.

11.5.5. Was ist Leben? Der Prozess der Kognition

Aber ab wann kann man nun bei diesem Übergang hin zum Leben ein System als wahrhaft lebendig bezeichnen? Und worin besteht die genaue Verbindung zwischen Selbstorganisation und Leben? Das waren die Fragen, denen sich – ebenfalls noch in den 1960er Jahren – der chilenische Gehirnwissenschaftler **Humberto Maturana** (1928-2021) stellte. Aber er stand schon bald vor noch einer weiteren Frage, nämlich: Was findet im Phänomen der Wahrnehmung statt?

Maturanas Antwort auf alle 3 Fragen sollte etwa 10 Jahre brauchen. Die Antwort beginnt damit, dass Maturana die Wahrnehmung (Kognition) mit dem Prozess des Lebens gleichsetzte!

Wie kam er dazu? Nun, er ging davon aus, dass lebende Systeme (incl. Nervensysteme) in einem geschlossenen kreisförmigen und kausalen Prozess organisiert sind und dieser Kreislauf auch bei evolutionären Änderungen nicht verlassen wird, d.h. alle Veränderungen im System müssen also in diesem Kreislauf stattfinden. Alle Bestandteile, die die kreisförmige Organisation bestimmen, müssen ebenfalls vom Kreislauf erzeugt und aufrecht erhalten werden. Damit hat jede Komponente des Systems die Funktion, sowohl bei der Erzeugung und Variation anderer Bestandteile behilflich zu sein als auch den Kreislauf des Netzwerks aufrecht zu erhalten.

Humberto Maturana

Aus dieser kreisläufigen Geschlossenheit schloss Maturana auf ein radikal neues Verständnis der Kognition. Danach war das Netzwerk/Nervensystem nicht nur selbstorganisierend, sondern auch ständig selbstreferentiell, d.h. es bezog sich in seinen Aktivitäten ständig auf sich selbst.

Diese Erkenntnis hatte drastische Folgen für den Prozess der **Kognition**. Denn nun war die Wahrnehmung der Umgebung keine Darstellung einer äußeren Realität mehr, sondern etwas Anderes, nämlich die ständige Herstellung neuer Beziehungen innerhalb (!) des (neuronalen) Netzwerks. Experimente belegten denn auch, „dass die Aktivitäten der Nervenzellen keine vom Lebewesen unabhängige Umwelt spiegeln", sondern die Wahrnehmung bestimmt den Eindruck der Umwelt, und zwar durch den kreisförmigen Organisationsprozess innerhalb des Nervensystems.

Einfacher gesagt: Beobachter und das Beobachtete sind beim Prozess des Erkennens unauflösbar miteinander verbunden. Die Welt, in der wir meinen zu leben, ist nicht unabhängig von uns, wir bringen sie selbst hervor. Wir sind selbst dafür verantwortlich, wie wir die Welt sehen.

Je nachdem, welche Brille wir aufhaben, sehen wir ein anderes subjektives Bild von den objektiven Gegebenheiten. Unsere internen Strukturen entscheiden also über unsere Wahrnehmung. Ist das Glas halb voll oder halb leer? **Sie** entscheiden das.

Scheinbar objektive „Wahrheiten" sind oft längst nicht so objektiv, wie sie sein sollten oder wie sie in Diskussionen benutzt werden, um sich durchzusetzen, aber sie sind auf alle Fälle immer subjektiv. Selbst einen ganz normalen Tisch in der Küche wird jeder, der sich in der Küche aufhielt, hinterher anders beschreiben. Was ist dann die Wirklichkeit?

Der berühmte Kommunikationswissenschaftler **Paul Watzlawick** z.B. sagte den schönen Satz dazu: „Jeder meint, dass seine Wirklichkeit die wirkliche Wirklichkeit ist". Das heißt: Die Wirklichkeit, in der wir meinen zu leben, ist nach Watzlawick von uns selbst konstruiert. Dieser Konstruktivismus ist mittlerweile zur Basis unserer modernen Kommunikationstheorie geworden. Sie als Leser können bei Gesprächen mit anderen Menschen also immer davon ausgehen, dass Ihr Gegenüber eine andere Wirklichkeit hat.

Gibt es überhaupt eine objektive Wahrheit, wenn jeder eine andere subjektive Auffassung davon hat? Eine wichtige Frage, nicht nur für Philosophen. Nimmt man aber die Natur als existent an wie auch deren Gesetze, so bin ich sicher, dass es eine objektive Wahrheit gibt, zumal dieser Tisch in seiner Form ja existiert, egal wer ihn anschaut. Allerdings ist dann die Konstruktion der Wirklichkeit schwer, wenn man diesen Tisch in seiner komplexen Einbindung betrachtet. Nimmt man dagegen den Tisch isoliert aus seiner Umgebung heraus, wird es einfacher, da er sich auf eine begrenzte „logische Insel" reduzieren ließe – vorausgesetzt, man kann zwischen subjektivem und wissenschaftlichem, also rein sachlichem Denken differenzieren und beschränkt die Analyse auf Form und physikalische bzw. chemische Daten, die **reproduziert** werden können. Genau diese Reproduzierbarkeit war ja grundlegend für die objektivierende Physik und weitere Naturwissenschaften.

Bei komplexen Systemen wird das aber kaum mehr möglich sein, um genauer zu sein: Es ist nun unmöglich, denn sie weisen mehrere logische Inseln auf, die wieder miteinander verknüpft sind und insgesamt kaum zu bestimmen sind. Und das ist ja längst nicht alles. Denn hinzu kommt, dass die überwiegenden Eigenschaften komplexer Systeme chaordisch sind und sich damit rationalen kognitiven Bemühungen entziehen. Unsere Beobachtungsergebnisse sind daher nicht exakt reproduzierbar, da ein komplexes System einem stetigen Prozess der chaordischen, meist zyklischen Veränderung unterliegt. Man muss sich hier also auf einzelne subjektive Analysen und Einschätzungen beschränken, auch dann, wenn sie danach gerne als wissenschaftlich begründet werden. Ich favorisiere daher, möglichst viele unterschiedliche Sichtweisen aus vielen subjektiven Einschätzungen unterschiedlicher Fachleute einzubeziehen, sie diskursiv zu überprüfen und daraus eine einigermaßen funktionierende Einschätzung des System zu generieren, die viel mit guter Intuition gemeinsam haben kann. Es gilt also, erst einmal **Modelle** zu entwickeln und dann zu schauen, ob sie funktionieren – um dann, wenn ein besser funktionierendes Modell gefunden wurde, dies im Austausch zu übernehmen. Die Beurteilung komplexer Systeme ist also in letzter Konsequenz immer mit Fehlern behaftet und daher unsicher. Dies war ja auch der Grund für mein „Black-Box-Modell".

Als Bürger sollte man daher besonders vorsichtig sein, wenn einseitige und simplifizierende Narrative in die Welt gesetzt werden – wie zur Ursache der Klimaveränderung oder zum Sars-Cov-2-Virus – und diese zu Grundlagen für die Entscheidungen von Politikern werden. Zumal dann, wenn die Entscheidungsträger weiterführende Diskurse ablehnen und gerne im trivialisierten Narrativ stecken bleiben … mit potentiell gravierenden Fehlentscheidungen mangels Gründlichkeit.

Die vielfältige Kognition unterschiedlicher Personen war denn auch Grundlage weiterer Arbeiten von Maturana, die zu einer Revolution der Definition von Leben führten. In einem radikalen Schritt setzte Maturana nämlich den Prozess der kreisförmigen Organisation mit dem Prozess der Kognition gleich! So formulierte er: „**Lebende Systeme sind kognitive Systeme, und Leben als ein Prozess ist ein Prozess der Kognition**. Diese Feststellung gilt für alle Organismen, mit oder ohne Nervensystem." **Der Prozess des Lebens ist damit gleichzusetzen mit Kognition**. Das war das radikale Neue. Maturana nannte es im Andenken an sein Heimatland die **Santiago-Theorie**.
Nach dieser Theorie ist das Gehirn nicht unbedingt notwendig, damit Kognition entsteht. Es geht also auch ohne menschliches Bewusstsein. So sind sogar Bakterien und Pflanzen zur Wahrnehmung befähigt und sie werden, soviel zur „Brille", ein ganz anders Bild von der Welt haben als Sie; denn sie können vor allem Unterschiede zwischen Licht und Schatten, heiß und kalt, höhere und niedrigere Konzentrationen von Chemikalien etc. wahrnehmen. Im Unterschied zu Viren, die das nicht können, sind Bakterien demnach Lebewesen.
Kognition ist also umfassender als Denken. So ist denn auch der gesamte Organismus am Prozess der Kognition beteiligt. Sowohl das Nervensystem, das Immunsystem und das System der Hormone, die traditionellerweise als drei getrennte Systeme angesehen werden, bilden im menschlichen Organismus ein einziges kognitives Netzwerk.

Die Kognition ist somit nicht eine Darstellung einer unabhängig existierenden Welt, sondern vielmehr ein kontinuierliches, subjektives Hervorbringen einer Wahrnehmung der Welt durch den Prozess des Lebens. Sogar eine Bakterie bringt also eine Welt hervor – eine Welt mit Wärme und Kälte, Magnetfeldern und chemischen Gradienten. Die Kognition selbst ist dabei vor allem auf diejenigen Reize und „Störungen" in der

Umgebung konzentriert, die für das System relevant sind. Jedes lebende System errichtet somit seine eigene unverwechselbare Welt. Der Prozess des Lebens ist damit ein Prozess, in dem ein Organismus mit seiner Umgebung in Wechselwirkung tritt und in einem Erkenntnisprozess ständig seine Struktur moduliert und damit – abhängig von seinen Fähigkeiten – eine subjektive Welt hervorbringt. Die eine Art Aufzeichnung vorangegangener, aufgrund von Erfahrungen durchgeführten strukturellen Veränderungen in uns ist.

Die gegenseitige Abhängigkeit von Struktur, Muster und Prozess zeigt deutlich, dass Geist (Verstand, Bewusstsein etc.) nicht mehr vom Körper zu trennen ist. Und Wahrnehmungen sowohl abhängig von den sinnlichen Fähigkeiten einer Spezies als auch vom einzelnen, subjektiven Organismus sind.

Zusammen mit seinem späteren Mitarbeiter **Francisco Varela** entwickelte Maturana das Santiago-Modell weiter. Als Begriff dafür einigten sie sich auf **Autopoiese** (auto = Autonomie selbstorganisierender Systeme, poiese = machen).

Als nächstes differenzierten sie endlich klar zwischen Organisation und Struktur. Für sie ist nun die Organisation eines lebenden Systems die Gesamtheit der organisatorischen Beziehungen zwischen seinen Bestandteilen, während die Bestandteile als materielle Struktur incl. ihrer physischen Beziehungen definiert sind. **Die Struktur des Systems ist also die Verkörperung seiner Organisation. Dabei ist die Organisation dominant.** Eine bestimmte Organisation kann sich durch viele verschiedene Arten von Bestandteilen verkörpern. Damit sind die Organisationsmuster entscheidend für die Autopoiese, für den Unterschied von Lebendig- und Totsein.

Alle lebenden Systeme sind – als weitere Definition – kognitive Systeme. Und jede Kognition bei der Wechselwirkung eines lebenden Organismus mit seiner Umwelt setzt die Existenz eines autopoietischen Netzwerks voraus. Das ist denn auch gleichzeitig der große Unterschied zur Künstlichen Intelligenz (KI).

Im Unterschied zu Prigogine betonen Maturana und Varela in erster Linie die **organisatorische Geschlossenheit** des Musters, also die Autonomie von Systemen. Sie gehen also davon aus, dass diese selbstbegrenzt, selbsterzeugend und selbsterhaltend sind. Selbstbegrenzt heißt, dass die Ausdehnung des Systems durch eine Grenze bestimmt wird, die von seinem Netzwerk definiert wird. Selbsterzeugend bedeutet, dass alle Komponenten, auch die der Grenze, durch Prozesse im Netzwerk erzeugt werden. Und selbsterhaltend bedeutet, dass die Produktionsprozesse zeitlich fortdauern – alle Komponenten werden ständig durch die Systemprozesse der Transformation ersetzt.

So erneuert sich auch jeder lebende Organismus ständig selbst. In den Zellen werden Strukturen zerlegt und aufgebaut, und die Gewebe und Organe ersetzen ihre Zellen in unaufhörlichen Zyklen. Trotz dieser immerwährenden Veränderung erhalten die

Organismen ihre Gesamtidentität und ihr Organisationsmuster aufrecht. Viele dieser zyklischen Veränderungen spielen sich sehr schnell ab. Unsere Bauchspeicheldrüse z.B. ersetzt die meisten ihrer Zellen alle 24 Stunden. Unsere Magenschleimhaut alle drei Tage und 98 % des Proteins in unserem Gehirn werden in knapp einem Monat umgesetzt. Unsere Haut ersetzt ihre Zellen sogar mit einer Geschwindigkeit von 100.000 Zellen pro Minute (!).

Stabilität eines Systems bedeutet nach Maturana also, dass dies so lange stabil ist, wie sein Organisationsmuster und seine Struktur durch ständige Erneuerung stabil gehalten wird. Wird dies bei uns Menschen im Alterungsprozess nicht mehr gewährleistet oder werden wir von der energetischen und materiellen Versorgung abgeschnitten, verfällt unser System. Und irgendwann verfällt damit wohl auch unser „Ich".

Denn, wenn wir unseren gesamten Körper für unsere Wahrnehmung benutzen (genauer: Unsere „Wahrheit"), um uns ein Abbild von der Umgebung zu machen, dann hat unser Selbst, unser Ich keine von unseren Körpern unabhängige Existenz, sondern es ist das Ergebnis unserer inneren strukturellen Kopplung.

Hier möchte ich Ihnen eine kleine persönliche Geschichte erzählen: Während eines Meditationsseminars in Freiburg unter Anleitung eines buddhistischen Lamas wurde uns und damit auch mir persönlich die Aufgabe gestellt, meditativ unser „Ich" zu suchen. Wie alle anderen Teilnehmer fand ich es auch nach über einer Stunde immer noch nicht, was nach der buddhistischen Lehre auch so sein sollte; weil unser Ich ja die Quelle unserer Leiderfahrungen ist. Etwas später ging mir aber auf, dass mein Ich doch existierte, ich war meine Geschichte, ich war das Abbild meines individuellen Lebensprozesses, von der Kindheit bis jetzt, es war ein Prozess des steten Dazulernens und der gemachten Erfahrungen in der Welt ... und ich war sehr froh, dass ich doch als Individuum existierte, mit Freud und Leid, auch wenn es mich nicht davon erlöste, dieses Ich als Ergebnis meines bisherigen Lebens eines Tages wohl loszulassen.

Jedenfalls war es eine wichtige Erfahrung für mich. Und sie half mir, meinen weiteren Lebensweg als Fortsetzung des bisherigen annehmen und zu gestalten.

Unser menschliches Leben zeichnet sich nun weiter dadurch aus, dass es in der Kopplung an unsere Erfahrungen intensiv mit Sprache und abstraktem Denken zusammenhängt und damit auch mit Symbolen und geistigen Darstellungen. Derartiges abstraktes Denken ist aber nur ein Teil unserer Kognition. Denn wir sind selbst komplexe Systeme. So sind menschliche Entscheidungen und Handlungen nie völlig rational, sondern stets von Emotionen gefärbt und in körperliche Empfindungen und Prozesse eingebettet. Das hat Vorteile. Intelligentes menschliches Verhalten sorgt dafür, auch dann angemessen zu handeln, wenn ein Problem nicht klar definiert ist und Lösungen nicht auf der Hand liegen.

Es beruht in solchen Situationen auf dem aus der gelebten Erfahrung gewonnenen „gesunden" Menschenverstand.

Das unterscheidet uns von Computern – was ich sehr begrüße. Diesen steht gesunder Menschenverstand nicht zur Verfügung, sie können nicht abstrahieren, sie sind auf ihre logizistische Programmierung und gespeicherte Daten beschränkt. Sie greifen auf eine Abfolge von Regeln zurück. Intuition, intuitives Begreifen sind ihnen fremd. Auch für die vielfältigen sprachlichen Feinheiten, Bedeutungen etc. sind sie einfach nicht geeignet. So werden sie wohl Sprachen letztendlich nicht wirklich verstehen und sind in diesem Sinne „unmenschlich". Wir sehen, komplexe Organisationsstrukturen und Nervensysteme von lebenden Organismen haben chaordische Eigenschaften und funktionieren so völlig anders als Computereinheiten. So kann und will ich auch nicht immer logisch sein, sondern ich ziehe es vor, immer lebendig zu sein.

11.5.6. Trägheit, Problemexport und Evolution von Systemen

Zwischen Aufrechterhaltung von Organisationsmustern (bzw. Strukturen) und Veränderung und Verfall davon existiert nun ein weites Feld. Veränderungen können das Ergebnis einer inneren Dynamik des Systems sein oder sie können durch veränderte Umgebungsbedingungen dann ausgelöst werden, wenn diese so stark sind, dass eine notwendige Reaktion erfolgt. Bevor Veränderungen stattfinden, lässt sich oft Folgendes beobachten: Die **selbstorganisierende Beständigkeit** von Systemen führt dazu, dass Systeme dazu tendieren, Veränderungen auszuweichen.

Man denke nur an unser Geld- und Finanzsystem und das Festhalten am Euro, koste es was es wolle. Es ist wie beim rotierenden Kreisel, der – wenn man ihn anstößt und er kurz ins Schwanken kommt – danach sofort wieder in den alten Rotationszustand zurückkehrt. Es ist eine **Systemträgheit** – das System will hier seinen „kreisenden" Impulszustand beibehalten.

Dies zeigt sich auch im Trend zum **Problemexport**. Dieser ist eine weitere wichtige Eigenschaft von Systemen, sich zu stabilisieren. Man kann das gut an der Stadt Buenos Aires beobachten, die mittlerweile von einem Ring aus Müll umgeben ist, der allerdings nun das Wachstum der Stadt behindert. Müllexport ist überhaupt ein beliebtes Mittel von Industriestaaten, wie es in übervölkerten und damit instabilen Gegenden der Welt die Migration ist. Entropie und Systemstabilisierung gehen hier Hand in Hand.

Reichen diese Stabilisierungen nicht aus oder werden sie behindert, treten neben diesen zyklischen, stabilisierenden Vorgängen auch andere auf, die nun strukturell etwas **verändern** können.

Prigogine z.B. legte ja den Schwerpunkt auf die Offenheit der Organisationsstruktur gegenüber Materie- und Energiefluss. Sein Begriff der dissipativen Struktur geht weiter als der Begriff des offenen Systems, da er die Vorstellung von Punkten der Instabilität mit einschließt, an denen **neue Strukturen und Ordnungsformen** entstehen können. Es ist nun eine Wahrnehmungsverschiebung von der Stabilität zur Instabilität, eine Änderung des Blickwinkels, die hier stattfindet. Nun geht es von der Ordnung zur Unordnung, vom Gleichgewicht zum Ungleichgewicht, vom Sein zum Werden. Und wieder umgekehrt. Dissipative Strukturen werden zu Kristallisationspunkten von neuer Ordnung in einem Meer der Unordnung. In der gesamten Lebenswelt wird Chaos immer wieder in Ordnung umgewandelt.

Wir stehen wieder einmal – wie von Dee Hock formuliert – vor dem zentralen Motiv der lebendigen Welt, vor **chaordischen Systemen**. Es existiert eine Koexistenz von Struktur und Veränderung, unter dem Einfluss der Attraktoren Ordnung und Unordnung.

Verändern sich Systeme – dann sprechen wir von **Evolution**. Es ist der Attraktor Ordnung, der dafür sorgt, dass Evolution ständig stattfindet. Sie betrifft nicht nur die physische Entwicklung von Lebewesen, sondern auch ihr Verhalten. Es betrifft genauso Gesellschaften und zeigt sich sogar in der Atomphysik bei der Entwicklung von Atomen, Molekülen usw. aus der Energie des Quantenvakuums, wie es der Physiker Zurek als „environmental induced superselection" bezeichnet (s. Kapitel 8.1.).

Evolution wird also entweder durch veränderte Umgebungsbedingungen oder eine innere Dynamik des Systems hervorgerufen. Im ersteren Fall löst die Umwelt strukturelle Veränderungen nur aus, ohne sie zu bestimmen. Gregory Bateson sagte diesbezüglich, es sind „zwei ganz verschiedene Dinge, ob man einen Stein oder einen Hund tritt."

Das Verhalten des Steins lässt sich ziemlich genau nach den deterministischen Newtonschen Gesetzen berechnen, das Verhalten des Hundes wird darauf mit strukturellen Veränderungen seines nichtlinearen Organisationsmusters reagieren. Das Verhalten des Hundes ist daher kaum vorherzusagen. Und sein künftiges Verhalten wird durch die Veränderung seines Musters beeinflusst.

Ein strukturell an die Umwelt gekoppeltes System ist also ein lernendes System. Daher bezeichnen wir ein solches Verhalten als intelligent und wenden diesen Ausdruck nicht auf das Verhalten eines Steins an. Eine lebende Struktur ist dabei stets eine Aufzeichnung der bisherigen Entwicklung – wie ich es ganz ähnlich bei der Entdeckung meines Ichs formuliert hatte. Die Ontogenese eines lebenden Systems ist daher die Geschichte seiner strukturellen Veränderungen.

Diese Abfolge von Veränderungen determiniert damit das Verhalten eines lebenden Organismus bis zur nun gültigen Verhaltensstruktur. Das heißt nicht, dass sein Verhalten komplett vorhersagbar wäre. Denn die aktuelle Verhaltensstruktur kann sich natürlich immer wieder auf der Basis ihrer Geschichte ändern. Hinzu kommt aber auch eine Art Freiheit des Verhaltens, den wir als „Freien Willen" bezeichnen – der mit der inneren Dynamik des Systems zusammenhängt und auf den ich später intensiver eingehen werde.

Zur inneren Systemdynamik gehört auch die Fortpflanzung, die für die Evolution eine elementare Rolle spielt, da sie „kreativ" ist. So ist für die meisten lebenden Organismen die Ontogenese kein linearer Entwicklungsweg, sondern eine Art Zyklus, und die Fortpflanzung ist eine lebenswichtige Stufe im Zyklus. Die Fähigkeiten lebender Systeme, sich in Zyklen zu reproduzieren und damit die Möglichkeit zu schaffen, „kreativ" (kleine) Veränderungen zu erzeugen und so Neues zu „kreieren", haben so auf ganz natürliche Weise zur Evolution geführt, zur kreativen Entfaltung von Leben.
Diese Entfaltung dauert seither in einem ununterbrochenen Prozess an – ohne jemals das Grundmuster autopoietischer Netzwerke zu zerbrechen.

Nach der neodarwinistischen Theorie regiert hier der Zufall, d.h. jede evolutionäre Abweichung resultiert aus einer Zufallsmutation, d.h. aus zufälligen genetischen Veränderungen, denen die natürliche Auslese folgt. Ein Tier beispielsweise, das ein dickes Fell benötigt, um in kalten Klimagebieten zu überleben, wird nicht gezielt ein Fell entwickeln, sondern zufällige genetische Mutationen werden zu einem dickeren Fell führen und diese Exemplare werden überleben und mehr Nachwuchs zeugen.

Die Kritik an diesem Neodarwinismus greift bei dem Punkt an, dass man das Genom (= die gesammelten Gene eines Organismus) als eine lineare Anordnung von unabhängigen Genen darstellt, die jeweils einem biologischen Wesenszug entsprechen. Das menschliche Genom besteht immerhin aus etwa 25.500 Genen. Die Frage bei dieser Auffassung ist schnell gefunden: Wie können solch komplexe Strukturen wie z.B. ein Auge sich durch aufeinanderfolgende Mutationen individueller Gene entwickelt haben? Eine ähnliche Diskussion gab es ja bei der Entstehung von Leben und den Arbeiten von Manfred Eigen.

Vieles deutet denn auch heute darauf hin, das Genom besser als ein dicht verknüpftes Netzwerk zu verstehen, in dem viele eigentlich getrennte Gene miteinander verbunden sind. Dieses Netzwerk ist dann imstande, neue Ordnungsformen spontan zu erzeugen.

Es sind also keine spontanen Mutationen einzelner Gene, es ist ihr Zusammenspiel, die zu neuen Ordnungen führen, die dann wiederum den Ausleseprozessen der Natur ausgesetzt sind. Die Evolution von Lebewesen ist auf diese Weise mit der Evolution der Umgebung gekoppelt. Man spricht hier auch von **Koevolution**, die mit einem Zusammenspiel von **Schöpfung und Anpassung** sowie aus **Wettbewerb und Kooperation** in Gang gehalten wird. Danach ist die treibende Kraft der Evolution nicht in den beliebigen Vorgängen von Zufallsmutationen zu finden, sondern in einem **grundlegenden „Trieb"** hin zu höherer

Ordnung und Komplexität (Attraktor Ordnung), der dadurch unterstützt wird, dass Chemikalien sich nicht zufällig verbinden, sondern auf geordnete, in Mustern verlaufende Weise – wie es bei der Entstehung von Leben schon war.

Untersuchen wir die Mechanismen, die dieser „Trieb" benutzt, jetzt genauer. Die Mikrobiologie z.B. beschreibt drei Hauptwege der Evolution, deren Ergebnisse sich dann der Auslese stellen müssen:

1. **Zufallsmutation** (geringe Häufigkeit, von relativ geringer Bedeutung)
2. Bei Bakterien z.B. gibt es einen ständigen **Genaustausch** (DNS-Rekombination). Bakterien sind also kein einzelliger Organismus, sondern Teile einer vernetzten mikrokosmischen Bakteriengemeinschaft. Mit diesem Genaustausch sind Bakterien in der Lage, sich verändernden Umweltbedingungen innerhalb weniger Jahre anzupassen. So erklärt sich ihre Widerstandsfähigkeit gegen Medikamente.
3. Bei höheren Lebewesen geschieht Evolution vor allem durch die Bildung neuer zusammengesetzter Gen-Einheiten durch Symbiose. Man nennt es **Symbiogenese**, bei diesem Prozess werden die Gene zuvor unabhängiger Organismen symbiotisch zusammengeführt. So enthalten die lebenswichtigen Mitochondrien in den Zellen, die für die Zellatmung sorgen, ihr eigenes genetisches Material und man vermutet, dass dies ursprünglich von Bakterien stammt. Wir verdanken danach unsere Existenz Bakterien. Mittlerweile weiß man sogar, dass kein Tier, keine Pflanze, kein Pilz ohne eine kooperative Symbiose mit Mikroorganismen existieren kann, es ist somit ein genetisches Prinzip. Von Lynn Margulis (s. S. 187) stammt der Satz „*Life did not take over the world by combat but by networking*".

Evolution ist damit wie alles andere hier diskutierte ein Prozess, in dem lebende, autonome Systeme aus ihrer Organisationsstruktur und damit aus sich heraus unter dem Einfluss des Attraktors Ordnung und in struktureller Kopplung mit der Umgebung Änderungen durchführen. Die Umgebung löst also die strukturellen Änderungen aus (durch Auslese der Mutationen), aber sie bestimmt und lenkt sie nicht. Das System bestimmt danach nicht nur die strukturellen Änderungen, sondern auch, welche Störungen aus der Umgebung sie auslösen. Das ist identisch mit der Definition des Lebens durch Kognition.

Ganz schön kompliziert, diese komplexen, lebendigen Systeme, nicht wahr?

Sie werden jetzt sicher besser verstehen, warum ich für sich selbst regulierende Systeme das Black-Box-Modell eingeführt habe. Öffnet man diese Box und schaut hinein, wird man schnell erkennen, dass man auf ein hoch komplexes Gebilde blickt, das mit logizistischem Denken nicht wirklich zu entschlüsseln ist. Allenfalls kann man nach Zusammenhängen suchen, also den Blick auf vorhandene, erkennbare logische Inseln werfen und versuchen – meist intuitiv –, sie zu verknüpfen und annähernd Systemeigenschaften wie die materielle Struktur und Rückkopplungsschleifen zu erkennen. Logische Details werden aber nur sehr begrenzt helfen, das System in seinen internen Beziehungen und in seiner Ganzheit zu erfassen. Und eine logische Sprache, die wir Wissenschaftler so gerne verwenden, wird zwangsläufig immer wieder einer beschreibenden weichen müssen.

Zumal in den Beziehungen innerhalb dieser Systeme nichtlineare Prozesse (s.u.) überwiegen. Will ich also mehr über die Systeme in der Black-Box erfahren, hilft es daher eher, die Sensibilität des beobachteten Systems auf Änderungen in der Umwelt zu untersuchen. Wie reagiert mein System auf von außen kommende Störungen, auf Knappheiten in der Versorgung mit Energie und Materie und in der Entsorgung von „Abfall"? Es ist ähnlich wie bei einem Menschen, den wir näher kennenlernen wollen. Wir provozieren ihn bzw. testen ihn, und wir versuchen dann, ihn durch seine Reaktionen darauf besser zu charakterisieren.

Es braucht also ein Innehalten, um nachzudenken, Details und Zusammenhänge zu hinterfragen, was natürlich Mühe macht und ein Sich-Zeit-Nehmen braucht. Der bekannte israelisch-amerikanische Psychologe **Daniel Kahnemann** unterscheidet denn auch zwei Arten des Denkens. Die eine Art (System 1) ist schnell, intuitiv, emotional, unbewusst einsetzend, hartnäckig und sehr beliebt. Die andere (System 2) ist langsam, rational, abwägend, erklärend, begründend, aufwändig und ... wenig beliebt!

Wir müssen uns, wollen wir in komplexen Fragen der Realität gerecht werden, mehr Mühe machen! Das wäre die Art von System 2. Was nicht heißt, dass Intuition keine große Rolle spielt – wie ich Ihnen später noch anhand der Arbeiten von Peter Kruse zeigen werde. Jedenfalls braucht es andere Strategien, die verantwortlich (statt schnell und einseitig und emotional) agieren und an die Gesetze der Natur komplexer Systeme angepasst sind.

Dann hätte man bei der Sars-Cov-2-Epidemie wohl mehr auf die Rückkopplungsmechanismen und die Selbstorganisation im System vertraut, anstatt durch einen mehr als fraglichen Aktionismus vielfältig die Stabilität und das Organisationsmuster des gesamten Systems anzugreifen.
Man erkennt an diesem Beispiel, wie man in komplexen Fragen durch das schnelle und bequeme Denken genauso schnell zum Opfer seiner Schlüsse werden kann ... und dann eventuell die Stabilität des gesamten eigenen Systems angreift.

12.   Die Stabilität lebendiger Systeme

12.1.   Grundlagen zur Systemstabilität

Man spricht von **struktureller Systemstabilität**, wenn bestimmte Einflüsse auf das System keine Veränderungen im Grundcharakter des Phasenporträts bewirken. In strukturell nichtstabilen Systemen dagegen können sich auch bei geringen Einflüssen schnell dramatische Veränderungen ergeben.

Attraktoren können verschwinden, sich umwandeln oder es können sich auch ganz neue Attraktoren bilden.

Die kritischen Punkte der Instabilität nennt man Gabelungspunkte, da am Punkt der Instabilität das System in eine neue Richtung abzweigt und plötzlich neue Ordnungsformen auftreten. Dies betrifft auch Systeme, die früher mal stabil waren, aber in ihrer Entwicklung nun an einem kritischen Punkt angelangt sind (wie z.B. Lebewesen, die sich in einem begrenzten System zu sehr vermehrt haben).

Das Resultat sind Bifurkationen, Oszillationen und dann – bei weiterer Vermehrung – kann ein System sogar ins Chaos stürzen, bis zum Crash. Ich hatte Ihnen das bereits an unserem Wirtschaftssystem demonstriert.

Aber bleiben wir noch ein bisschen bei der Systemstabilität, egal, ob es sich um ein vertrautes, schon länger stabiles System oder ein sich – nach dem Sturz ins Chaos – wieder neu evolutionär gebildetes System handelt.

In einer Art Zusammenfassung gilt für ein stabiles System, dass es folgende Eigenschaften haben muss. Es muss ....

- angepasst an die Naturgesetze sein,
- die Fähigkeiten zur Selbstorganisation, zur Selbsterhaltung (wie Nachhaltigkeit) und zur Selbstabgrenzung (incl. Verteidigungsfähigkeit) der Organisationsstruktur nach außen haben,
- die Fähigkeit zur fortlaufenden, lernenden Anpassung an die Umwelt haben,
- einen regelmäßigen Input durch genügend Material- und Energieressourcen bekommen,
- einen Output ohne Destabilisierung des Systems aufweisen.

Bei manchen Systemen allerdings, die aus einer Gesellschaft einzelner Organismen bestehen wie gesellschaftliche Strukturen von Staaten, wird die Stabilität noch durch ein anderes Phänomen bestimmt, was sich durch die **Gaußsche Glockenkurve** zeigt.

12.2.   Stabilität und Instabilität von gesellschaftlichen Systemen

Organismen, Ökosysteme und Gesellschaften unterscheiden sich nämlich deutlich nach dem Grad der Autonomie ihrer Komponenten. In Organismen haben die Zellbestandteile einen minimalen Grad der Unabhängigkeit, alles muss aufeinander abgestimmt funktionieren. Die Komponenten menschlicher Gesellschaften, also die einzelnen Menschen, weisen dagegen auch aufgrund ihres freien Willens und ihrer individuellen Prägung einen maximalen Grad an Autonomie auf, sie sind vielfältig autonom. Ökosysteme liegen dazwischen. Die Komponenten eines Organismus existieren also, damit der Organismus funktioniert, während menschliche Gesellschaftssysteme gleichzeitig auch für ihre Komponenten existieren, nämlich die einzelnen Menschen. Wir erkennen zwei ganz verschiedene Arten lebender Systeme.

Die Freiheiten der Menschen in einem Gesellschaftsystem werden, damit das System stabil bleibt, vor allem durch gesellschaftliche Konventionen beschränkt. Dies kann auf zwei Wegen erfolgen, nämlich zum einen durch Religionen oder andere Ideologien und Glaubenssätze, zum anderen durch kulturelle Vereinbarungen (Wertesysteme, gesetzliche Ordnungen etc.), die in der Auseinandersetzung mit der Realität gebildet worden sind. Meist wird ein Gemisch vorliegen. Das hat Folgen. Denn im physischen Bereich von Gesellschaften wird das Verhalten zumeist von den Naturgesetzen gesteuert, im sozialen Bereich eher von Regeln, die oft als Gesetze kodifiziert oder moralisch-religiös vorgeschrieben sind. Soziale Systeme existieren also in zwei Bereichen gleichzeitig, im physischen und im sozialen Bereich.

Der Begriff und die beliebte Forderung nach „Freiheit" kämpfen daher mit einer Schwierigkeit: Es gibt diese Freiheit nicht, jedenfalls nicht absolut. Eine absolute Freiheit ohne jede Bindung an das System würde, wenn – je nachdem wie viele Teilnehmer danach rufen – die Stabilität des Systems gefährden. Der Ruf nach Freiheit wird deshalb auch dann besonders laut, wenn man das System verändern will, also einen Evolutionsprozess zu einem neuen System in Gang setzen möchte, an das man sich dann wieder bindet.

Ohne Freiheiten wiederum wird das System schnell starr, es verkrustet und verliert seine Fähigkeit zur Selbstorganisation und zur lernenden Anpassung. Man erkennt es daran, dass totalitäre Regimes die Autonomie ihrer Mitglieder oft stark einschränken – sie entpersonalisieren und entwürdigen die Menschen. Ein gewisses und ausreichendes Maß an Freiheiten und Diskursen muss ein System daher unbedingt erlauben, will es nicht später an seinen Verkrustungen scheitern. Wieder einmal wird erkennbar, wie in komplexen Systemen jedes Schwarz-Weiß-Denken versagt. Es geht hier um „Grauzonen", um ein Sowohl-als-auch.

Kulturen definieren sich jedenfalls über zentrale Wertvorstellungen und Verhaltensregeln, auch wenn man sich deren nicht immer explizit bewusst ist. Damit stabilisiert die Kultur einer Gesellschaft ihre Existenz.

Gelingt keine kulturelle Vereinbarung als Leitbild, werden gesellschaftliche Systeme schnell instabil. Ein selbstorganisierendes System wie die Gesellschaft eines Landes braucht also eine gemeinsame Leit-Idee von der Wirklichkeit, und der Diskurs zu dieser Idee und die Übereinkünfte dazu spielen eine wichtige Rolle für die Stabilität des Systems. Deutlich unterschiedliche kulturelle Auffassungen innerhalb eines Systems können – sind sie nicht kompatibel – die Stabilität massiv angreifen (s.o. zur Integration orthodoxer Muslime). Es mag in der heutigen Zeit politisch nicht korrekt sein, aber es ist ein Naturgesetz, das zu berücksichtigen ist.

Anschaulicher wird das durch die sog. **Gaußsche Glockenkurve**, die Sie sicher noch aus Ihrer Schulzeit kennen. Sie entspricht ebenfalls einem Naturgesetz. Diese Kurve ist ein wichtiges Instrument zur Diskussion von **Wahrscheinlichkeitsverteilungen.**

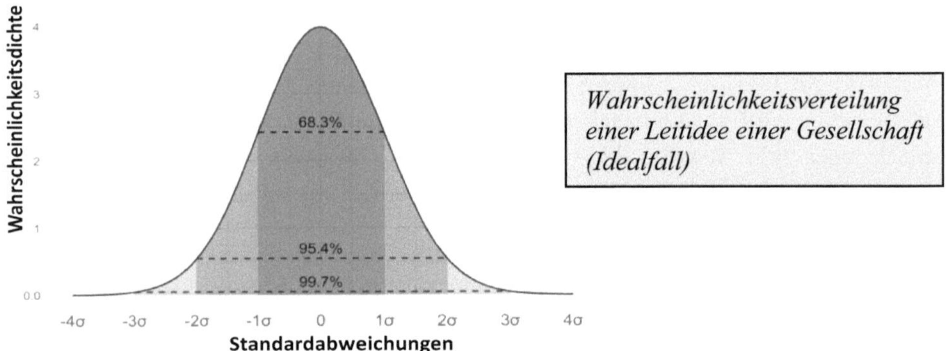

Derartige Gauß-Verteilungen entstehen durch additive Überlagerung einer großen Zahl von unabhängigen Einflüssen. Die Ausformung der Gauß-Kurve ist daher gut geeignet, die Gesellschaft eines Landes, die ja aus vielen sehr unterschiedlichen Menschen besteht, zu charakterisieren.

Die Leit-Idee einer Gesellschaft sollte nun, damit diese Gesellschaft systemisch gut funktioniert, möglichst der Mehrheit der Bevölkerung, also der höchsten Wahrscheinlichkeitsdichte entsprechen, was nicht bedeutet, dass diese starr sein muss. Randgruppen sind systemisch erlaubt und ein grundsätzlicher Bestandteil einer Gesellschaft, um Evolutionen zu ermöglichen bzw. Verkrustungen zu vermeiden (s.o.).

Übernehmen aber stattdessen diese Randgruppen (an der rechten und linken Seite der Gauß-Kurve) die Ausformung der Leitidee, so zerfasert und fragmentiert diese und wirkt auf die „Normalbürger", die ja die Gesellschaft tragen, nur noch verwirrend.

Auf diese Weise kann auch innerhalb einer vorher geeinten Gesellschaft die gemeinsame Idee verloren gehen und auf eine Spaltung hinauslaufen, wie sie – und jetzt wende ich das eben formulierte Wissen an – nach meiner Beobachtung seit einiger Zeit von der Regierung in Deutschland fahrlässig verursacht wurde, weil wegen scheinbarer oder vorgegebener Alternativlosigkeit sowohl bei Sachfragen als auch bei moralischen Auffassungen jede Art von Diskursen mit unterschiedlichen Standpunkten vermieden wurde und wird. Das ist aber (s.o.) für jede demokratische Gesellschaft essentiell und kann – wegen ausgegrenzter Daten und Erkenntnisse – zu haarsträubenden Fehlentscheidungen führen, die dann weiter spalten.

Dabei geht es nicht nur um eine sehr strittige Politik zur Corona-Impfung oder eine von Gesinnungen geprägte Klimadiskussion oder die Zuwanderung von vor allem muslimischen jungen Männern (ohne die entsprechende Anzahl von jungen Frauen) oder die sog. „Energiewende" oder die Rettungsversuche von Finanzsystemen, sondern auch um einen Angriff auf unsere Sprache durch das Gendern, eine wachsende Benachteiligung von Jungen bis hin zur Missachtung von Männern und Männlichkeit, die Bevorzugung von Frauen nicht nur im öffentlichen Dienst oder ein kinderunfreundliches Familienbild. Ganz zu schweigen von oft schleichenden Phänomenen der Political Correctness wie LGBTQI+ oder „Wokeness*", bei denen sich jeder schnell als verletzt oder diskriminiert melden kann. Jedenfalls: Mit dieser – vom Feminismus initiierten? – **Opferstrategie** von „mimosenhaften Sensibelchen" und ihrem Ruf nach „safe spaces*" bestimmen medial zunehmend von der Gesellschaft längst ausreichend tolerierte Randgruppen unser gesellschaftliches Leitbild. In London im Global Theatre erhalten die Zuschauer mittlerweile eine Trigger-Warnung mit der Telefonnummer der Samariter, falls jemand sich emotional überlastet fühlt. Und die feministische Rechtsprofessorin K. Crenshaw fordert sogar eine Opferhierarchie, in der schwarze lesbische Frauen z.B. 3 Punkte erhalten, indigene Männer nur 1 Punkt. Darf ich selbst mich endlich als diskriminiert fühlen? Denn als „alter weißer, heterosexueller cis-Mann ohne Behinderung" habe ich keine Opfer-Punkte in dieser neuen „woken" Hierarchie. In einem Magazin der Funke-Mediengruppe wird so denn auch die in der Aldi-Werbung animierte Karottenfamilie aus Vater, Mutter und drei kleinen Kindern angegriffen, weil sie ein traditionelles Rollenbild wiedergibt, und überschreibt dies mit „Diskriminiert Aldi mit seinen neuen Maskottchen Lesben und Schwule?" Das erinnert sehr an die Diktatur von Minoritäten (s. Kapitel 9.7.).

---

* woke = ein in den 1930er Jahren entstandener Ausdruck, der ein „erwachtes" Bewusstsein für mangelnde soziale Gerechtigkeit und Rassismus beschreibt, inzwischen aber auch auf andere Felder der Benachteiligung oder Bevorzugung ausgedehnt wurde. In der Folge ist zunehmend ein intolerantes oder sogar aktivistisches oder militantes Eintreten der „woken" Gruppierungen zu beobachten.

* safe spaces = physischer oder virtueller Rückzugsraum für Menschen, die sich von Diskriminierung, Ausgrenzung, Ungleichheit, Zurückweisung oder in ihren Gefühlen verletzt fühlen.

Nicht bedacht wird die durch diesen Beitrag gleichzeitig stattfindende Diskriminierung von Familien, also von denen, die die Mehrheit und das Rückgrat der Gesellschaft stellen und die Renten der Alten garantieren – dieser Punkt ist offensichtlich nicht diskursfähig.

Die EU-Kommission hat zur gleichen Zeit – im Vorgriff auf das Weihnachtsfest 2021 – einen Leitfaden für „inklusive Kommunikation" herausgebracht (#UnionofEquality), in dem angeregt wird, das Wort „Weihnachten" zu vermeiden. Denn es seien ja nicht alle Menschen Christen. Was ist dann mit dem Wort „Ramadan"? Ist es dann auch in Saudi-Arabien zu vermeiden? Weil dort einige Christen leben?
Diese mimosenhaften Betroffenheiten und Rücksichtnahmen, die mehr und mehr zu einer dominierenden Kultur anwachsen, werden (zwangsweise und absehbar) zu Instabilitäten und schließlich zu einer weiteren **Fragmentierung** der Gesellschaft führen, wenn keine Korrektur erfolgt. Denn es gilt, den für eine Demokratie wichtigen und notwendigen Konsens wieder herzustellen. In einer Gesellschaft, in der der politische Diskurs durch „wokeness", „political correctness" und „cancel culture" nahezu unmöglich gemacht wurde, wird aber eher etwas Anderes zu erwarten sein, dass nämlich zunehmend totalitäre Meinungsstrukturen entstehen werden, wie es in der Spieltheorie bereits angedeutet wurde und wie ich es Ihnen gleich ausführlicher zeigen werde.

Mit der zusätzlichen Forderung nach „safe spaces" werden aber nicht nur die Eigenverantwortung, sondern auch die spieltheoretisch notwendigen Fähigkeiten zur Wehrhaftigkeit und zur individuellen Leistungsbereitschaft längst einer „Ponyhof-mentalität" im öffentlichen Raum und einem Versorgungsdenken geopfert – Jobs im öffentlichen Dienst sind derzeit die beliebtesten. Das ist eine weitere Destabilisierung der Gesellschaft, die sich bisher eigentlich als Leistungsgesellschaft definierte. Selbst Normalität (s. auch Aldi-Maskottchen) ist verdächtig geworden, nicht „woke" genug, sie muss schon fast versteckt und verleugnet werden, getrieben durch Medien, die mit Normalität kaum noch etwas anfangen können. Der französische Philosoph **Jean Baudrillard** zeigt z.B. in seinem Werk „Fatale Strategien", wie unsere Aufmerksamkeit gegenüber den Medien mit der Zeit abstumpft und diese damit quasi gezwungen werden, den Sensationscharakter von Meldungen, Filmen, Fernsehsendungen etc. permanent zu steigern. So pushen sie entsprechend Un-Normales und Sensationsschlagzeilen und andere Meldungen und appellieren an die Emotionen, um überhaupt noch wahrgenommen zu werden und Quoten zu generieren. „Ohne Normalität geht es aber nicht", sagte kürzlich Konrad Adam in der NZZ.

Das Ergebnis ist heute – wie oben beschrieben – der Weg zu einer Verwirrung und Fragmentierung der Gesellschaft. Und das System wird durch den Konkurrenzkampf verschiedener Leit-Ideen, die von Minderheiten kommen, destabilisiert. Nassim Talebs spieltheoretischer Ansatz lässt also grüßen.

Multi-Kulti ist zwar eine nette Idee, aber sie kann nur funktionieren, wenn sie die ursprüngliche Leit-Idee der Mehrheit der Bevölkerung, die ja für die Funktion des Systems sorgt, als dominant akzeptiert und nicht in Frage stellt ... und sich kooperativ und adaptiv verhält.

Der Wille der Randgruppen zur Integration in das System ist danach von grundlegender Bedeutung – was nicht heißt, dass diese Randgruppen sich dem System komplett anpassen müssen, sondern durchaus innovativ auf die Leit-Idee wirken können. Die neuen Auffassungen von LGBTQI+ oder der „Wokeness" können daher durchaus belebend für eine verkrustete Gesellschaft sein, das hat also durchaus etwas Gutes, dürfen sich aber – da hier Minderheiten angesprochen sind – nicht als neue und intolerante Norm für die Mehrheit begreifen, sondern als einen Beitrag zur Veränderung der Gesellschaft.

Jedenfalls, was die Meinungsbildung und Leit-Idee betrifft, ähnelt unsere Gesellschaft derzeit eher der hier entsprechend (mit Pfeilen gekennzeichneten) veränderten Gauß-Kurve: In der Mitte der Gesellschaft ist die Kurve nun stark abgeflacht, und an den Rändern gewachsen. Es gibt kaum noch Ordnungen, Wertungen, Unterscheidungen.

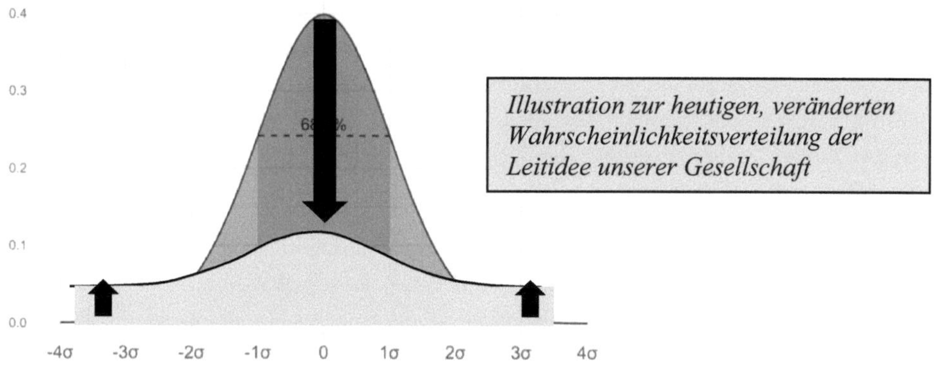

Illustration zur heutigen, veränderten Wahrscheinlichkeitsverteilung der Leitidee unserer Gesellschaft

Und damit wenden wir nun das Wissen über die komplexen Systeme auf unsere Gesellschaft an ... und kommen zu dem Systemtheoretiker, der vielen als Inbegriff der Systemtheorie gilt, zu **Niklas Luhmann.**

Luhmanns Arbeitsgebiet war die Theorie sozialer Systeme, also eigentlich ein Spezialgebiet der Systemtheorie. Wie Maturana und Varela geht er von sich selbst organisierenden Systemen aus (Autopoiese), die in Bezug zu einer Umwelt stehen und sich von ihr abgrenzen, aber auch mit ihr im Austausch stehen. Das Ergebnis seiner Arbeiten ist eine **Theorie der Gesellschaft**, die soziale Phänomene erklären soll.

Jedem gesellschaftlichen System liegt danach eine Struktur zugrunde. Außerdem zeichnet es sich durch **Subsysteme** aus wie Ökonomie, Bildung, Familie, Religion, Liebe, Recht, Politik, Massenmedien usw., die jeweils eigene Verhaltensmuster aufweisen, die allerdings

169

wieder auf der Struktur der gesamten Gesellschaft gründen. Diese Verhaltensmuster in den einzelnen Subsystemen lassen sich nun durch ihre Kommunikation charakterisieren, d.h. **Kommunikation und Interaktion** kennzeichnen diese.

Das erklärt, warum kommunikative Einheiten wie z.B. die Ökonomie (über das Geld) oder die Physik (über Beweisbarkeit) oft unterschiedliche Sprachen haben und sich Physiker und Ökonomen nur schlecht gegenseitig verstehen (s. dazu mehr in meinem Buch „Physiconomics) und es oft sehr schwer ist, Ökonomen oder auch Politikern naturwissenschaftliche Zusammenhänge zu erklären. Wenn die Kommunikation (Information + Mitteilung + Verstehen) aufhört, dann – so Luhmann – hört das System bzw. Subsystem auf zu sein. Luhmann stellt also nicht den einzelnen Menschen in das Zentrum seiner Theorie, sondern die Art der Kommunikation.

Entscheidend ist nach Luhmann das Verhältnis des gesellschaftlichen Systems zur Umwelt. Da diese Umwelt unendlich viele Möglichkeiten bietet und dies eine Nicht-Vorhersehbarkeit und eine hohe Komplexität zur Folge hat, muss eine Gesellschaft Verhaltensregeln und Normen entwickeln, um die Möglichkeiten und damit die Komplexität zu reduzieren, um handlungsfähig zu sein. So entsteht dann eine Art operationale Geschlossenheit eines Gesellschaftssystems wie auch jeweils ihrer Subsysteme, die aber strukturähnlich sein müssen, damit die Gesellschaft nicht zerfasert.

Niklas Luhmann
(1927-1998)

Der **Begriff Ordnung** spielt daher auch für Luhmann eine große Rolle für die Handlungsfähigkeit und das Funktionieren einer Gesellschaft, deren Ordnung durch Kommunikation und so etwas wie einen „Sinn" des Systems erreicht werden soll.

Die derzeitige Zerfaserung unserer Gesellschaft (s.o.) und der Angriff von Minderheiten oder heterarchischem Gedankengut (s. später) auf die tragende Ordnung unserer Gesellschaft ist demnach gemäß Luhmann gefährlich für die Handlungsfähigkeit und das Funktionieren unserer Gesellschaft, so moralisch die „Wokeness" auch erscheint. Luhmann ist denn auch ein strikter Gegner einer Moralisierung als Kommunikationsform zur Herstellung der notwendigen Ordnung einer Gesellschaft.

Luhmanns Schlussfolgerungen lassen sich derzeit gut beobachten. In was sollen z.B. sich einwandernde Menschen mit fremden Kulturen dann integrieren, wenn es kaum noch gemeinsame Ordnung oder Werte gibt? Wie soll überhaupt eine Gesellschaft, eine Firma, eine Fußballmannschaft erfolgreich funktionieren, wenn jeder sein eigenes Süppchen kocht? Die Aufgabe von Kultur, die individuelle Verhaltensvielfalt in einer Gesellschaft zu kanalisieren und damit stabilisierend auch auf die Individuen zu wirken und ein geordnetes gemeinsames Handeln zu ermöglichen, ist so nun nahezu unmöglich geworden, die

Gesellschaft zerfällt zunehmend in Partikularinteressen und -auffassungen. Kommt dann noch eine alternative Kultur hinzu, die andere Regeln, Werte und Absprachen kennt und sich nicht integrieren will oder lässt (in was denn auch?), wird die Problematik noch größer: Parallelgesellschaften entstehen, eine einheitliche Richtung gibt es dann erst recht nicht mehr. Und auch eine bewusste Gestaltung eines kulturellen Wandels, wie es bis zur Jahrtausendwende einigermaßen erfolgreich klappte (gleiche Rechte für Frauen), wird eher in gegenseitiger Aggression sowie Opferstrategien ausgetragen und so vermutlich scheitern.

Für ein gemeinsames kulturelles Regelwerk reichten im Christentum beispielsweise bereits die zehn Gebote aus, nicht mehr, um die Grundzüge eines christlichen Lebenskonzeptes zu verwirklichen. Ein stabiles Kulturmuster war die Folge. Ähnliches gilt für den Buddhismus, der statt der zehn Gebote z.B. die drei Frevel kennt, wie sie auf Tangkas im Zentrum des Lebensrades dargestellt werden. Ein Vogel repräsentiert die Gier, eine Schlange Neid und Hass, und beides basiert auf einem dritten Tier, dem Schwein, das Dummheit symbolisiert. Es ist aber nicht so, dass hier dumme Menschen abgewertet werden, sondern Dummheit ist das Prinzip des Nicht-lernen-wollens – also des Nicht-Akzeptierens, dass das **Leben ein Lernprozess** ist. Übrigens sind alle Tiere miteinander verbunden. Jedenfalls gilt: Folgen die Menschen in einem System bestimmten Regeln, entsteht also eigendynamisch ein stabiles Kulturmuster.

Die grassierende Abnahme der Religiosität schafft aber offenbar ein Vakuum, das vermutlich teilweise mitverantwortlich für die abgeflachte Gauß-Kurve und auch mit ein Grund für die fast ideologische und moralisierende Führung von Diskussionen wie die zum Klimawandel (s. später) und zur Corona-Epidemie sein dürfte. Gerade die Klima-diskussion weist schon fast religiöse Züge auf. Einfache Ansichten, die ein schlichtes Einteilen in Gut und Böse möglich machen und mit einer Simplifizierung des Weltbildes und Trivialisierung des Alltags einhergehen, sind offenbar schnell gewünscht und herbeiformuliert. Warum geschieht das so?

Nun, geht man (s.o.) davon aus, dass viele einzelne Menschen in einer Gesellschaft durch etwas verbunden sein wollen – und sei es ein auf Unterscheidungen verzichtender Wokismus, der mit einer Cancel Culture verbunden ist, also etwas mit eigenartig geringer Ordnung und Struktur –, dann sind wir schnell bei massenpsychologischen Phänomenen.

Demokratien sind nun einmal Massenveranstaltungen, der einzelne zählt nach der Logik des kollektiven Handelns nichts (s. Spieltheorie). Und damit kommen wir zu einer Erklärung dieser Phänomene, die derzeit bei den Themen Sars-Cov-2 und Klima alles in den Schatten stellen, zu einer Erklärung, die es tatsächlich in sich hat. Wir kommen zur Psychologie der Massen.

Der Begründer der Massenpsychologie **Gustave Le Bon** (1841-1931) schreibt über das Verhalten von Massen: *„Von den Tatsachen, die ihnen missfallen, wenden sie sich ab und ziehen es vor, den Irrtum zu vergöttern, wenn er sie zu **verführen** vermag. ... Bei der Aufzählung der Faktoren, die imstande sind, die Massenseele zu erregen, können wir uns die Erwähnung der Vernunft ersparen ... Wir haben bereits festgestellt, dass die Massen durch logische Beweise nicht zu beeinflussen sind und nur grobe Ideenverbindungen begreifen. Daher wenden sich auch die Redner, die Eindruck auf die zu machen verstehen, an ihr Gefühl und niemals an die Vernunft."*

Le Bon kam weiter zum Schluss, dass jede Massenbewegung religiöse Züge annähme. (oder ohne religiöse Züge keine Steuerung von Massen möglich ist). Anders als durch religiös konnotierte Beeinflussung sei es nicht möglich, Massen zu lenken. So war auch der Kommunismus eine Art Religion – und die christliche Kirche wurde zur Konkurrenz, wurde zum Gegner. Nach Le Bon ist es prinzipiell möglich, dass das Individuum seinen Verstand sinnvoll einsetzt und vernünftige Entscheidungen trifft. Bei einem Kollektiv sei dies jedoch gänzlich ausgeschlossen.

Der niederländische Arzt und Psychoanalytiker **Joost Merloo** (1903-1976), der in den USA an der Columbia University und der New York School of Psychiatry lehrte, erkannte weiter, dass Massenpsychosen in der Regel „am besten" durch Ängste ausgelöst werden. Also z.B. durch Ängste vor dem Tod, die die Grundlage für die Religionen sind, Ängste vor tödlichen Krankheiten, denen man ausgeliefert ist (wie Sars-Cov-2), vor einem Weltuntergang durch CO_2 (Klimadiskussion) oder vor Unterdrückung und Ausbeutung (Kommunismus).

Der Begründer der analytischen Psychologie, der Schweizer **Carl Gustav Jung** (1875-1961), spricht in diesem Fall passend von „psychischen Epidemien", gegen die es keinen Schutz gibt.

Merloo wiederum spricht dann von „Epidemien des Wahnsinns", wenn eine Gesellschaft, ausgelöst durch Ängste oder Panik, den Bezug zur Realität verliert. Er schuf dafür den Begriff „**Mentizid**", welcher die Abtötung des eigenen Verstandes bedeutet. **Merloo** beschreibt auch ziemlich genau, wie sich solche Epidemien des Wahnsinns erkennen lassen:

„Offizielle Wörter müssen geglaubt und diesen muss gehorcht werden. Fakten entgegen der offiziellen Linie werden verzerrt und unterdrückt, jede Form des geistigen Kompromisses ist Verrat. Es gibt keine Suche nach Wahrheit, nur die erzwungene Akzeptanz der totalitären Dogmen und Klischees. Freiheit und Unabhängigkeit, Kompromiss und Objektivität, all dies bedeutet Verrat."

Und weiter: *„Dadurch, dass die Verschiedenheit des Lebens und die Komplexität und Individualität der Psyche abgelehnt werden, werden rigide Dogmen und totalitäre Einstellungen akzeptiert. Es wird dabei vergessen, dass die Anwesenheit von*

Minderheitenstandpunkten, seien sie akzeptabel oder nicht, einer der Wege ist, uns gegen das schleichende Wachstum des konformistischen Mehrheitsdenkens zu schützen. Angst und Hysterie unterstützen Totalitarismus. Wir benötigen eine genaue Analyse dieser Phänomene. Demokratie ist die Herrschaft der Würde des Menschen und das Recht, selbst zu denken, das Recht auf eine eigene Meinung, mehr noch, das Recht, die eigene Meinung auch ausdrücklich geltend zu machen und sich gegen das Eindringen in seine Psyche und psychischen Zwang zu schützen."

Es kann also auch viel zu viel gesellschaftliche Ordnung geben, wenn Vernunft und Objektivität durch Ängste und Moral ersetzt werden. Und Luhmanns Vorbehalte gegen Moralisierungen werden nun noch einmal deutlicher. Die quasi-religiöse Hysterie um Covid-19 und die gegenwärtige Klimadiskussion (ich werde bald intensiv auf letztere eingehen) und die daraus resultierenden trivialisierten Meinungsdogmen mit den zu unterdrückenden Zweiflern und Selbstdenkern und der gleichzeitige Hang zu totalitären Strukturen, die die bisherigen Grenzen von möglichen Maßnahmen Zug um Zug aushebeln, ließen sich also mit den Erkenntnissen von Le Bon und Merloo durchaus erhellen.

Dirk Maxeiner schreibt dazu Ähnliches: *„Im Prinzip mangelt es seit dem Ende des kalten Krieges im Jahr 1989 der Politik des Westens an einer mitreißenden Idee, gleichsam einer neuen Utopie. Und diese glaubt man offenbar gefunden zu haben. Der negativen Utopie der Klimakatastrophe soll mit einer gemeinsamen Anstrengung, nämlich dem Projekt der Weltrettung begegnet werden."*

Der Soziologe Ulrich Beck bezeichnete die Klimapolitik einmal treffend als eine *„Sinnressource für die delegitimierte und von Vertrauensverlust gezeichnete Politik"*. Und die Neue Zürcher Zeitung textete in einer Überschrift: *„Ist der Klimatismus eine neue Religion?"*

Warum nicht die Vernunft die eigentlich „vernünftige" Rolle bei der Bewältigung der aktuellen Krisen spielt, sondern stattdessen Emotionen und Moral vorherrschen, lässt sich ergänzend oder zusätzlich oder alternativ auch mit einer anderen Beobachtung erschließen, die sich mit der Schwarz-Weiß-Einteilung in Gut und Böse beschäftigt.

Denn es existiert im Hintergrund möglicherweise ein unterschiedliches Menschenbild – eine, wie es der Autor **Norbert Bolz** beschreibt, **unterschiedliche anthropologische Überzeugung**. Geht man davon aus, dass der Mensch grundsätzlich gut ist, muss etwas Anderes, von außen Kommendes schuld an den Übeln der Welt sein. Es ist das Bild vom guten Menschen in einer „üblen" Umgebung

Ist der Mensch dagegen, wie es Kant formuliert, „aus krummen Holze", aus dem „nichts ganz Gerades gezimmert werden" kann, also eher „böse", dann muss eine gesellschaftliche Ordnung dafür sorgen, dass wir dennoch in einer guten Gesellschaft leben.

Der gute Mensch ist danach von der Umgebung gefährdet, und man muss ihn davon abhalten, vom Guten abzuweichen – man muss ihn, falls er anfängt, anders zu denken, entsprechend erziehen. Diese Einstellung führt dann direkt in Richtung totalitärer Ideologien vom guten Menschen, und man maßt sich in diesen Kreisen denn auch gerne an, moralisch für die Menschheit (und die ganze Welt?) zu sprechen, übrigens mit einem hohen narzisstischen Gewinn.

Diesem Moralismus stehen die „krummen" Menschen entgegen. Sie halten diesen Moralismus in Schach. Sie folgen nicht einer hehren Idee, sondern setzen sich mit Hilfe einer praktikablen gesellschaftlichen Ordnung mit der Realität auseinander – also mit Hilfe einer Ordnung, die sie sich aus freiem, eigenem Antrieb in der Verantwortung dafür geschaffen haben, dass damit ihre Gesellschaft real funktioniert.

Stimmt dieser Mechanismus – und er entspricht meiner Beobachtung –, dann führt das Bild vom guten Menschen zum moralisierenden Totalitarismus, wie wir es in der Klimadebatte erleben, in der jeder Andersdenkende so zu erziehen ist, dass er nicht mehr anders denkt. Während das Bild von krummen (bösen) Menschen eine Gesellschaft erlaubt, die sich mit der Realität beschäftigt und freiheitlich ihre dazu passende Ordnung im Diskurs finden kann.

Die „Erziehung zum Gutsein" durch moralisch geprägte Ideologien, wie wir sie derzeit in Form von Cancel Culture, Gendern, Rassismusdebatten, dem Ächten von Büchern sowie Hysterien wie die zum Klimawandel oder zu Covid-19 erleben, schafft danach nichts Gutes, sondern vernichtet jeden Diskurs und kann wie auf einem Gleis direkt zu ideologischen Totalitarismen führen, wie sie in der Weltgeschichte immer wieder mal zu beobachten waren, mit dann oft desaströsen Folgen. Die neu auftauchenden Begriffe wie Corona-Diktatur und Klima-Diktatur haben also durchaus ihre Berechtigung.

Sind wir etwa Augenzeugen eines sich entwickelnden ideologischen Totalitarismus?

Vieles spricht dafür, es ist auch die Beobachtung, dass zunehmend von den politischen Entscheidungsträgern ein Mittel angewendet wird, dass George Orwell in seinem Werk „1984" beschrieben hat und als **„Double Think"** bezeichnet wird.

In „1984" geht es um einen Mann namens Winston, der in einem totalitären System in die richtige Spur gebracht werden soll, in eine Spur, in der er alles glaubt, was ihm gesagt wird und er keine Fragen mehr stellt. Als Mittel dafür geht es darum, dass $2 + 2 = 4$ ist. „Sometimes", wird ihm gesagt, „they are five. Sometimes they are three. Sometimes they are all of them at once. You must try harder. It is not easy to become sane:"

Der Trick – erinnern Sie sich an die logischen Inseln? – dieser Vorgehensweise ist der, dass Widersprüche auf derselben (!) logischen Insel formuliert werden, was bei einem Aufrechterhalten derartiger widersprüchlicher Positionen zu einer kognitiven Dissonanz führt, die wiederum verdächtigt wird, Schizophrenie auslösen zu können.

Die Möglichkeit, eine geistige Ordnung auszubilden, wird blockiert und damit die Grundlage dafür geschaffen, dass sich nachdenkende Bürger von der Diskussion abwenden. Ein vernünftiger Diskurs wird so unmöglich gemacht. Am Ende steht die Auflösung (siehe oben bei Winston) des individuellen Denkens, der politische Raum wird leer und der Demokratie das Fundament entzogen. Das Denken wird außer Kraft gesetzt, der Bürger lässt sich führen.

Hier einige Beispiele dieses Mittels der Machtausübung. Sie stammen aus der Covid-19-Diskussion:

„Impfstoffe sind sicher und wirksam; Ungeimpfte stellen ein ständiges Infektionsrisiko für Geimpfte dar.“

„Wir können nicht darauf warten, dass eine Impfpflicht überflüssig wird, weil wir eine sehr hohe Durchseuchung der Bevölkerung haben“ (K. Lauterbach, 5.1.22).

„Impfung oder Infektion, das ist die Wahl“ (J. Spahn, Juni 2021). *„Die Ungeimpften sind schuld an den Impfdurchbrüchen der Geimpften“* (St. Weil, 11.2.22). *„Es muss davon ausgegangen werden, dass Menschen nach Kontakt mit Sars-CoV-2 trotz Impfung ... Viren ausscheiden und infektiös sind“* (RKI).

„Der Tod von Geimpften durch Covid-19 bedeutet nicht, dass der Impfstoff unwirksam ist“ (CNN, 19.10.21).

Ähnliches lässt sich beim Gendern (s. später) beobachten, bei dem soziales und biologisches Geschlecht gegenseitig ausgespielt werden, sowie bei der Energiepolitik der Grünen, die Versorgungssicherheit versprechen und gleichzeitig die Grundlastenergien massiv einschränken. So sollen z.B. nun die letzten verbliebenen AKWs abgeschaltet werden – bis auf eine „Notreserve“ für stundenweisen (!) Stromausfall, ungeachtet dessen, dass allein für das Hochfahren eines AKWs fast eine Woche benötigt wird.

Eine Sprache des „Double Think“ als Mittel der vorgegaukelten Realitätskontrolle ist nun der ideale Nährboden – da hintergründiges Denken ausgeschaltet wurde – für Slogans. Slogans wie „Impfen statt Schimpfen“ oder (bei „1984“) „ Freedom is Slavery“.

Wie sind wir an diesen Punkt gekommen? Wo hat dass alles seinen Ausgang gehabt? Welche Mechanismen laufen hier ab? Ich habe lange darüber reflektiert – mit einer Ahnung, dass hier etwas Wichtiges verborgen sein muss. Als Wegweiser erwies sich, dass sich diese Entwicklung vor allem in westlichen Gesellschaften zeigt.

Es liegt neben dem wohl natürlichen Hang menschlicher Gesellschaften, sich mit Ängsten konformieren und regieren zu lassen, ganz einfach am **Monismus unseres Denkens**, und zwar am **Monismus der Heterarchie**.

12.3.   Der Monismus der Heterarchie

Es ist der Monismus, der nicht nur in naturwissenschaftlichen Fragen den Lösungen im Wege steht, sondern auch in gesellschaftlichen große Probleme bereitet. Denn die Natur ist anders, sie arbeitet, das wissen Sie jetzt längst, mit 2 Prinzipien. Zwei!

Nun wird, wie es **Ken Wilber** in seinem Werk „Eros, Kosmos, Logos" schreibt, das ordnende und differenzierende, **hierarchische Prinzip** gerne mit dem Attribut **männliche Wertsphäre** und das alles miteinander verbindende, **heterarchische Prinzip**, das ist das hierarchiefreie Prinzip, gerne mit der **weiblichen Wertsphäre** gleichgesetzt. Es geht ihm wie mir denn auch darum, dass es ein Wirken beider Prinzipien braucht, sie sind damit gleich wichtig und berechtigt, aber (asymmetrisch) komplementär verschieden. Damit sind aber auch ihre Wirkungsmöglichkeiten verschieden, das eine funktioniert besser in der hierarchischen Welt, das andere in der heterarchischen.

Gibt es diese zwei Welten, die hierarchische und die heterarchische, wirklich? Meine Auffassung ist: Ja. Hinter dieser Auffassung stehen nicht nur der Dualismus von Makro- und Quantenphysik oder die Existenz chaordischer Eigenschaften als Grundlage aller komplexen Systeme, sondern auch eine ganz eigene persönliche Erfahrung.

Vor etwa 30 Jahren fiel ich plötzlich durch Krankheit und Tod meiner Frau aus einem „männlichen" Job als Firmenleiter in die Rolle eines alleinerziehenden Vaters zweier Jungs, die noch im Pampersstadium waren. Ohne Omas oder Tanten musste ich die „weibliche", mütterliche Sphäre komplett übernehmen, um dann schnell festzustellen, dass alle Fähigkeiten, die mich in der hierarchischen Firmenwelt erfolgreich gemacht hatten, mir nun nur im Wege standen und ich ganz andere Eigenschaften entwickeln musste wie Da-sein, Rund-um-die-Uhr-Versorgen, Zuwendung-und-Beziehung-bieten, Zeit-haben, Heim-und-Herd-Kultur-pflegen usw. – die Natur mit ihren unsichtbaren Gesetzen der Komplementarität zweier Prinzipien forderte mich heraus.

Mir wurde auch schnell klar, dass Kinder für lange Zeit – bis sie einigermaßen selbständig sind – tatsächlich eine Art „Ponyhof", also eine Art heile Welt brauchen, um in einem geschützten Raum seelisch und körperlich erst einmal wachsen zu können. Dort, in der weiblich-mütterlichen Welt, machte er auf einmal Sinn, dieser „safe space". Ich stellte weiter fest, dass Kinder – wie es Erich Fromm in der „Kunst der Liebe" beschreibt – zwei verschiedene Arten von Liebe brauchten, eine mütterliche bedingungslose und eine väterliche belohnende, die sich komplementär ergänzen müssen, damit ein Kind sich geliebt fühlt und gleichzeitig einen Anreiz zum Erlernen von Fähigkeiten zum Überleben in der Außenwelt bekommt.

Beim Versuch, „notgedrungen" Beziehungen zu anderen Müttern zu knüpfen, um Erfahrungen und Möglichkeiten auszutauschen, stellte ich als Mann unter Frauen als nächstes fest, dass die „weibliche" Kommunikation anders als unter Männern abläuft, nämlich viel beziehungsorientierter und nahezu hierarchiefrei, also heterarchisch. Auf diese Weise wurde mir noch einmal deutlich gemacht, wie sehr unser Leben durch die Gegenwart zweier Prinzipien durchwirkt ist und wie sehr die Komplementarität dieser Prinzipien unser Leben bestimmt, als Naturgesetz.

Sichtbar wird es auch in der Fortpflanzung. Nun ist die Fortpflanzung in der Evolution von absolut zentraler Bedeutung für die Nachhaltigkeit einer Spezies. Und hier, in der Zeugung, wird die real existierende Komplementarität zweier Prinzipien besonders deutlich. Soll die sexuelle Anziehung zweier Menschen zu einem biologischen Erfolg (= Geburt) führen, ist dies auf natürliche Weise nur „binär" möglich, also heterosexuell mit einem Mann und einer Frau. So ist es kein Wunder, dass das binäre Prinzip hier vorherrscht. Die Biologie und damit die Natur des Menschen (wie auch aller Säugetiere) ist also eindeutig zweigeschlechtlich.

Und die sexuelle Ausstrahlung eines Mannes ist nun eindeutig eine ganz andere ist als die, mit der eine Frau auf einen Mann wirkt. So konkurrieren zwar sowohl Männer untereinander wie auch Frauen* untereinander darum, wie sie sich die größtmögliche Auswahl bei der Partnerwahl sichern, aber sie tun es verschieden. Frauen konkurrieren zum Beispiel mit anderen Frauen um ihre Kleidung. Wenn eine Frau auf einer Party ein Auge auf einen Mann geworfen hat und eine wirklich attraktive Frau plötzlich dazu stößt, wird sie versuchen einzuschätzen, wie ihre Chancen stehen und was sie zu tun hat, um den besagten Mann zu bekommen. Umgekehrt konkurrieren Männer natürlich genauso untereinander, wenn sie versuchen, attraktiv auf Frauen zu wirken. Frauen investieren in ihr Aussehen, Männer in ihren Erfolg.

Soziologische Untersuchungen bestätigen denn auch: Frauen stehen in allen Kulturen auf Performer. Es sind Männer, die (neben biologischen Qualitäten und natürlich auch den gewünschten menschlichen Eigenschaften wie die zur Liebesfähigkeit) hierarchischen Erfolg ausstrahlen, die kompetent und großzügig sind und die „abliefern".

---

*Mit „Frauen" bezeichne und verallgemeinere ich bisher und in der Folge die Gruppe von weiblichen Menschen, die zu ihrem biologischen Geschlecht als Frau stehen und auf neue, anscheinend gendergerechtere Formulierungen wie menstruierende Menschen oder Menschenmilch (statt Muttermilch) verzichten können und anerkennen, dass ihr Frausein nicht ausschließlich ein soziales Konstrukt ist, sondern auch eine starke biologische Komponente hat. Ich gehe davon aus, dass damit eine deutliche Mehrheit der Frauen erfasst ist. Dieser Mehrheit möchte ich hier eine Stimme geben, weil sie viel zu wenig gehört wird.

Der Grund dafür ist auch, dass Frauen auf diese Weise versuchen, die ökonomische Diskrepanz auszugleichen, die dadurch entsteht, dass sie durch eine Schwangerschaft für viele Jahre schutz- und versorgungsbedürftig werden. Und auch in der Elternschaft werden diese komplementären Prinzipien gebraucht, sowohl das heterarchische in der mütterlichen Sphäre mit ihrem geschützten „Ponyhof" und den „safe spaces" als auch das hierarchische mit der Verbindung zum Erfolg in der männlichen Sphäre und zum Erwachsensein in der „äußeren" Welt und zum Schutz und zur Versorgungssicherheit der Familie.

Wie Sie also vielleicht bemerkt haben, unterscheide ich deutlich zwischen männlichen und weiblichen Eigenschaften, die aus meiner Sicht besonders dann von hoher Bedeutung sind, wenn eine Elternschaft entsteht – das bedeutet nämlich völlig neue systemische Herausforderungen – und weil Kinder diese Komplementarität brauchen und deshalb „natürlicherweise" auch herausfordern. Wie ich beobachten konnte, blühen dann Kinder auch besonders auf, wenn es die Männer sind, die die männlich-väterliche Sphäre ausfüllen, und es die Frauen sind, die die weiblich-mütterliche Sphäre innehaben.

Es ist auch die unterschiedliche Biologie von Mann und Frau, die das fordert. Es ist eigenartig, dass unsere Gesellschaft beim Menschen das anzweifelt, was sie Tieren ohne irgendwelche Zweifel zugesteht, dass nämlich das Geschlecht Einfluss auf das Verhalten hat. Ich bin sicher, jeder Mann weiß, dass eine Frau grundsätzlich anders tickt, und dass es etwas anderes ist, mit einem Penis als mit einer Vagina die Sexualität zu suchen. Ohne dass hier irgendeine Wertung angebracht wäre – es sind zwei gleich wichtige Prinzipien, die hier ihren Ausdruck finden. Aber sie sind verschieden. Und ihr geschätzten Frauen, ich denke, ihr wisst, dass auch Männer oft anders ticken. Ich hoffe jedenfalls, dass ihr es in der heutigen Zeit nicht vergessen habt.

Mit „männlich" und „weiblich" beschreibe ich also Eigenschaften, die durch den Dualismus der Natur vorgegeben sind – als Naturgesetz, das nun einmal da und nicht verhandelbar ist und dessen wir uns immer bewusst sein müssen. Auch wenn jeder Mensch für sich selbst entscheiden kann, inwieweit er männliche oder weibliche Eigenschaften lebt. Oder beide gleichzeitig. Solange keine „Systemerweiterung durch Kinder" stattgefunden hat, ist das auch leicht möglich – jede Frau und jeder Mann kann sich mit ihren/seinen Fähigkeiten in der beruflichen Welt austoben und erfolgreich sein. Und doch wird das Thema „männlich-weiblich" auch hier nicht ganz verschwinden.

Auch menschliche Eigenschaften wie die Liebesfähigkeit – die ebenfalls für die Beziehungen zwischen Menschen eine große Rolle spielt – werden sich von diesem Naturgesetz nicht frei machen können, dieses wird immer eine Rolle spielen.

Menschliche Liebe ist zwar wesentlich vielfältiger als rein biologische Paarungskämpfe, aber die Natur wird auch in der Zukunft nicht auf die für das Fortbestehen unserer Spezies wichtigen genetischen Codierungen verzichten, zumal sie Ausdruck des Dualismus sind. Wir alle sind also Teil davon und können uns nie davon frei machen.

Sollten Sie selbst sich aber persönlich in ihrem Sozialverhalten innerhalb dieser zweigeschlechtlichen biologischen Strukturen nicht klar zuordnen können, so ändert das nichts an der Gültigkeit der Biologie, die einen Mix auf der Grundlage beider Geschlechter erlaubt.

Wie gesellschaftliche Kulturen mit der Biologie von Mann und Frau umgehen, ist eine andere Geschichte. Es gilt also, biologische und soziale Konstrukte nicht zu verwechseln und den Einfluss beider Sphären, der biologischen und der gesellschaftlichen, zu beachten.

Sie können sich also entspannen, ich respektiere, dass jeder Mensch anders ist; und jeder Mensch ist für mich eine liebevolle Idee der Natur. Und selbst, wenn Sie alles Binäre ablehnen, ist es für mich dann OK, wenn es erwachsen gehandhabt wird und anerkennt, dass das Binäre das Normale der Natur ist und es daher die natürliche Leitidee unserer Gesellschaft sein sollte, vor allem dann, wenn es um Familien geht.

In diesem Spannungsfeld zwischen biologischen und gesellschaftlichen Fragen zeigt sich demnach, dass es – wenn es um Nachhaltigkeit und damit die Fortpflanzung geht – sinnvoll ist, wenn der Unterschied zwischen Männern und Frauen kulturell vergrößert wird, was z.B. beim Haarschnitt, bei Bärten und Kleidung in der heutigen Zeit so gut zu beobachten ist wie schon lange nicht mehr.

Mit diesen Gedanken und den mittlerweile vielen eigenen Erfahrungen in beiden Welten verfolgte ich denn auch sehr interessiert die Entwicklungen des Feminismus zur Gleichberechtigung der Frauen*, der seinen Anfang in den 70er Jahren des vergangenen Jahrhunderts hatte.

Was mich bei diesem berechtigten Wunsch nach gleichen Rechten und gleicher Wertschätzung zunehmend irritierte, war, dass es dabei nicht um eine stärkere Würdigung und Belohnung der Aufgaben und der Arbeit in der „weiblichen, femininen Sphäre" ging, sondern allein um die Gleichberechtigung in der „männlichen" Sphäre der nach außen wirkenden Berufe. Die wesentliche Eigenheit von Frauen, nämlich die Möglichkeit zur Mutterschaft, die bei jeder Schwangerschaft mit einer monatelangen Schutzbedürftigkeit einhergeht und mit einer höheren Beziehungsfähigkeit zur zentralen Figur einer Familienarbeit und damit einer Art „Innenwelt" wird, wurde von allen Facetten des Feminismus von vornherein ausgeklammert und wenn, dann eher abschreckend als Instrument der patriarchalen Unterdrückung erwähnt.

Eine menschenwürdige Existenz von Kindern und Männern als unabdingbares „Beiwerk" zum Frausein findet ganz einfach in den feministischen Ideen nicht statt.

Ein gesellschaftlicher Raum für Männer und Kinder spielt daher im Diskurs zur „Befreiung der Frau" keine Rolle. Was wären wir aber für ein Staat ohne Familien mit Kindern? Und: wie sollen sonst nach dem Generationenvertrag die Renten der Alten erwirtschaftet und finanziert werden?

Eine Analyse, die ich in langen Diskussionen mit an diesem Thema interessierten verschiedenen Frauen und Männern führte, kam denn auch schließlich zu folgendem Ergebnis, das auf der Grundlage der Unterscheidung zweier Sphären fußt: Die feministische Forderung nach einer Gleichstellung von Mann und Frau bezog sich nahezu ausschließlich auf die hierarchische Männerwelt. Die weibliche Welt mit ihrer ganz eigenen Macht spielte hier keine Rolle, es ging nur um die Macht in der männlichen Sphäre, in der Männerwelt, wie es der Autor Warren Farrell formuliert – der übrigens lange Zeit im Vorstand von Women´s Lib war. Aus einer dualistischen Welt, die vom Feminismus abgelehnt wurde, sollte eine monistische werden – eine Welt, in der Frauen sich durch Gleichstellung in der Macht in einer Art „Außenwelt" nicht mehr von den Männern unterscheiden wollten und gleichzeitig – ein offensichtlicher Widerspruch – kämpferisch darauf bestanden, Frauen zu sein.

Dort begegnete man sich nun, die Unterscheidung in der männlichen Sphäre zwischen Mann und Frau begann zu schwächeln und eine Art Geschlechterkrieg begann hier, auf diesem Terrain, der Mann wurde dort zum Gegner, solange er weiter auf dem „kleinen" Unterschied, der für ihn ein großer war, bestand. Geschlecht wurde zum sozialen Konstrukt, und alles was Unterschiede bedeuten könnte, wird seitdem ideologisch unterdrückt. Männlichkeit wird sogar als toxisch bezeichnet.

Meiner Meinung nach hat der Feminismus (seit 50 Jahren) aber vergessen, die grundsätzliche und entscheidende Frage zu stellen und zu beantworten, nämlich:

Was ist eine Frau?

Dieser vom Feminismus angetriebene Wandel von einer Gleichwertigkeit der Geschlechter zu einer Gleichstellung und mittlerweile sogar zu einer Gleichheit und damit zur Durchsetzung des monistischen heterarchischen Prinzips killt nämlich, wenn ich „Frau" nicht mehr definieren kann, jede Betrachtung, die auf der Grundlage von „Frau" basiert. Diese Analyse zeigt deutlich, dass, wenn nur ein Prinzip gilt, sich jeder Gender-Feminismus und sogar der Feminismus selbst obsolet machen. Denn wenn Geschlechteridentitäten willkürlich werden, wozu dann noch Feminismus?

Wie ich oben zeigte, konkurrieren aber Männer und Frauen aus naturgesetzlichen Gründen (biologische Nachhaltigkeit durch Fortpflanzung und Komplementarität) jeweils um andere Dinge.

Die Regeln, wie Männer beruflich miteinander konkurrieren, sind klar. Die Regeln, wie Männer am Arbeitsplatz mit Frauen am Arbeitsplatz konkurrieren sollen, nicht. Wird deshalb das Konkurrenzverhalten von Männern mit Gewinnermentalität von Frauen als tyrannisch interpretiert? Deutlich ist aber, wenn eine Frau mit einem Mann aktiv um Status konkurriert, dann konkurriert sie mit ihm um männlichen Status, nicht um weiblichen ... und sie verliert an weiblicher Attraktivität, wenn sie gewinnt. Warum soll sich dieser Kampf also für sie lohnen? Außer mehr Einkommen und Unabhängigkeit und einer Verwirklichung durch den Einsatz ihrer Fähigkeiten hat die ideologische Anpassung an eine Gleichheit von Mann und Frau keinen zusätzlichen Anreiz. Während ein Mann durch einen hohen Status für Frauen enorm an Attraktivität gewinnt.

Mag sein, dass dies der Grund dafür ist, so Jordan B. Peterson, dass so viele Frauen sich in ihren Dreißigern aus ihren Hochdruck-Jobs zurückziehen.

Warum, so werden Sie sich vielleicht fragen, gehe ich an dieser Stelle so intensiv auf dieses Thema ein? Nun, es geht um das Thema Hierarchie versus Heterarchie, um das Streben nach einem Monismus, der alles gleich machen soll.

Die so weit wie möglich anzustrebende Gleichheit von Mann und Frau wurde trotz der oben beschriebenen grundsätzliche Unterschiede zum neuen Narrativ. Das ist die eine Seite vom herrschenden Monismus. Obwohl jedem Mann eigentlich – deutlicher als ich es bei Frauen antreffe – klar ist, dass Männer und Frauen – ich verallgemeinere hier etwas unzulässig – in der Regel verschieden sind. Man schaue nur auf die Medien und die Konsumwelt, die Zeitschriftenverlage, die Influenzerinnen und nahezu die gesamte Belletristik. Was für ein Irrsinn, auf der einen Seite wird durch Mode, Schmink- und Duft-Accessoires die Unterschiedlichkeit betont und das Begehren durch den Mann verstärkend initiiert, auf der anderen Seite wird gleichzeitig die Gleichheit betont und das Begehren und damit die Poesie des Geschlechterspiels abgewürgt.

Und ... schaut man den Medien zu und der Politik ... dann ist der ideologische Geschlechterkrieg entschieden. In einem internen Papier des Auswärtigen Amtes wird Männlichkeit gar als „krisenhafter Zustand" bezeichnet. Eine Analyse mit der Brille dualistischen Gedankenguts macht klar: Es hat sich das heterarchische „weibliche" Prinzip tatsächlich in der hierarchischen „männlichen" Sphäre durchgesetzt, also dort, wo es weniger hinpasst. So erleben wir in unserer Gesellschaft eine etwas „verwaiste" und eher (auch finanziell!) abgewertete weibliche Sphäre auch der Mutterschaft mit ihrem Teil der familiären Aufgaben ... und eine „siegreiche" männliche, also vom Wesen her hierarchische Sphäre, in der sich jetzt fast alle tummeln, und in der das heterarchische „weibliche" Prinzip aber den monistischen Gewinner stellt – also das Prinzip, das eigentlich besser in der weiblichen Sphäre funktioniert, statt in der männlichen.

Das Resultat ist eine verkehrte Welt, in der in dem Bereich, in dem die Naturgesetze den Wettbewerb (bis hin zum Krieg) fordern, versucht wird, die Regeln von „safe spaces" bzw. „Ponyhöfen" durchzusetzen, um dann, wenn es nicht klappt, das Opfer zu spielen. Gleichzeitig wird Frauen medial und politisch suggeriert, dass damit nun Karriere und Kind absolut vereinbar sind. Was als Ergebnis dazu führt, dass nicht nur die neuen Mütter, sondern auch viele der Paare nach der Geburt des ersten Kindes und dem damit verbundenen Systemwechsel an den Rand ihrer Kräfte kommen. Und Mütter zunehmend ihre femininen Anteile zurückstellen. Bei mittlerweile gut der Hälfte aller Scheidungen haben die Paare minderjährige Kinder (Deutsches Bundesamt für Statistik).

Es sind zunehmend moralische und emotionale Gedanken, die nun in der männlichen Sphäre den Diskurs dominieren – und eine „woke" Gleichmacherei und Phänomene wie „Cancel Culture" und „safe spaces" unterdrücken hier laufend missliebige Argumente. Es hat also eine Entwicklung stattgefunden, für die es interessant wäre, sich noch einmal näher mit den Schlussfolgerungen von Le Bon, Merloo und Bolz zu beschäftigen.

Das alles nun ist das Paradoxon der modernen Zeit der westlichen Kultur, und das aus meiner Sicht unlösbare Problem, daraus eine Leitkultur abzuleiten, es ist der Monismus des heterarchischen Prinzips, das nun in beiden Sphären gilt, dem sich unsere Gesellschaft unterworfen hat. Es geht nicht nur um die Angleichung von Mann und Frau, sondern auch um die Dominanz nur eines Prinzips. Das wäre sogar ein doppelter Monismus. So wird die Welt trivialisiert.

Ken Wilber (*1949)

In „Eros, Kosmos, Logos" ist es wiederum **Ken Wilber**, der diesen Irrsinn in Worte fasst und bestätigt, dass wir in einer **Zeit der Heterarchie** leben.

Wie Wilber schreibt, lehnt extremes „weibliches Denken", lehnt Heterarchie in ihrer extremen Form alles Einstufen und Beurteilen kategorisch ab. Mit eigentlich moralisch noblen Gründen argumentieren Heterarchisten, dass aus Werturteilen leicht soziale Ungleichheit und Druck entsteht, dass abweichende Wertevorstellungen sonst an den Rand gedrängt werden und eine Heterarchie gleicher Werte die menschenfreundlichere und gerechtere Lösung sei.

Damit haben sie die stärksten moralischen Ideale zum Antrieb wie Freiheit, Gleichheit, Altruismus und Universalismus auf ihrer Seite. Mit welchen Argumenten kann man Ihnen da noch entgegentreten? Sie fühlen sich moralisch überlegen in einer Welt, in der nach ihren eigenen Worten eigentlich niemand überlegen sein darf.

Das ist die Welt der „woken" Generation. Will man ihr entgegentreten, ist man moralisch auf dem verlorenen Posten. Obgleich die Heterarchisten für die Vielfalt und Gleichheit der Werte sprechen, werden sie daher niemals akzeptieren, was gegen ihre Ideologie ist.

In ihrer Beliebigkeit und Unstrukturiertheit des Denkens bieten sie auf den ersten Blick auch keine wirksamen Angriffspunkte.

Schaut man nach Wilber aber genauer hin, erkennt man, dass ihre glühende Heterarchieverehrung selbst wiederum ein Werturteil darstellt. In der Heterarchie sehen sie Gerechtigkeit, Mitmenschlichkeit und Anstand verkörpert und in der Hierarchie das ewige Missverhältnis zwischen der Herrschaft der einen Seite (mit den „bösen" Unterdrückern) und der Erniedrigung der anderen, also deren Opfern. Und dann sagen sie: Heterarchie ist also besser – aber das bedeutet Einstufung und Werturteil. Sie haben also doch ihre eigene Hierarchie, ihre Werteordnung! Ihre Opferhierarchie (s. S. 169).

Sie gehen von Werten wie Freiheit, Gleichheit, Altruismus und Pluralismus aus – es sind aber Werte, die gleichzeitig auf zutiefst hierarchischen Urteilen fußen. Es ist damit doch eine Hierarchie, die allerdings Hierarchie leugnet. Extreme Heterarchie ist also verkappte Hierarchie. Um dann anschließend im Namen der Mitmenschlichkeit und Gleichheit über alles Einstufen herzufallen, wo man es findet.

So werden ausgerechnet diejenigen intolerant gegenüber anderen Auffassungen, die die Toleranz predigen. Der französische Denker Pascal Bruckner meint denn auch, dass es heutzutage besser ist dunkel als hell zu sein, besser homosexuell als heterosexuell, besser Frau als Mann. Das ist Hierarchie, das ist das Resultat (s. S. 169). Und es ist Unsinn. Aber es ist die reale Entwicklung in der westlichen Gesellschaft.

Reine Heterarchie bedeutet nach Wilber „also eine Ablehnung jeder Einordnung, sie kennt nur Differenzierung ohne Integration, kennt nur einzelne Teile, die eine Organisation ablehnen und keinen tieferen Zweck kennen."

Wie weit die Debatte zur Gleichheit, zur monistischen Heterarchie gediehen ist, zeigt ganz aktuell der Vorschlag, auf Geschlechterbezeichnungen komplett zu verzichten. Seit dem 1.1.2022 kann man z.B. in der Schweiz umstandslos für 75 SFr. sein offizielles Geschlecht wechseln. Die Biologie wird in die Ecke gestellt. Chromosomen, Anatomie und körperliche Eigenschaften spielen keine Rolle mehr, es reicht ein Gang zum Zivilstandsamt. Der Wechsel ist mehrfach möglich, und er hat keine Auswirkungen auf familienrechtliche Beziehungen wie Heirat oder Elternschaft. Direkte Vorteile wären in der Schweiz für Männer, der Wehrpflicht zu entgehen oder früher die Rente zu erhalten. Diskutiert wird in der Schweiz auch, analog zu Deutschland ein drittes Geschlecht namens „Divers" einzuführen. Um allerdings der Falle einer logischen Entwicklung zu noch mehr Geschlechtsbezeichnungen zu entgehen, überlegt man nun, konsequenterweise ganz auf die Geschlechtsbezeichnung zu verzichten. Auch die Juristerei würde dann keinerlei Konsequenzen mehr an die Geschlechtszugehörigkeit knüpfen.

Stark unterstützt wird dieser Gedanke von der jüngeren feministischen Rechtswissenschaft: Recht konstruiere sonst überholte Rollenbilder. Auch die schweizerische Nationale Ethikkommission sieht hier eine vorzugswürdige Lösung.

Probleme sehen jetzt aber doch manche Frauenkreise, weil sie erkennen, dass frau dann auf Privilegien verzichten müsse (s.o. bei der Wehrpflicht oder Rente, und zusätzlich bei den beliebten Quotenregeln), wenn es nur noch ein Geschlecht gäbe. Auch für Frauen reservierte Toiletten, Garderoben, Saunen, Spitalzimmer, Parkplätze etc. wären nun mit Männern zu teilen. Dann gälte auch im Sport „anything goes" und selbst bei Binärität würden Männer, die sich gerne mal für 75 SFr. spontan als Frau bezeichnen können, die Frauenwettbewerbe dominieren. Ganz abgesehen davon, dass es damit dann auch für männliche Straftäter möglich werden würde, sich durchaus absichtsvoll in Frauengefängnisse einweisen zu lassen, mit allen denkbaren Folgen, wie es jüngst in New Jersey geschah, als gleich 2 Frauen von einem „weiblichen Penis" geschwängert wurden.

Das Prinzip Gleichheit der französischen Revolution hat damit wie das Prinzip Freiheit (s.o.) seine Grenzen. Gleichheit ist wie ein Faden ohne Gewebe, ohne eigenen Wert, ohne eigene bezogene Identität. Wertigkeiten sind eingeebnet und auf diese Weise homogenisiert und es gibt keine sinnvollen Kriterien mehr, nach denen irgend etwas tiefer oder höher oder besser genannt werden soll.

Der deutsche Philosoph **Peter Sloterdijk** schreibt dazu mit einem Blick auf die amerikanischen Verhältnisse: „Die Wokes wüten ja nicht nur in einigen Campussen, sie beherrschen alle amerikanischen Universitäten, als Professoren wie als Studenten. Ihre Ideologie ist ins Theater und ins Fernsehen eingedrungen, in Unternehmen, Behörden und Presse. Wer heute die *New York Times* oder die *Washington Post* liest, macht eine verblüffende Erfahrung. Amerika ist dabei, seinen eigenen Kommunismus zu erfinden, ohne dass es von einem Big Brother dazu gezwungen würde."

Das ist ein Zustand, der nach Wilber zu einer **Pathologie**, einer pathologischen Heterarchie führen kann. Eine ganze Gesellschaft löst sich auf und grenzt sich nicht mehr ab. Und wenn dann alle Grenzen verschwimmen, alles unkenntlich miteinander verschmilzt, alles erlaubt und „woke" ist, man sich auf nichts mehr bezieht, ja dann verlieren sich auch für jeden einzelnen alle Unterschiede von Werten oder Identitäten.

Wenn Identitäre sich auf nichts mehr beziehen können, was ist dann ihre Identität? Nach außen lässt sich lautstark fordern und verdammen, nach innen ist man eher stumm. In Zeiten politischer Korrektheit ist das schon fast Standard, aber für ein Artikulieren von für die Gesellschaft geeigneten Wertesystemen bringt das nichts. Denn eigentlich ist nicht nur Heterarchie, sondern auch Hierarchie überall.

Denn das ist der nächste Kritikpunkt am moralisierenden Heterarchismus. Menschsein ist nämlich immer mit Wertsuche verbunden. Um uns als „krummer Mensch" für das Gute, das Wahre und das Schöne zu entscheiden, brauchen wir nun einmal Wertmaßstäbe und Werturteile. So sind qualitative Unterscheidungen und qualitative Urteile eine Grundbedingung unseres Menschseins.

Beachtet man dieses Naturgesetz eines Dualismus nicht, entstehen schon fast zwangsläufig aus meiner Sicht skurrile Forderungen an die Gesellschaft wie z.B. des Studentenausschusses AStA der TU Berlin, der mit folgenden Worten nun auch für die Männertoiletten (!) die Stationierung von Menstruationsprodukten wie Binden und Tampons fordert: *„Auf dem Weg zu einer gleichberechtigten und queer-feministischen Gesellschaft, in der kapitalistische, patriarchale, frauen-, trans-, inter- und queer-feindliche Ausschlüsse abgebaut werden, ist dies nur ein sehr kleiner Schritt.“*

Die vielen Hierarchiegegner der „woken“ Generation wehren sich ganz offen gegen jede Einsicht, dass Hierarchie das grundlegende Ordnungsprinzip vom Ganzen ist. Aber wenn Teile nicht zu einem größeren Ganzen gefügt werden können, entsteht kein emergentes Ganzes, sondern etwas, das Wilber einen formlosen „Haufen“ nennt bzw. eine Ansammlung von Fäden statt eines Gewebes. Es ist daher schon eigenartig, dass die gesellschaftskritischen Verfechter der Ganzheit des Lebens alles Hierarchische ablehnen, das doch das Ganze formt und für die gesamte Welt das fundamentale Strukturprinzip ist. Alle bekannten Entwicklungs- und Evolutionsabläufe vollziehen sich hierarchisch, von Molekülen (s. Zurek) bis hin zu ganzen Gesellschaften.

Nun gibt es aber auch pathologische Hierarchien, z.B. in diktatorischen Systemen. Denn zu viel Hierarchie kann pathologische Eigenschaften entwickeln, da sie die Verwirklichungsabsichten einzelner Individuen unterdrückt. Heterarchie ist also ein wichtiges Instrument, um individuelle Freiheiten zu ermöglichen, aber bitte im Rahmen, um nicht irgendwelche „Haufen“ und viele Bruchstücke zu erzeugen.

Die Lösung heißt nach Wilber daher Verwirklichungshierarchie. Er nennt es **Holon**, und es ist eine Mischung aus beiden Prinzipien, es ist Dualismus statt Monismus. Es ist wieder einmal das Zusammenspiel beider Prinzipien. Die Konsequenz ist: Wir müssen auch hier lernen, beide Prinzipien zu erkennen und anzuerkennen!

Stattdessen verbreitet sich in dieser Zeit der Heterarchie zunehmend die Anzahl der Menschen in der Gauß-Kurve, die sich dem moralischen Ideal des Gutseins verpflichten. Es sind Menschen ohne Rahmen, die all jene bewundern, die dem Ideal gerecht werden und alle verdammen, die sich nicht die entsprechende Mühe geben.

Möglicherweise ist das ja die Krux jeder sich selbst als „heilig“ empfindenden Bewegung: leichthin akzeptiert sie für sich selbst, was sie dem Gegner niemals zugestehen würde.

Dieses heterarchische Gutsein spaltet jetzt zunehmend unsere Gesellschaft, wie auch das Gendern. Ich halte das Gendern und vor allem die woke Political Correctness für ein einziges Unglück; denn ich sehe dort ein geschlossenes Gebäude von Verdrehungen und Einschränkungen von Äußerungen sowie Ablehnungen von natürlichen Gegebenheiten, das, wenn man sich hineinbegibt, es immer schwerer macht, frei zu reden und zu denken.

So weist z.B. der Ehapa-Verlag in neuen Comic-Publikationen (Donald Duck) mit folgender Erklärung auf Probleme hin: *„Dieser Titel enthält negative Darstellungen und/oder eine nicht korrekte Behandlung von Menschen oder Kulturen. Diese Stereotype waren damals falsch und sind es heute noch. Anstatt diese Inhalte zu entfernen, ist es uns wichtig, ihre schädlichen Auswirkungen aufzuzeigen, um aus ihnen zu lernen und Unterhaltungen anzuregen, die es ermöglichen, eine integrativere gemeinsame Zukunft ohne Diskriminierung zu schaffen.“*
Ächz-Seufz-Stöhn, das erinnert schon sehr an George Orwells 1984, als sein Protagonist Winston als Angestellter des Ministeriums für Wahrheit Geschehnisse der Vergangenheit der Gegenwart anpassen muss und alles wie von oben gewünscht umschreibt, löscht und korrigiert, ohne Bezug zur Realität. Heute müsste Winston die momentan gültige korrekte Sprechform (= Neusprech) rückwirkend als immer gegeben in die früheren Beiträge eingeben. Und Orwell spricht gar von „Gedankendelikten“.

„Sensibilisieren wir uns zu Tode?“ hieß eine Sendung, in der der Philosoph Richard David Precht und die Philosophin Svenja Flaßpöhler sich darüber beklagen, dass es in der heutigen Gesellschaft zu wenig Lebendigkeit gibt, und in der das Wort „gesellschaftliche Sterilität“ fällt. Mit eigentlich guten Motiven würde Männlichkeit ausgebremst, und sogar am Arbeitsplatz würde die Erotik ausgelagert, um uns von Missbrauchsmöglichkeiten zu befreien. „Zu sensibel“ seien die Männer geworden, befindet Precht, und immer mehr Frauen scheinen zu bemerken, dass ihnen ein echtes männliches Gegenüber abhanden gekommen ist. In einer „woken“ Gesellschaft hat das männliche, hierarchische Prinzip aber auch nichts zu suchen. Beliebte Ausdrücke wie „toxische Männlichkeit“ bestätigen dies.
Viele Feministinnen scheinen sich gleichzeitig nicht daran zu stören, dass bei zugewanderten Männern aus einem patriarchalisch und islamisch geprägten Kulturkreis Frauen wenig gelten. Um dann „Belästigungen“ wie in der Kölner (oder Mailänder) Silvesternacht mehr oder minder hinzunehmen, weil sonst der Vorwurf der Fremdenfeindlichkeit oder gar des Rassismus entstehen könnte. Gleichzeitig wird auch der von der Frauenbewegung überwiegend gut und auf sanft erzogene deutsche Mann mit einem archaischen Männlichkeitsideal konfrontiert, dem er wenig entgegenzusetzen hat; auch bei einem – aufgrund der Einwanderung von fast ausschließlich jungen Männern – nun „knappen Gut“ an jungen Frauen.

Bei den „Belästigungen“ in Köln (und Mailand) war es denn auch kein Wunder, dass deutsche (italienische) genderfluide Männer nicht schützend eingriffen.

Ich hoffe nun, dass ich Ihnen als Leser mit all diesen gesellschaftlichen Ausführungen zeigen konnte, **wie sehr der Monismus unser Denken und unsere Kultur beherrscht**, und welche schwerwiegenden Folgen dieser Verstoß gegen den Dualismus der Natur hat. Zum monistischen Gutsein ist aber noch etwas anderes hinzugekommen: Es geht nun auch noch um die „Rettung der Welt". Das ist eigentlich (s. Bruno Latour) doch eine gute und wichtige Nachricht, es ist aber die Frage nach all diesen Ausführungen, ob das monistische „Gutsein" und – ich werte hier bewusst – der „moralische Infantilismus" dafür geeignet ist. Es ist – wie ich Ihnen bald zeigen werde – höchste Zeit, dass die aktuell vorherrschende Gesinnungsethik durch eine Verantwortungsethik abgelöst wird.

Von der Diskussion der Stabilität von menschlichen Gesellschaften, also größeren komplexen Systemeinheiten, die ich versucht habe zu analysieren und die Sie vielleicht nun besser verstehen, gehen wir daher nun noch eine Stufe höher: In ein globales System. Und damit kommen wir zu unserem Planeten. Denn auch unsere Erde ist ein sich selbst organisierendes lebendiges System. Und sie ist begrenzt. Werden diese Grenzen überschritten, hat das gravierende Auswirkungen auf unsere Leitidee, wie wir bald sehen werden. Denn nach dem Tipping Point ist alles anders geworden.

Es war der Atmosphärenchemiker **James Lovelock**, der die Schlüsselideen zur Lebendigkeit von Systemen auf unseren gesamten Planeten übertrug.
Um dann festzustellen, dass seine Hypothese sich vielfach bestätigte. Zusammen mit **Lynn Margulis** fand er ein komplexes Netzwerk aus Rückkopplungsschleifen, das sogar lebende und nichtlebende Systeme miteinander verknüpfte. Seine **Gaia-Theorie** zeigt, dass es eine enge Verkettung zwischen den lebenden Teilen des Planeten – den Pflanzen, Mikroorganismen, Tieren – und den nichtlebenden Gesteinen, Ozeanen und der Atmosphäre gibt. So ist die Erdoberfläche, die wir bislang immer für die Bühne des Lebens gehalten haben, in Wirklichkeit ein Teil des Lebens selbst. Alles zusammen ist ein sich selbst regulierender Mechanismus, was auch das Klima mit einschließt. Daher sind auch, übersieht man die entsprechenden Rückkopplungsschleifen, Aussagen über „Klimakatastrophen" grundsätzlich sehr wage und sehr vorsichtig zu übernehmen.

Man versucht zwar gerne, mit Hilfe der Mathematik und Computerprogrammen zu logizistischen und damit hierarchisch-monistischen Lösungen zu kommen, die dann eine Entscheidungssicherheit nur vortäuschen können, aber wirkliche Entscheidungssicherheit ist hier eine Illusion, wie ich nun zeigen möchte.

13. Die Mathematik selbstorganisierender Systeme und das Wetter

„Mathematik ist die perfekte Methode, sich selbst an der Nase herum zu führen."

Albert Einstein

Wir kommen jetzt zur wichtigen Frage, ob und wie sich selbstorganisierende Systeme mathematisch beschreiben lassen. Denn wir alle suchen gerade in komplexen Fragen wie Klima oder Gesellschaften oder ökonomischen Systemen nach Entscheidungshilfen. So strebt denn auch die Wissenschaft danach, mit Hilfe von Mathematik und Computerprogrammen zu Lösungen zu kommen, die unserem Verstand entgegenkommen, also möglichst logisch und hierarchisch-monistisch sind. Und die Vorhersagen erlauben.

Dies betrifft aber nicht nur die nach außen abgeschlossenen Systeme, sondern dies muss erweitert werden auf die Interaktion derartiger Systeme mit anderen Systemen in der Umwelt. Wir Wissenschaftler stehen also vor der Wahl, subjektiv abzuschätzen, wie weit wir unsere Beobachtungsgrenzen ziehen wollen – es ist ein Akt relativer Willkür, den wir eher intuitiv gestalten müssen. Für diese Komplexität gibt es viele Begriffe wie Systemdynamik, dynamische Systemtheorie oder Dynamik komplexer Systeme. Für mich ist letzterer der, für den ich mich in der Folge entschieden habe.

Gehen wir dafür noch einmal zurück zu Kurt Gödel und dem neuen Weltbild aus Kapitel 5.3., so wissen wir nun, dass in der Natur kleine Bereiche der Ordnung existieren, in denen unsere bisherigen Rechenmethoden ziemlich gut funktionieren. Aber wir wissen nun auch, dass diese Inseln der Vorhersagbarkeit von einem unglaublichen Chaos umgeben sind. Es gibt also Inseln der Ordnung, in denen die Vorhersage von Abläufen mit den bisherigen Hilfsmitteln der Naturwissenschaft gelingt, und es existieren Bereiche, in denen die Unvorhersagbarkeit – das Chaos – regiert. Beide Welten liegen dicht nebeneinander.

Verallgemeinert stehen wir Wissenschaftler vor der Erkenntnis, dass unserem Bild von der Welt, dass sie nämlich wie ein brav ablaufendes Räderwerk funktioniert, seit etwa 90 Jahren der Boden entzogen ist. Stattdessen leben wir in einer Welt, in der chaotische Vorgänge existieren, die unsere Möglichkeiten der Vorhersage grundsätzlich begrenzen.

Beobachten wir z.B. aufsteigenden Zigarettenrauch, so bewegen sich die Rauchteilchen zunächst in einer glatten Strömung. Nur in diesem Bereich kann das Verhalten der Teilchen einigermaßen sicher vorausgesagt werden, benachbarte Teilchen bewegen sich ähnlich, ihre Bewegung driftet nicht auseinander. Dann aber beginnt die Strömung turbulent zu werden. Die Rauchteilchen bewegen sich irregulär durcheinander, das Chaos hat begonnen. Jedes einzelne Teilchen bewegt sich komplett anders als dasjenige in der Nachbarschaft. Reproduzierbarkeiten gib es hier nicht mehr, der Laplace-Dämon hat hier keine Chance.

Turbulenzen sind besonders beim Fliegen gefürchtet; denn die Möglichkeit zu fliegen hängt davon ab, dass die Luft glatt über einen möglichst großen Bereich der Tragflügel strömt. Geraten Sie beim Fliegen in Turbulenzen, droht Ihnen ein Abriss der Strömung, mit all den möglichen Folgen. Startet z.B. ein großes Passagierflugzeug, zieht es eine Schleppe von riesigen Wirbeln hinter sich her. Deshalb darf der Start von Verkehrsflugzeugen nur in 2-Minuten-Abständen erfolgen. Dann haben sich diese Luftturbulenzen aufgelöst.

Derartige Turbulenzen spüren Sie auch, wenn Sie versuchen, im Windschatten von Lkws auf der Autobahn Benzin zu sparen. Turbulenzen treten in der Regel hinter Fahrzeugen auf, wie auch bei Wasserströmungen, die sich vor einem Hindernis (z.B. durch einen Felsen) teilen und hinter ihm dann Turbulenzen ausbilden. In diesen scheinbar ausschließlich chaotischen Turbulenzen bilden sich oft Wirbel aus, die wiederum erste Inseln von Ordnung darstellen. Aus Chaos entstehen so geordnete Strukturen. Man denke nur an den berühmten Fleck auf dem Jupiter, der inmitten der chaotisch hin und her strömenden Gasmassen entstanden und stabil ist und eine Länge von ca. 21.000 km besitzt. Es ist ein Bezirk der Ordnung mitten im Chaos.

Entsteht beim Zigarettenrauch mathematisch aus anfänglicher Ordnung plötzlich eine Art Chaos, so zeigte sich beim Jupiter, dass andererseits aus einem scheinbar chaotischen Verhalten geordnete Muster entstehen können. Das Verhalten chaotischer Systeme offenbart also immer wieder auch geordnete Muster. Es ist dieser Dualismus statt Monismus, es ist dieses auch mathematische Wechselspiel zwischen Ordnung und Chaos, das ich so gerne mit dem Begriff **chaordische Systeme** kennzeichne. Und wieder fällt das Wort „Systeme", das kennzeichnet, dass alles miteinander verbunden ist.

Wie geht also die Mathematik damit um? Nun, eine sehr lange Zeit glaubte die Wissenschaft ja trotz Gödel an eine lineare Welt und damit an deterministische Gleichungssysteme, die exakte Berechnungen erlauben würden. Es ist erst etwa 40 Jahre her mit der Erkenntnis, dass die Natur stattdessen „erbarmungslos nichtlinear" ist, sie also nur durch nichtlineare Gleichungen zu beschreiben ist. Die Mathematik steht daher seit 40 Jahren vor der Herausforderung, wie sie mit der ganzen Komplexität dieser nichtlinearen Systeme umgehen soll.

Aber das war noch nicht alles. Denn wie man bald feststellte, können in der Welt komplexer Systeme bereits einfache deterministische Gleichungen ebenfalls ein ungeahnt vielfältiges Verhalten hervorrufen.

Wie schnell irgendwelche Vorhersagen unmöglich sind, zeigte sich schon dem genialen Mathematiker **Henri Poincaré** beim berühmten **Dreikörperproblem** in der Himmelsmechanik. Dabei geht es um die relative mechanische Bewegung von drei Himmelskörpern, die sich gegenseitig anziehen und dabei jeweils einfachen deterministischen Bewegungsgleichungen gehorchen. Das Überraschende war, dass trotz aller Bemühungen die Bewegungen der drei Körper relativ zueinander nicht zu berechnen waren, und das, was bei zwei Körpern noch ganz einfach war, nun eine unglaubliche Komplexität aufwies, die sämtliche Versuche der Vorhersage vereitelte! Sie sehen, bereits ein einfacher Satz von Gleichungen kann ein ungeheuer komplexes Verhalten hervorrufen, das mathematisch dann nicht mehr zu brauchbaren Aussagen führt.

Ein anderes Beispiel benutzt ein Pendel. Ein Pendel, das ja ein wirklich überschaubares physikalisches System ist, schwingt hin und her, und es verhält sich so, wie es die Berechnungen vorhersagen. Nun legen wir unter das metallische Pendel zwei Magnete. Jetzt wird die Bewegung der Metallkugel an der Pendelspitze nicht nur von der Gravitation bestimmt, sondern auch von den Anziehungskräften, die von den Magneten ausgehen. Zeichnet man diese auf, wird man feststellen, dass bereits geringste Abweichungen der Startposition des Pendels oder der Lage der Magneten zu völlig unterschiedlichen Pendelbewegungen führen. Man spricht hier von einem **„deterministischen Chaos"**, weil ja die Naturgesetze (Pendelbewegung, magnetische Anziehung) hier immer noch gelten. In diesem deterministischen Chaos lassen sich aber keinerlei langfristige Voraussagen darüber mehr machen, wie sich ein Ablauf in der Natur weiter fortsetzen wird. Es ist ähnlich wie bei den Turbulenzen des Zigarettenrauchs.

Wie im deterministischen Chaos sind natürlicherweise auch in Systemen mit nichtlinearen Gleichungen Vorhersagen oft unmöglich. In nichtlinearen Systemen können bereits kleine Veränderungen dramatische Wirkungen haben, weil sie z.B. wiederholt durch positive Rückkopplung verstärkt werden oder schnell zu unvorhersagbaren Entwicklungen führen.

So sollte die nächste Entdeckung die ersten Schockwellen in der Wissenschaft, die mit der Entdeckung des Chaos ausgelöst wurden, noch verstärken. Es geht um den **„Schmetterlingseffekt"**. Der Meteorologe **Edward Lorenz** konstruierte damals ein sehr einfaches Modell zur **Wettervorhersage** aus drei gekoppelten nichtlinearen Gleichungen und musste feststellen, dass die Lösungen seiner Gleichungen eine extreme Abhängigkeit von den Anfangsbedingungen aufwiesen. Aus nahezu identisch formulierten Ausgangssituationen entwickelten sich zwei völlig verschiedene Vorhersagen, langfristige Voraussagen waren damit unmöglich.

Bereits der Flügelschlag eines Schmetterlings am Ort X der Erde könnte – so die populäre Definition – eine völlig andere Wettersituation am Ort Y bewirken. Selbst eine winzige Luftdruckänderung könnte also ausreichen, das Wetter in die eine oder andere Richtung zu lenken. Lorenz erklärte damals: *„Ich begriff damals, dass jedes physikalische System, das keine Periodizität aufweist, auch keinerlei Vorhersagen erlaubt."*

Wenn man also in der Wetterkunde lange glaubte, mit Hilfe physikalischer Gesetzmäßigkeiten irgendwann das Wetter genauso gut vorhersagen zu können wie z.B.

190

die Planetenbewegung um die Sonne, erlebt man selbst heute immer wieder Überraschungen, wenn man sich auch nur wenige Tage auf den gerade aktuellen Wetterbericht verlässt. Vorausberechnungen und spätere Realität weichen oft stark voneinander ab – obwohl die mathematischen Gleichungen, die das physikalische Geschehen in der Atmosphäre beschreiben, ja grundsätzlich bekannt sind. Man muss ja nur ganz einfach Daten über Druck, Temperatur, Feuchtigkeit, Windrichtung usw. sammeln. Dachte man.

Denn die Realität brachte die Wetterkundler auf den Boden der Wirklichkeit zurück. Selbst bei immer mehr Daten und dem Einsatz von Großcomputern und immer weiteren Verbesserungen der Modelle stieß man auf eine grundlegende Schwierigkeit: Bei der Eingabe der Messdaten führten oft bereits sehr, sehr geringe Unterschiede bei zwei Datensätzen zu zwei völlig verschiedenen Vorhersagen, wenn man die Entwicklung über mehrere Tage berechnete. Die Unterschiede in den Ausgangsbedingungen waren sogar so gering, dass man anfangs darüber nachdachte, sie zu vernachlässigen. Es war auch die Wetterkunde, die die wissenschaftliche Sicht auf unsere Welt entscheidend verändern sollte.

So ist die naive Klage eines Fremdenverkehrsamtes, der den Wetterdienst wegen falscher Prognose des Wochenendwetters verklagte (Tausende blieben dem Erholungsgebiet fern), aus wissenschaftlicher Sicht eher ein Anlass zum Schmunzeln.

Was macht aber nun endlich die Mathematik? Wie geht sie damit um?

Mathematisch arbeitet man mittlerweile gerne mit mehrdimensionalen Phasenräumen und lässt die möglichen Lösungen der nichtlinearen Gleichungen als Bahnen in diesen Phasenräumen zeichnen. Dabei stellte man fest, dass sich die dynamischen Eigenschaften eines Systems mit Hilfe dieser Phasenräume durch sog. Attraktoren beschreiben lassen, die die Bahnen bestimmen.

Man fand insg. drei Grundtypen von Attraktoren. Zum einen gibt es Punktattraktoren, die Systemen entsprechen, die ein stabiles Gleichgewicht erreichen (wie z.B. eine Kugel, die kreisförmig in einer gewölbten Schale rollt und irgendwann im **Punktattraktor**, also in der tiefsten Stelle der Schale landet und dann dort ruht). Wir hatten dieses Beispiel bereits bei der Beschreibung von geschlossenen Systemen und der Entropie. Nun, das ist langweilig, und es hat nichts mit Systemen fern vom Gleichgewicht zu tun. Gehen wir also über zu sog. **periodischen Attraktoren**, die periodische Schwankungen und chaordisches Verhalten bewirken und aufgrund ihrer Periodizität durchaus (begrenzte) Vorhersagen erlauben.

Dann gibt es noch die sog. „**seltsamen Attraktoren**", die chaotischem Verhalten entsprechen und in Systemen wirken, die nie ihr ursprüngliches Verhalten wiederholen. Und doch sind auch in derartigen Systemen trotz der scheinbaren Unberechenbarkeit wieder komplexe Muster zu finden. Chaotisches Verhalten ist damit – ich mache dafür einen grundsätzlich existierenden und damit übergreifenden Attraktor Ordnung verantwortlich (s.o.) – etwas anderes als eine zufällige Bewegung.

Bei Klimafragen dürfte es sich um eine Mischung verschiedener Attraktoren handeln. Es existieren hier sowohl periodische, jahreszeitbedingte Einflüsse als auch periodische Strömungsprozesse in den Weltmeeren. Und es gibt seltsame Attraktoren, deren Auswirkungen wiederum in keiner Weise vorhergesagt werden können. Das macht Wettervorhersagen denn auch so ungenau. Und zwar auch dann, wenn ich beim Wettergeschehen den Schmetterlingseffekt nahezu ausschließe, da hier in der Realität diverse Rückkopplungsschleifen existieren, die den Effekt wieder egalisieren würden.

Da die meisten Vorgänge in der Natur nichtlinear und im Allgemeinen nicht mehr analytisch lösbar sind, versuchte man in der Physik deshalb zunächst, diese nichtlinearen Gleichungen zu vereinfachen und zu linearen zu machen. Auch wenn diese damit jetzt nur einen begrenzten Bereich der Realität, in der Regel Bereiche einer annähernden Ordnung, annähernd korrekt beschreiben.

Eine andere Methode ist die Entkoppelung. Berechnet man z.B. die Bewegung der Erde und die Sonne, vereinfacht man dies dadurch, dass man dies isoliert von den Bewegungen der anderen Planeten des Sonnensystems berechnet. Das komplexe System wird so aufgelöst und in Subsysteme unterteilt, die einzeln berechenbar sind und so als nebeneinander existierend betrachtet werden.

In vielen Situationen sind diese Vereinfachungen, die sich aus dem Zwang der mathematischen Lösbarkeit ergeben, doch recht erfolgreich. Denn tatsächlich sind viele Einflüsse, viele Wechselwirkungen untereinander und die komplizierten Zusammenhänge bei einem nichtlinearen Verhalten – nimmt man es nicht zu genau – oft vernachlässigbar, und die vereinfachten Berechnungen führen zu guten und akzeptablen Näherungen. Und zum Glück müssen keineswegs alle nichtlinearen Zusammenhänge immer gleich zu einem chaotischen Verhalten führen.

Beim Wetter allerdings reichen diese Tricks nicht aus. Hier wird mittlerweile der Weg der **numerischen Lösung** gewählt, den Ende des 19. Jahrhunderts bereits Poincaré wählte, um das Dreikörperproblem mathematisch zu erfassen. Er setzte in die nichtlinearen Differentialgleichungen, die analytisch nicht zu lösen waren, ganz einfach Zahlenwerte ein, um wenigstens einige Einsichten in das komplexe Geschehen jenseits des vereinfachten Abbildes der Natur zu bekommen – und stieß dabei allerdings auf die beunruhigende Erkenntnis, dass innerhalb des Planetensystems überraschende Instabilitäten auftreten können, sodass die Erde nicht unbedingt für ewige Zeiten auf ihrer Bahn bleiben würde. Sie könnte von der Sonne wegdriften, mit dramatischen Folgen für uns.

Diese Berechnungen waren übrigens eine der ersten Begegnungen der Wissenschaft mit dem Chaos.

Dieses Vorgehen der numerischen Lösung, die durch die enormen Rechenkapazitäten modernster Supercomputer wesentlich erleichtert wurde, wird mittlerweile auch bei der **Wetterberechnung** gewählt. Dafür wird die Atmosphäre in ein räumliches Gitter aufgeteilt. Nach oben sind dies – es sind Daten aus dem Jahr 2000, möglicherweise sind die Abstände jetzt noch feiner geworden – 31 Schichten bis in 35 km Höhe, horizontal sind es Abstände von etwa 60 km. Für diese etwa 5 Millionen Gitterpunkte werden Werte bestimmt, die ca. alle 15 Minuten neu bestimmt werden und in die Gleichungen einfließen. Aus den Differentialgleichungen werden über die Zeitabstände jetzt Differenzengleichungen konstruiert, d.h. jeder gemessene Wert ist dann Grundlage für den 15 Minuten später gemessenen Wert. Die auf diese Weise berechneten Wettervorhersagen sollten – so hoffte man – nun deutlich genauer werden.

Aber dieser Optimismus wird von den neuen Erfahrungen etwas getrübt. Denn die Güte der Wettervorhersagen wurde dadurch nur relativ wenig verbessert. Ein anderes Problem wurde stattdessen immer deutlicher: Die Bedeutung der Anfangswerte von Temperatur, Luftdruck, Feuchtigkeit, Wind etc., die bei bestimmten Wetterlagen auftraten. Bereits leichte Unschärfen führten dazu, dass das Wettervorhersagemodell in seinen Ergebnissen nicht mehr zu kontrollieren war: Kleine Abweichungen z.B. beim Druck führten zu einem dramatischen Auseinanderlaufen der Vorhersagekurven. Selbst eine Steigerung der Genauigkeit der Messung um den Faktor 10 sorgte nur für eine Erweiterung der Vorhersage um 1 Tag. Einen zweiten Tag gewann man erst bei einer ungemein aufwendigen Verbesserung um den Faktor 100. So führte man einen weiteren Trick ein. Man änderte künstlich ein wenig die gemessenen Anfangswerte und ließ das Computerprogramm mit den leicht veränderten Werten die Vorhersage erneut berechnen. Entstand ein völlig von dem ersten abweichenden Ergebnis, so weiß man dann, dass man im chaotischen Bereich ist und eine vernünftige Vorhersage nicht möglich ist.

Wie sich herausstellte, befindet man sich oft genug selbst bei 2-tägigen Vorhersagen im chaotischen Bereich, bei 7-tägigen Vorhersagen sind es bereits mehr als 30% der Fälle, und bei 15-Tage-Vorhersagen ist eigentlich bereits alles dem Zufall überlassen. Sie brauchen zur Prüfung nur mal die Wettervorhersagen im Nachhinein mit dem tatsächlichen Wetter zu checken. Als einigermaßen vertrauenswürdig betrachte ich für meinen Alltag daher die Zwei-bis-drei-Tages-Vorhersagen.

Immerhin kann man mit dieser Technik und mit Hilfe von Computern nun auch komplexe Zusammenhänge in der Natur oft näherungsweise berechnen. Und doch zeigt sich immer wieder, dass der Bereich der Ordnung, in dem Vorhersagen möglich sind, doch recht klein ist. Der Computer, der zunächst als Hilfsmittel galt, in der Natur die Ordnung zu erkennen, hat uns etwas anderes klargemacht, nämlich wie bedrohlich nahe wir hier und da am Chaos leben. Das betrifft u.a. auch die aktuell sehr intensiv geführte Klimadiskussion, auf die ich bald kommen werde.

Und doch gibt es immer wieder erstaunliche Gleichungen aus der Mathematik.

Bei der Betrachtung des deterministischen Chaos ist z.B. eine Gleichung besonders verführerisch, weil man mit einer simplen mathematischen Formel das Weltbild der Naturwissenschaften unglaublich bereichern kann:

$$Y_{n+1} = r \cdot y_n \, (1 - y_n)$$

Man muss lediglich auf der rechten Seite für y_n eine Zahl zwischen 0 und 1 einsetzen und damit y_{n+1} auf der linken Seite berechnen. Der erhaltene Wert wird nun wieder rechts für y_n eingesetzt usw. und wir erhalten eine Gleichung, die einen interessanten Prozess in der Natur beschreibt, die Schwankungen von Tierpopulationen. Der Wert r ist eine Art Vermehrungsfaktor und der Wert in der Klammer ist eine Art Bremsfaktor, der z.B. die Ressourcen in der Umgebung charakterisiert und Überbevölkerung vermeidet.
Wenn Sie die Diskussion um SARS-Cov-2 verfolgt haben, werden sie r wiedererkennen, r ist identisch mit dem dort vielzitierten R-Wert. Ist der für das Vermehrungsverhalten der Population charakteristische Wert r kleiner als 1, wird die Population über kurz oder lang aussterben.
Das mag Sie an die Grafik von Richter/Rost bei der Diskussion des Wirtschaftswachstums erinnern (s. Kapitel 10.2.), und es ist tatsächlich auch diese Formel, die zu dieser Grafik führte. Wächst r über den Wert r=3 hinaus, wird eine Population mit der Zeit schließlich in ein chaotisches Verhalten umschlagen, bei dem keine Vorhersagen mehr möglich sind und alle möglichen Werte eintreffen können, bis hin zum Zusammenbruch der Population.
Das Erstaunliche: Selbst in dieser einfachen und scheinbar völlig deterministischen Gleichung findet plötzlich ein Übergang zum Chaos statt.

Man ist in der Mathematik auch auf der Suche nach dem „Bauplan der Natur", der alle die geordneten Strukturen um uns und in uns erschaffen hilft. Denn wie man feststellte, sind es oft ganz einfache Gleichungen, die hinter dem „Bau" komplexer Strukturen in der Natur wie Farnblätter, Kohlköpfen oder auch Schneekristallen stecken. Komplizierte Strukturen sind plötzlich auf einfache mathematische Zusammenhänge zurückzuführen.
So ist es bei einfachen Systemen manchmal möglich, etwas zu entdecken, was ich mit **Wachstumscode** bezeichne. Hinter den definierten geometrischen Eigenschaften von z.B. Farnen, die sich aus einem Keim heraus zu genau festgelegten Blattformen entwickeln, stecken relativ einfache Rechenvorschriften (= mathematische **Fraktale**), die im genetischen Code der Pflanze festgelegt sind.

Durch ständige Wiederholung der zugrundeliegenden Formeln (=**Iteration**) entstehen dann beim Wachstumsprozess die uns bekannten Formen. Die folgende Abbildung ist denn auch eine Wiederholung aus der Diskussion der Evolution und des Darwinismus.

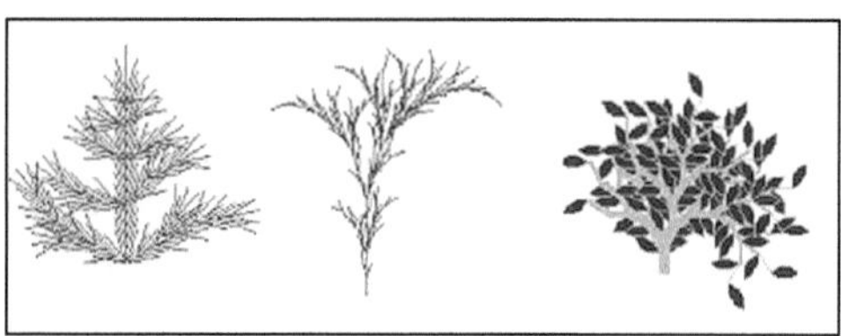

Mit einem Computerprogramm durch Iteration erzeugte „Pflanzenstrukturen"

Diese fraktale Geometrie basiert auf **Benoit Mandelbrot**, der berühmt wurde durch die faszinierenden Strukturen der sog. Mandelbrotmenge. Diese beruhen wie auch die verwandten Juliamengen auf einer mit komplexen Zahlen arbeitenden Mathematik. Es ist eine Spezialdisziplin in der Mathematik der Ordnung aus Chaos, auf die ich hier aber nicht näher eingehen werde, um den Rahmen dieses Buches nicht zu sprengen.

Mandelbrot fasst jedenfalls das in der fraktalen Geometrie wirkende Prinzip eigendynamischer Ordnungsbildung so zusammen: *„Fraktale Gestalten hoher Komplexität lassen sich allein durch die Wiederholung einer einfachen geometrischen Transformation gewinnen, und geringfügige Änderungen dieser Transformation bewirken globale Änderungen."* Eines seiner hochästhetischen Beispiele der rechnerischen Entwicklung von Ordnung aus Chaos sehen sie hier:

Beispiel aus der fraktalen Geometrie zur Entstehung von Ordnung aus Chaos.

Quelle: Wikimedia Commons

Von den vielfältigen Bemühungen und manchen möglichen Erfolgen der Mathematik bei der Bewältigung komplexer dynamischer Systeme und deren Grenzen, die sich bei der Wettervorhersage so deutlich zeigen, gehe ich nun über zur praktischen Anwendung all des Wissens, das ich versucht habe, Ihnen zu vermitteln. Es geht nun um die Klimadiskussion, für die ich den notwendigen Diskurs, da er nicht stattfindet, nachholen möchte.

14. Das Klima und die Systemfragen

14.1. Die Erwärmung des Klimas: Ursachen und Strategien

Für jedes komplexe Problem gibt es eine Lösung, die einfach, klar und ... falsch ist.

Unbekannt

Entschleierung der Wahrheit ist ohne Divergenz der Meinungen nicht denkbar

Alexander v. Humboldt

Am Beispiel der Diskussion der aktuellen Klima- und Erderwärmung möchte ich jetzt zeigen, wie wichtig all dieses hier erarbeitete und zusammengestellte Wissen um die Funktion komplexer Systeme ist und wie sehr es in der heutigen Zeit – in der das System Erde seine Grenzen zeigt – gilt, mit diesem Wissen verantwortungsvoll zu arbeiten. Unsere Gesellschaft und unsere Politik handeln aber anders. Wie schon bei der Sars-CoV-2-Epidemie, aber in diesem Fall noch deutllicher, trifft hier folgende Erkenntnis des berühmten Physikers Richard Feynman zu: *„Science is the belief in the ignorance of experts!"*

Eine politische Auseinandersetzung durch eine Diskussion unterschiedlichen Wissens, die sich auf mehrere Aspekte der Klimaphänomene beziehen würde, wird vermieden, stattdessen wurde eine einfache Lösung gesucht und gefunden, und es werden – siehe meine Ausführungen zum Monismus unserer Gesellschaft – Moral und Schuldbewusstsein als „Argumente" benutzt. Es wurde trivialisiert ... und ein Sündenbock gefunden. Das Klima, so kann man sagen, markiert die neue Gretchenfrage der Moral, die Produktion von CO_2 wurde zum alleinigen Maßstab für Gut und Böse. Moralisch bewertbare Begriffe wie Klimaschützer und Klimaretter, Klimaleugner und Klimasünder verdeutlichen dies. Mit verantwortungsvoller Wissenschaft hat das nichts zu tun.

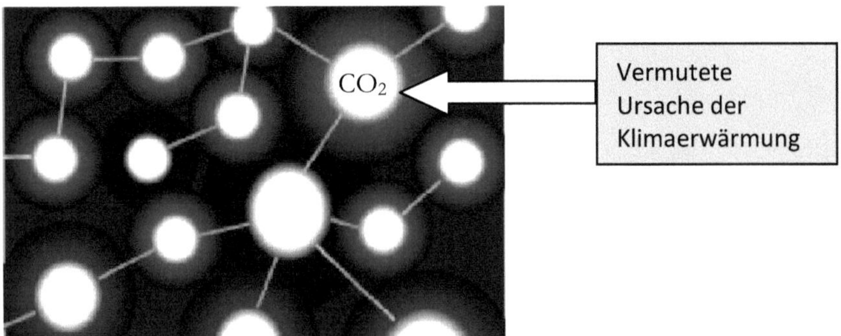

Am Weltbild der logischen Inseln in einem Meer von Wahrscheinlichkeiten, Unentscheidbarkeiten, Netzstrukturen, Rückkopplungsmechanismen und einer Selbstorganisation der Stabilität eines komplexen und dynamischen Systems möchte ich das nun verdeutlichen.

Man hat sich für die beobachtete Klimaerwärmung einseitig auf die logische Insel CO_2 als „Bösewicht" festgelegt. Und alle Zweifler darüber, ob diese Aussage berechtigt ist, werden moralisch abgestraft.

Diese Moralisierung des Klimakonflikts hat große Vorteile für seine Benutzer – sie erspart die Auseinandersetzung. Mit dem Bösen diskutiert man nicht. Das Eintreten für das Gute – vor allem, wenn es so einfach auf einen einzigen Übeltäter gerichtet werden kann und jeder schnell mitreden kann – verschafft einem stattdessen einen willkommenen Bonus: Moralische Überlegenheitsgefühle. Das hat durchaus etwas Narzisstisches.

Moral wird auf diese Weise zu einem Machtfaktor, umstrittene Fragen werden durch Moralisierung entschieden. Der Verstand der Bürger wird übergangen und entmündigt, Le Bon (s.o.) lässt grüßen, und ähnlich wie bei Kindern wird eine betreute Emotion in den Vordergrund gehoben. Ähnlich läuft es in der sog. Coronapolitik. Für eine Demokratie kann diese Entmündigung und Betreuung zu heftigen Problemen führen.

Ich könnte es mir jetzt einfach machen und mich einseitig auf die Seite der Moral stellen. Das wäre das Denken gemäß Kahnemanns System 1. Ich würde dann die Daten zum Klimawandel selektiv auswerten, und ich wäre sofort auf der Seite der Guten. Ich müsste dann nicht mehr argumentieren, und ich könnte mich über die Gegenseite entrüsten. Damit würde ich aber alle meine bisherigen Arbeiten zur Funktion komplexer Systeme und meine wissenschaftliche Ausbildung verneinen und mich künstlich dumm stellen. Sie ahnen es nun: Ich werde das nicht tun. Ich benutze eher das Denken gemäß System 2.

So werde ich mich auch nicht auf die apokalyptische Rhetorik der Klimaschützer einlassen und beginne deshalb schon einmal damit, dass das Klima keinen Schutz benötigt. Wenn, dann geht es um den Schutz von uns Menschen und vielen anderen Lebewesen vor den Auswirkungen des aktuellen Klimawandels und die Frage, inwieweit er anthropogen verursacht ist. Es geht um Verantwortung statt Moral. Es geht um Gesamtsichten statt Reduktion auf Einzelheiten.

Das Klima dieses Planeten ist wohl eins der komplexesten der komplexen Systeme, die jemals beobachtet und untersucht worden sind – allein die Unzuverlässigkeit der Wetterberichte (s.o.) spricht hier eine deutliche Sprache. Und es sind dabei **zahlreiche Einflussfaktoren** festgestellt worden.

So hat die Wanderung der Magnetpole einen Einfluss auf das Klima, der Nordpol wandert derzeit (seit 1990) mit ca. 55 km pro Jahr in Richtung Sibirien. Klimaverschiebungen beruhen zum Teil auch auf der Kontinentaldrift. So vermutet man, dass die völlige Vereisung unseres Planeten vor 600-700 Millionen Jahren daher rührte, dass der Superkontinent Rodinia auseinanderbrach. Vor 500 Millionen Jahren wurde dies dann von einer Warmzeit abgelöst, die durch vulkanische Aktivitäten ausgelöst worden war.

Die daran anschließende Vereisung vor etwa 300 Millionen Jahren – es wurde also wieder richtig kalt – wird ebenfalls auf plattentektonische Ereignisse zurückgeführt.

Das Klima wird aber auch von der Neigung der Erdachse zur Sonne bestimmt. Denn diese Präzession beeinflusst die saisonale Sonnenlichtmenge, die auf die feste Erdoberfläche trifft. So hat man herausgefunden, dass der Grad der Schiefstellung (Obliquität genannt) offenbar mit den Eiszeiten korreliert. „Die Erde schwankt im Eiszeittakt“ (bzw. dann auch im Warmzeittakt), titelte 2005 Bild der Wissenschaft. Derzeit ist der Nordpol mehr zur Sonne gekippt, wir haben deshalb relativ warme Sommer. Aber damit nicht genug. Auch der Abstand der Erde zur Sonne verändert sich. Im sonnennächsten Punkt beträgt der Abstand 147 Millionen km, im sonnenfernsten 152 Millionen km. Zur Zeit leben wir also auch aus astronomischen Gründen in einer natürlichen Warmzeit und treiben langsam wieder auf eine Eiszeit zu. Allerdings sind hier Zeiträume über Jahrtausende zu betrachten.

Weitere Faktoren sind die oszillierende Sonnenaktivität, die normalerweise im 11-Jahre-Rhythmus schwankt und mit einer erhöhten UV-Strahlung einhergeht (in der Kaltzeit 1450-1850 war sie ziemlich schwach), sowie die Luftverschmutzung durch Vulkanausbrüche oder Feinstaub und eine Veränderung in der Zusammensetzung der Atmosphäre, die sog. Klimagase. In diesem Zusammenhang wird derzeit besonders der sog. **Treibhauseffekt** diskutiert. Hierzu sei als erstes angemerkt, dass ohne einen Treibhauseffekt die Erde unbewohnbar wäre, weil die von der Sonne aufgenommene Energie in den Weltraum abgestrahlt werden würde.
Als man feststellen musste, dass seit Ende des 20. Jahrhunderts die Temperaturen global anstiegen, fing man an, diesen Treibhauseffekt näher zu untersuchen. Man nimmt heute an, dass für über 70 % des natürlichen Treibhauseffekts die Wolken und vor allem der Wasserdampf verantwortlich sind. Etwa 22 % werden vergleichsweise vom Kohlendioxid in der Atmosphäre verursacht, das selbst allerdings derzeit mit nur 0,04 % (etwa 400 ppm) an der Atmosphäre beteiligt ist. Es sind Annahmen zum Treibhauseffekt – wie Wasserdampf, Wolken und CO_2 wirklich miteinander wirken, ist bisher kaum geklärt.
Diesen CO_2-Anteil jedenfalls hat der Mensch nun infolge der Industrialisierung und der Energieversorgung des Wirtschaftswachstums und des Wohlstands erhöht. Statt 280-300 ppm wie in der Mitte des 19. Jahrhunderts liegt er nun bei etwa 400-420 ppm. Auf dieses Kohlendioxid als entscheidenden Faktor für die Zunahme der Temperaturen auf der Erde, also für die aktuelle Klimaerwärmung, konzentrieren sich heute die Modellrechnungen. Dabei gehen sie davon aus, dass ein prozentualer Kohlendioxidanstieg eine bestimmte Temperaturerhöhung auf der Erde verursacht. Und sie schlagen aus dieser einseitigen Sicht Alarm. Und jeder, der diese Sicht anzweifelt – es sind immerhin ca. 9.000 anerkannte Wissenschaftler – wird moralisch überstimmt. (Quelle dieser Modelle ist übrigens das

IPCC = Intergovernmental Panel on Climate Change, auch Weltklimarat genannt, das 1988 gegründet worden war und eine Einrichtung der Vereinten Nationen ist.)

Dabei zeigen Untersuchungen sogar vom IPCC selbst (1992) und vom Max-Planck-Institut in Hamburg, dass die Absorptionsbanden von CO_2 bereits weitgehend gesättigt sind. Das würde bedeuten, dass zusätzliches CO_2 nach dem Lambert-Beer-Gesetz nur noch schwach zur Steigerung des Treibhauseffekts beiträgt. Andere Überlegungen, dass die Erwärmung durch mehr CO_2 die Bildung von Wasserdampf und Wolken aus den Meeren beschleunigen würde und damit der Treibhauseffekt verstärkt würde, sind ebenfalls anzuzweifeln. Im Water Vapor Project der NASA zeigte sich nämlich, dass die Wasserdampfvermehrung durch anschließende Kondensation wieder kompensiert wurde und die Wasserdampfwerte auf diese Weise konstant blieben. Auch über den Umweg Wasserdampf konnte also der CO_2-Anstieg die beobachtete Erwärmung nicht liefern, sodass das IPCC 2013/2014 davon sprach, dass ihre Modellierung unsicher sei. Das MPI Hamburg kam dann zum Schluss, dass eine CO_2-Verdoppelung (!) ohne Kombinationseffekte mit Wasserdampf eine Klimaerhöhung von unter 1 Grad liefern würde, nicht mehr.

Ist CO_2 etwa nicht der große Klimatreiber? Jagen wir dem falschen Narrativ nach, um die Welt „zu retten"?

Je intensiver ich mich mit der Funktion komplexer Systeme beschäftigte, desto unsicherer wurde ich. Muss es sich hier nicht um ein System mit unzähligen Rückkopplungen und nichtlinearen Gleichungen handeln? Ich suchte nach Rückkopplungen.

So existieren tatsächlich zahlreiche Rückkopplungsschleifen, wie schon James Lovelock im Rahmen seiner Gaia-Theorie zeigte. Diese Schleifen, auf denen die Selbstregelung der Atmosphäre beruht, verknüpfen lebende mit nicht lebenden Systemen. Tiere, Pflanzen, Mikroorganismen, Gesteine, Ozeane und Atmosphäre, alles hängt zusammen. Besonders gut zeigt sich das am Kohlendioxidzyklus: Seit Millionen Jahren geben die Vulkane riesige Mengen CO_2 von sich. Dieser Überschuss des Treibhausgases wird dann aber durch eine ähnlich riesige Rückkopplungsschleife „recycelt". Zusammen mit Regenwasser und Gesteinen, die mit Hilfe von Bakterien verwittern, bilden sich Carbonate, die im Meer von Algen absorbiert werden und Kalkschalen erzeugen. Wenn diese Algen absterben, bilden sie Kalksteinsedimente, die mit der Zeit in den Erdmantel absinken. Wird das Klima wärmer, wird auch die Bakterientätigkeit im Boden angeregt.

Die Erdoberfläche, die wir bislang immer für die Umwelt des Lebens gehalten haben, ist also in Wirklichkeit ein Teil unseres Lebens. Das Leben verändert die Umwelt und dann wirkt diese Umwelt auf das Leben zurück, das sich in ihr verändert, agiert und wächst. Es kommt also zu ständigen zyklischen Wechselwirkungen. So wurde bspw. kürzlich beobachtet, dass die Grünflächen auf der Erde um 7 % zugenommen haben und dort zunehmend Kohlendioxid von den Pflanzen aufgenommen wird.

Es sind aber nicht nur Treibhausgase, die unser Klima bestimmen. Das zeigt sich auch am wenig beachteten, aber großen Einfluss von Meeresströmungen wie z.B. El Niňo, der zyklisch auftritt und für den Pazifik nach mathematischen Untersuchungen zu einem Schwingungsmodell führt.

Weitere Zweifel kommen, wenn man anhand von Sedimentuntersuchungen in den Meeren und an Land und in den Eisschichten von Grönland und der Antarktis usw. analysiert, wie sich das Klima in der Vergangenheit entwickelt hat, sodass wir eigentlich eine gute Übersicht über die Klimageschichte unserer Erde haben. So dauerte der Übergang von einer Kalt- zu einer Warmphase oft nur knapp 100 Jahre. Dieser Wechsel ging also viel schneller vor sich als ursprünglich angenommen. Während der letzten 1.000 Jahre gab es denn auch wiederholt starke Klimaschwankungen, wie z.B. die kleine Eiszeit vom Mittelalter bis zur Mitte des 19 Jahrhunderts. Weiter gab es plötzliche Klimasprünge, die sich in Sedimentproben zeigen.

Es gibt beim Klima also ein ständiges Hin und Her, und trotzdem blieb es in einem gewissen Rahmen stabil. So zeigt sich ein mir inzwischen vertrautes Bild: Das Klima als nichtlineares komplexes System, das selbstregulierende Mechanismen hat.

Die derzeitigen Modelle des IPCC bestehen denn – es sollte nun nicht mehr verwundern – auch nicht den grundlegenden Test, der für alle Modellrechnungen gilt: die Bestätigung in der Vergangenheit. So gelingt es den Modellen nicht, die kleine Eiszeit zwischen dem 13. und dem 19. Jahrhundert aufzuzeigen, geschweige denn kleinere Klimasprünge. Die Klimaberichte umgehen dies nonchalant, indem sie erst beim Jahr 1850 beginnen.

Seit 1850 hat sich die globale Temperatur insgesamt um 0,9 Grad erhöht. Dies beinhaltet auch einen Temperaturrückgang zwischen 1940-1975, auf den dann der aktuell besonders diskutierte starke Erwärmungsschub zwischen 1977 und 1998 folgte, als die Temperatur um ca. 0,5 Grad nach oben schnellte. Was tatsächlich eine Katastrophe bedeuten würde, wenn dies linear so weiter ginge. Wir sind aber in einem System mit Nichtlinearitäten und diversen Rückkopplungen.

So ist es für mich plausibel, dass weitere Messungen zeigten, dass um 2000 herum die Erwärmung stark abbremste (= Hiatus bzw. slow down), unterbrochen wieder von einem starken El Niño-Effekt um 2015/2016. Neue Daten für das Jahr 2021 vom DWD (Deutscher Wetterdienst) bestätigen denn auch, dass derzeit und hier in Deutschland die Klimaerwärmung zum Stillstand gekommen ist. Relativ zur Vergleichsperiode von 1991-2020 lag die mittlere Temperatur um 0,2 Grad tiefer und bezogen auf 2021 sogar um 1,3 Grad kühler. Was den DWD aber nicht davon abhält, sich auf eine vergangene Kälteperiode außerhalb des Referenzzeitraums zu beziehen und mit einem elften zu warmen Jahr in Folge Alarmstimmung zu verbreiten. Das ist objektiv zutiefst unseriös.

Wenn die Erderwärmung allein auf anthropogene Einflüsse zurückzuführen wäre, dürfte es eigentlich auch keinen vorindustriellen Klimawandel geben. In den letzten 10.000

Jahren waren die Alpengletscher aber über mindestens die Hälfte der Jahre (!) kürzer als heute. All diese enormen natürlichen Schwankungen in den letzten 10. 000 Jahren, also in vorindustriellen Zeiten, werden einfach nicht von den Modellen des IPCC erfasst. Auch das spricht für eine andere These, dass nämlich natürliche Klimafaktoren eine große Rolle spielen.

Spannend ist auch, dass 1996, also 8 Jahre nach Gründung des IPCC, der PDO-Zyklus entdeckt wurde. Diese Pacific Decadel Oscillation gibt die Konstellation von Warm- und Kaltwassergebieten im nördlichen Pazifik wider, die sich quasizyklisch abwechseln – mit einer Periodendauer von etwa 60 Jahren. Während der positiven PDO-Phase erwärmt sich der zentrale Ostpazifik, während sich der Nordwest-Pazifik abkühlt. Bei der negativen PDO kehren sich die Verhältnisse um. Dieser PDO-Zyklus gilt mittlerweile vielen Wissenschaftlern als Herzschlag des Klimas.

Was wiederum daran liegt, dass die Korrelation zu Erwärmung und Abkühlung des globalen Klimas verblüffend gut ist. Die Kältephase zwischen 1940 und-1975 mit der anschließenden Erwärmung passt denn auch entsprechend gut in die Periodendauer der PDO. Zu erwarten ist danach eine Abkühlungsphase bis etwa 2035, danach wieder eine Warmphase. Die neuen Zahlen für 2021 vom DWD (s.o.) bestätigen das denn auch. Viele Wissenschaftler gehen deshalb mittlerweile davon aus, dass der Anteil der Ozeanzyklen an der Klimaerwärmung der letzten 50 Jahre etwa 40 % beträgt.

Zumal es noch einen weiteren ozeanischen Temperaturzyklus gibt, die Atlantische Multidekadische Oszillation AMO. Die AMO ist ein natürlich auftretender Wechsel der Temperaturen des Nordatlantiks und findet seit mindestens 1.000 Jahren mit abwechselnden Warm- und Kaltphasen von 20 bis 40 Jahren statt. Von 1980 bis Anfang dieses Jahrtausends hat sie z.B. stark zugenommen (immerhin um 0,5 Grad). Seitdem verharrt sie im Maximum und schwächt sich nun wieder leicht ab. Die NOAA, das ist die Wetter- und Ozeanografiebehörde der Vereinigten Staaten, hat beobachtet, dass die AMO in der Warmphase die anthropogene Erwärmung verstärken kann, dann aber in der kalten Phase wieder verschwinden lassen kann.

Unabhängig davon stellte man fest, dass seit der kleinen Eiszeit ein enormer Anstieg der Sonnenaktivität stattfindet und diese in der 2. Hälfte des 20. Jh. eine der höchsten Intensitäten der letzten 10.000 Jahre erreichte. Diese Sonnenaktivität oszilliert im 11- bis 12-Jahres-Rhythmus und weist einen hohen Gleichklang mit Regenphänomenen und Temperaturen auf. Es gibt also auch eine hohe Korrelation zwischen Sonnenaktivität und Klima. Verstärkt werden diese Auswirkungen der Sonnenaktivität – so vermutet man – durch UV-Effekte in der Stratosphäre oder durch Wolkeneffekte infolge kosmischer Strahlung. In den IPCC-Berichten kommt die Sonne aber kaum vor. Man mache sich das mal bewusst: Den wesentlichen Faktor für die Möglichkeit eines menschlichen Lebens auf diesem Planeten lässt man draußen vor. Tun wir uns tatsächlich so schwer damit, die grundlegende Rolle der Natur zu akzeptieren?

Und ist es nicht menschliche Hybris, uns für alles verantwortlich zu machen? Gemäß dem Motto: Wir haben da etwas nicht richtig gemacht, aber wir kriegen das wieder in den Griff, die Natur mit ihren eigenen Gesetzen hat da nichts zu suchen? Dazu passen auch die Worte bekannter Politiker (Karl Lauterbach, Annalena Baerbock), die sagten: „Wir müssen das Klima wieder in den Griff kriegen!" Welch eine Hybris, das Klima hatten wir noch nie im Griff.

Jedenfalls: Wärme-Kälte-Zyklen gab es schon immer. Auch vor 1850 gab es permanente Schwankungen, wie dies Meeressedimentkerne, Höhlentropfsteine, Gletscherkartierungen, Eiskerne und Baumringe für die letzen 2.000 Jahre belegen. Beispiele sind die römische Wärmeperiode zwischen den Jahren 0 bis 100 n.Chr., die mittelalterliche Wärmeperiode von 800 bis 1150, die kleine Eiszeit mit dem Höhepunkt zwischen 1600 und 1700 (Maunder-Minimum), als die Sonnenaktivität schwach war usw. usw. ...

Im IPCC-Bericht 2021 dagegen wird die mittelalterliche Wärmeperiode einfach gestrichen. Ebenso das Atlantikum vor 6.500 bis 8.500 Jahren, als die Temperaturen damals 3 Grad (!) höher waren als heute. Sie stören die Modelle ... und so neige ich dazu, dem IPCC durchaus eine gewisse klimahistorische Kurzsichtigkeit zu bestätigen.

Spannend sind auch neue Entdeckungen, dass der globale Temperaturanstieg offensichtlich dem CO_2-Anstieg vorausgeht. Das spricht dafür, dass beim CO_2 Ursache und Wirkung vertauscht werden. Es ist erst der Temperaturanstieg da, dann erwärmt sich das Meer, gast CO_2 aus und der CO_2-Wert in der Atmosphäre steigt. Das würde auch besser dazu passen, dass nach dem Lambert-Beer-Gesetz der gemessene CO2-Anstieg nur wenig zur zusätzlichen globalen Erwärmung beitragen kann (s.o.).

Die Diskussion zur Zunahme von Starkwetterereignissen ist ebenfalls nicht eindeutig. So sagte der Deutsche Wetterdienst (DWD) 2013 auf Anfrage. es gäbe keinen eindeutigen Trend zu mehr Starkregen, dito tropische Stürme und Hurrikane, und in Deutschland wären sogar eher weniger Gewitter beobachtet worden. Zu ähnlichen Schlüssen kommt das IPCC in seinen Basisberichten, in den öffentlich gemachten „summaries for policy makers" steht aber plötzlich das Gegenteil, was ein weiteres Mal meine Zweifel an der wissenschaftlichen Neutralität des IPCC verstärkte.

So ist es für mich absolut verwunderlich, dass die Ergebnisse aus den Modellrechnungen des IPCC und die Rolle des CO_2 als Bösewicht als so sakrosankt dargestellt werden und im neuen Bericht 2021 sogar dramatische Erwärmungswirkungen von nun 5 Grad (!) bei CO_2-Verdoppelung angenommen werden.

Das wäre tatsächlich die herbeigerechnete Klimakatastrophe. Hysterie, Panik- und Angstmacherei? Nun, es wirkt jedenfalls auf Politik und Medien und damit auf uns.

Man will die Welt retten, mit CO_2-Reduktion. Man will das Klima damit wieder in den Griff bekommen (s.o.).

Systemtheoretisch sind derartige Zahlen angesichts von Rückkopplungsschleifen und Nichtlinearitäten aber mehr als unsicher, und das moralgetränkte Vorhaben zur Klimarettung ist eher mit menschlicher Hybris zu bezeichnen. Es ist – so sehe ich es – wieder einmal unsere menschliche Furcht, die Kontrolle über die Natur zu verlieren, eine Kontrolle, die wir spätestens seit dem Tipping Point als reine Illusion begreifen müssen.

Der Welt an sich ist das Kohlendioxid übrigens ziemlich egal, wenn man bedenkt, dass während der Zeit der Dinosaurier (vor etwa 240 bis 65 Millionen Jahren) der CO_2-Wert ca. 6.000 ppm betrug und damit etwa 15mal (!) so hoch war wie heute. Das Leben, die lebendige Natur explodierte damals auf diesem Planeten.

Warum aber gibt es keinen Diskurs zu diesen elementaren Fragen?

Es gibt in diesem Zusammenhang eine **Korrespondenztheorie der Wahrheit**. Sie geht davon aus, dass eine objektive Wahrheit existiert (was immer sie ist) und man durch Beweise oder Vernunft ihr nahe kommt oder sich sogar sicher wird. D.h. man setzt voraus, dass es objektive Wahrheiten gibt. Das ist auch meine Auffassung und das ganze Buch handelt davon, sich ihnen anzunähern.

Bei Meinungsverschiedenheiten verfahren nun zwei Parteien so, dass es „dort draußen" eine Wahrheit gibt und eine strukturierte Debatte, ein Diskurs, hilfreich ist, sich ihr anzunähern oder sie zu finden. Die Spielregel heißt hier DDD = Diskurs, Debatte, Dialog. Neu ist nun, dass subjektive („woke") Wege der Erkenntnis in den Vordergrund rücken. Der wissenschaftliche Diskurs im alten Sinne wird abgelehnt; denn es könnten Wörter benutzt werden, die potentiell verletzend sind, oder hierarchisch etwas festlegen, was man nicht hören will (s. Diskurs zu Ken Wilber).

Der Austausch von Ansichten wird danach zunehmend durch Identitätsmerkmale wie Rasse, Geschlecht, Behindertenstatus oder sexuelle Orientierung bestimmt, was nicht nur eine „Cancel Culture" in die Welt gesetzt hat, sondern subjektive, oft eher emotionale Wege der Erkenntnis favorisiert – **ohne** den wissenschaftlichen Diskurs zur Objektivität und den Naturgesetzen. Und die Medien, die zunehmend emotionale Nachrichten verkaufen, verstärken diese Diskurs-Freiheit, indem sie darauf achten, was emotional ergreifender ist („Angst sells"). Baudrillard lässt grüßen, wie auch Le Bon, oder Merloo.

So geht man einfachhalber davon aus, dass etwas wissenschaftlich bewiesen ist wie „CO_2 ist schuld", auch wenn es sich in einem Diskurs erweisen könnte, dass es gar nicht stimmt. Nicht zu bezweifeln aber ist wohl, dass damit eine Klima- und Corona-Hysterie und all ihre Aktivisten dem veralteten Wissenschaftsbegriff des Bewiesenen auf dem Leim gehen, und das in Gebieten, in denen klare Beweisbarkeiten gar nicht existieren.

Man muss das mal gedanklich hin und her wälzen. Wir befinden uns in einem der komplexesten Systeme überhaupt, und es ist eindeutig: es gibt hier keine direkten Beweisbarkeiten. Auch keine Reproduzierbarkeiten. Man tappt hier stattdessen in einem wissenschaftlichen Raum herum, in dem man nur versuchen kann, möglichst viel Licht in die Dunkelheit zu bringen. Und doch tut man so, als sei ein Narrativ bewiesen und verweigert jeden Diskurs und verspielt die eigentlich offensichtliche Chance, sich einer objektiven Wahrheit weiter anzunähern zu können. Aus welchen Interessen auch immer.

Nun steigern – so funktioniert leider oft das Wissensgeschäft – schwere Krisen oder drohende Weltuntergänge die Ausstattung mit Forschungsaufträgen ... und es ist auch daher nicht im Interesse, Konkurrenten im Feld des Wissens anzuerkennen. Aber gerade das wäre aus wissenschaftlicher Sicht in komplexen Fragen notwendig – und bei der Bedeutung dieser Fragen wäre es das erst recht.

Ich habe mich beim Schreiben dieses Buches oft und manchmal schon fast verzweifelt gefragt, warum die Spielregeln von DDD nicht genutzt werden, um nach annähernd objektiven Wahrheiten zu suchen. Warum gibt es keinen Raum dafür? Gibt es noch etwas Anderes außer dem Bestreben der Politiker, möglichst ungestört die Bürger in die gewünschte Richtung zu treiben? Steckt noch mehr dahinter?

Die Antwort fand ich wieder einmal bei **Niklas Luhmann**, der ja (s.o.) die Kommunikation in Subsystemen (in diesem Fall ist es das der Politik) in den Mittelpunkt stellt, und nicht die einzelnen Politiker. Wie Luhmann beschreibt, gibt es hier eine Kommunikationsform, die sich historisch entwickelt hat und alles in ihrer gewohnten Form behandelt, aber **alles, was außerhalb dieser erprobten Kommunikation ist**, nur als **Rauschen** empfindet, also andere Argumente und Fakten nur als störend empfindet und ausblenden muss, weil es den politisch üblichen Betrieb stören würde. Danach kann die Politik gar nicht anders, als einem potentiellen Umdenken mit Ignoranz zu begegnen.

Bei dieser Erkenntnis Luhmanns fiel es mir wie Schuppen von den Augen. Denn mit ihr wurde mir klar, warum die Politik die Vertreter durchaus vernünftiger Argumente gerne als Spinner, Verschwörungstheoretiker, Nazis, Leugner, Radikale, Demokratiegegner usw. diffamiert. Und so wird tatsächlich weiter dramatisiert, emotionalisiert, moralisiert und trivialisiert, statt in einen wirklichen Diskurs zu gehen, der dann natürlich zu komplexen und anstrengenden Gedankengängen führen muss. Die nicht mehr unterkomplex sind und viele von uns und die Medien überfordern, die wir doch gerne nach einfachen Antworten suchen. Hat Luhmann recht, dann ist die Politik zu diesem Diskurs aber gar nicht in der Lage.

Es klingt irgendwie aussichtslos, es wäre eine Katastrophe, es wäre eine Politik, die sich selbst-ideologisierend vom angemessenen Diskurs und von der Realität entfernt hat.

So darf es nicht verwundern, dass der Club of Rome in seinem neuesten Report „Earth for all" in diesem Jahr 2022 zu folgender Aussage kommt: *„Denn die bedeutendste Herausforderung unserer Tage ist nicht der Klimawandel, der Verlust an Biodiversität oder Pandemien, das bedeutendste Problem ist unsere kollektive Unfähigkeit, zwischen Fakten und Fiktion zu unterscheiden."*

Wir stehen damit vor einem Berg von Herausforderungen an die politische Führung, vor ungemein wichtigen gedanklichen Anstrengungen und einem enormen Druck, endlich einen vielfältigen Diskurs zu führen, um die anstehenden Probleme angemessen zu erfassen und vielleicht auch Lösungen zu finden. So gehe ich denn auch davon aus, dass erst dann die wirklich wichtigen Fragen in den Vordergrund treten.

Die erste wesentliche Frage, begrenzt auf das Thema Klimaveränderung, ist für mich diese:

Welchen Anteil hat denn nun der Mensch an der Klimaveränderung?

Wie hoch ist also der anthropogene Anteil?

Schon hier wird es sehr strittig. Geht das IPCC in seinen Basisberichten von maximal 50 % aus, so zeigen gleichzeitig die offiziellen IPCC-Grafiken für die „policy makers" einen natürlichen Anteil von 0 %. Man setzt für die Erwärmung demnach zu 100 % auf einen anthropogenen Einfluss. Das ist nach den oben gezeigten Erkenntnissen zu diesem komplexen Phänomen Klima natürlich Unsinn. Ich selbst schätze – es ist eine reine Schätzung aufgrund der oben angeführten Auswertungen – eher einen Anteil von etwa 20 %. Und nach der hier vorgestellten Diskussion neige ich eher dazu, die Rolle des Kohlendioxids deutlich geringer einzuschätzen, als es allgemein angesehen wird.

Damit komme ich schon zur zweiten wesentlichen Frage. Wenn – entgegen der Diskussion hier – ich mich irre und der CO_2-Anteil doch so gefährlich für das Weltklima ist:

Wie kann ein Industrieland wie Deutschland zu einer CO_2-Verminderung
(= globales Ziel) beitragen und macht das Sinn?

In der europäischen Union versucht man, durch CO_2-Zertifikate die globale CO_2-Menge zu verringern. Mit diesem marktwirtschaftlichen Instrument wird – wie es der Ökonom Hans-Werner Sinn vorrechnet – aber ein Mechanismus in Gang gesetzt, der für all die Unternehmen, die diesen Zertifikaten unterliegen, den Verbrauch von kohlenstoffhaltigen Primärbrennstoffen verteuert und dann verringert, was aber in der Folge dazu führt, dass aufgrund der verringerten Nachfrage auf dem Weltmarkt die Rohstoffpreise für Erdöl, Erdgas und Kohle sinken – was wiederum zu einem Anstieg des Verbrauchs in den Ländern führt, die sich nicht den Zertifikaten unterworfen haben. In der Endabrechnung bleibt dadurch der globale industrielle CO_2-Ausstoß konstant.

Wenn man gleichzeitig bedenkt, dass der Anteil Deutschlands am globalen CO_2-Ausstoß nur etwa 2 % beträgt, wird die Sinnlosigkeit derartiger politischer Vorhaben mehr als deutlich; zumal sich wesentliche Emittenten wie China, Indien und Russland überhaupt nicht daran halten und kräftig Kohlekraftwerke in die Welt setzen. 600 (!) sind derzeit geplant oder im Bau. Die CO_2-Emissionen, das ist schon jetzt gewiss, werden weltweit daher kräftig weiter steigen, ohne dass wir Deutschen darauf Einfluss haben.

Und wer einmal in Mumbai oder Kathmandu durch die Straßen gelaufen ist, dürfte große Zweifel daran haben, ob die CO_2-Emissionen in den Dritte-Welt-Ländern ein Thema sind.

Natürlich können wir Deutschen uns nun moralisch vor aller Welt als Vorreiter fühlen und dabei gute Gefühle haben. Was ja einen (s.o.) narzisstischen Geschmack hat. Aber hilft das wirklich? Lenkt das nicht eher von der Suche nach einer wirklich funktionierenden Lösung der komplexen Problematik ab?

Wie ich oben bei der Spieltheorie zeigen wollte, sähe ein verantwortungsvolles Handeln von Teilnehmern wie Deutschland anders aus. Aus Sicht der anderen Teilnehmer des globalen ökonomischen Spiels ergibt sich nämlich schnell ein Blick auf ein Land, das die Rolle der „Blauen" übernimmt, das ihnen und der Welt moralisch und damit ideologisch zeigen will, wie diese agieren sollen ... und diese dann, wenn sie sich nicht daran halten, moralisch in die Ecke stellt ... und sich in der Praxis selbst zunehmend ökonomisch opfert.

Also nicht gerade als Vorbild taugt.

Wie der Philosoph Sloterdijk einmal sagte – es war angesichts der Flüchtlingsproblematik –, gibt es „keine moralische Pflicht zur Selbstzerstörung".

Unser gutes Gewissen ist tatsächlich umsonst. Es bringt nichts. Es macht keinen Sinn. Es wird in der Praxis an den globalen CO_2-Emissionen nichts ändern, es ist tatsächlich eine moralische Sinnlosigkeit, die sich zunehmend in unserer Gesellschaft verbreitet und unser Leben genauso zunehmend bestimmt ... und an einem Gas hängt, dessen Klimawirkung nicht unumstritten ist und an dem wir sowieso so gut wie nichts ändern können. Das alles ist geradezu ein Paradebeispiel für die **Spieltheorie** der Blauen und Roten oder des kollektiven Handelns von Mancur Olson (s. Kap. 9.1. und 9.5.).

Gehe ich nun weg von der Frage der Moral und der Sinnlosigkeit unserer moralischen Bemühungen und stattdessen zur Frage der Verantwortung, dann bin ich schnell beim vernünftigeren und verantwortungsvolleren Vorgehen: Wir müssen überlegen, wie wir mit den Folgen der Klimaveränderung umgehen.

Und zwar ohne Hysterie und Panik; denn die Vorhersagen eines Al Gore, dass der Nordpol ab 2014 im Sommer eisfrei wäre, haben sich nicht bewahrheitet, das Gegenteil ist der Fall – die Eisfläche hat kürzlich wieder um 25% zugenommen (Daten vom National Snow and Ice Data Center).

Verantwortungslos sind auch Äußerungen einer grünen Politikerin, die sich sogar das Kanzleramt zutraute. Sie spricht davon, dass der Meeresspiegel bis zum Jahr 2100 um 7 Meter steigen könnte. Bei einem derzeitigen Anstieg von 1 cm in 3 Jahren (!) sind eher Zahlen von mehr oder weniger als 30 cm zu erwarten. Und das auch nur unter der Voraussetzung, dass der Prozess der Klimaerwärmung anhält.

Damit komme ich aber zur dritten wesentlichen Frage:

Wenn die Klimaveränderung von uns Deutschen als Teilnehmer des globalen Spiels nicht in den Griff zu kriegen ist oder aber – eine weitere Möglichkeit – weitgehend natürlich ist, was dann?

Die Antwort ist erst einmal denkbar einfach, auch wenn sie weitreichende Folgen hat: wir müssen lernen, diese permanenten Klimaschwankungen und deren Natur zu akzeptieren und damit umzugehen. Das wäre das vernünftige und verantwortungsvolle Arrangement. Mit einer Verantwortungsethik statt Gesinnungsethik, mit Besonnenheit statt Panik. Mit Moral kommen wir hier nicht weiter.
Weiter bringen uns auch keine apokalyptischen Weltuntergangsszenarien. Wir werden auch weiter mit bloßen Füßen durch die Gegend laufen können, das ist sicher. Wir werden mit dem CO_2-Thema auch nicht „die Welt retten" müssen, eher werden wir unser Gesellschaftssystem massiv in die Instabilität führen.

Es geht hier um die angestrebte Decarbonisierung. So formuliert bspw. die einflussreiche Wirtschaftswissenschaftlerin Claudia Kemfert vom DIW eine Vollversorgung mit erneuerbaren Energien: *„Heute produzieren die erneuerbaren Energien bereits 50 Prozent des Stroms in Deutschland und damit mehr Energie, als Atomkraftwerke je beigesteuert haben. Atomenergie wurde komplett durch Erneuerbare ersetzt und die größte Volkswirtschaft Europas dadurch nicht zurück ins Mittelalter katapultiert. Im Gegenteil: Die Vollversorgung mit erneuerbaren Energien ist – ganz ohne De-Industrialisierung – nicht nur technisch möglich, sondern auch ökonomisch lohnend".*

Nun, im 3. Quartal 2021 trugen die Windkraft ca. 17 % und die Photovoltaik ca. 13 % zur Stromversorgung in Deutschland bei (neben Biogas und den konventionellen wie Erdgas = 9 %, Atom = 14 % und Kohle = 32 %). Wie will man da von den konventionellen Kraftwerken freikommen? Wie unsinnig das alles ist, zeigte sich besonders am 21.11.2021, als die Windenergie gerade mal 3,2 % zur Stromerzeugung beitrug. Das ist das Problem von Windenergie und Photovoltaik: Sie funktionieren nur bei Wind und Sonne, nicht bei Windstille bzw. nachts.

Kemferts Schlussfolgerungen zur Vollversorgung mit regenerativer Energie sind daher reines Wunschdenken, und selbst wenn man höhere Ausbeuten erreichen sollte, müssen

„böse" Atom-, Gas- und Kohlekraftwerke permanent für die Grundlast einspringen – zumal im Netz technisch keine Stromspeicherung möglich ist. Für eine Sicherheit in der Energieversorgung sind derzeit also genau die Kraftwerke unverzichtbar, die man stilllegen will.

In Deutschland gibt es derzeit 30.000 Windräder. Selbst wenn man diese Anzahl verfünffachen würde – dafür müsste etwa ein neues Windrad pro zwei Quadratkilometern aufgestellt werden, mit allen damit verbundenen Schäden an der Umwelt* – hätte man immer noch keine Speicher, die bei den häufigen Flauten aktiviert werden könnten.

Die Planung zur Abschaffung von z.B. Kohlekraftwerken scheitert – will man auch nur eine bescheidene Stromsicherheit gewährleisten – also mehr als offensichtlich bereits an den Naturgesetzen. Auch wenn eine Frau Baerbock behauptet „Das ist alles ausgerechnet". Eine an den offensichtlichen Naturgesetzen ausgerichtete Planung müsste stattdessen noch für längere Zeit eine Grundlast auf der Basis von Atom oder Kohle nutzen, will sie auch nur ansatzweise die Frage beantworten, woher die Stromsicherheit für die protegierte und zusätzliche E-Mobilität in den nächsten Jahren kommen soll. Und Sie können erkennen, dass für den Verzicht auf die Stromerzeugung aus Öl, Kohle, Gas und Kernkraft ganz andere Technologien und Konzepte zu entwickeln sind.
Unbeirrt von dieser Realität plant nun die Politik, die systemrelevante Automobilindustrie zu decarbonisieren und tausende Windkraftwerke zu bauen und den Kohleausstieg zu beschleunigen. Vertraut man den Analysen von Le Bon, Merloo oder C.G. Jung und den Erkenntnissen zur Methode des „Double Think" (s. S. 174), ist dies eine Art ideologischer Irrsinn, mit dem man gleichzeitig jede vernünftige Kritik daran als systemisch gefährlich abwertet.
Und das alles geschieht auf der Basis eines eigentlich sehr unsicheren CO_2-Sündenbocks und der für lange Zeit noch ausreichenden Kohlevorräte hier in Deutschland.

---

*Allein die Betonfundamente von Windrädern (20-30 m Durchmesser, 4 m Tiefe) benötigen jeweils 1.300 bis 2.000 m^3 Beton und 180 Tonnen Stahl, bei dessen Produktion jede Menge CO2 anfällt und die beim Stilllegen einer Anlage (Betriebsdauer ca. 20 Jahre) wieder zerkleinert und entsorgt werden müssen. Hinzu kommen die gesundheitlichen Auswirkungen vom Infraschall dieser Anlagen, die – obwohl dieser kaum hörbar ist – von vielen Anwohnern beklagt werden. Vogelschlag, Bodenversiegelung, Roden der Stellflächen, Beeinträchtigungen des Landschaftsbildes und nicht recycelbare Teile sind weitere negative Auswirkungen.

Immer wieder erstaunlich finde ich, dass in der Diskussion der Energiewende so getan wird, als ob Wind und Sonne nichts kosten würden. Entscheidend sind hier aber die Kosten und Auswirkungen für die **Nutzung** von Wind und Sonne. Für sämtliche dafür notwendigen Anlagen müssen die notwendigen Rohstoffe gewonnen, diese industriell verarbeitet, danach die Anlagen aufgebaut (incl. Platzbedarf), betrieben und instandgehalten und schließlich abgewrackt und entsorgt werden. Bei all (!) diesen Vorgängen fallen Emissionen und zu entsorgende Abfälle an. Dies gilt übrigens für alle technischen Anlagen und Produkte.

Man hätte damit eigentlich genug Zeit für ein fundiertes Planen mit der Möglichkeit, neue Ideen und Technologien zu entwickeln.

Ohne Angst- und Hysterieszenarien.

Wie notwendig dieses Planen ist, wird noch um Größenordnungen deutlicher, wenn man bedenkt, dass mit dem viel diskutierten Strom derzeit nur etwa 1/5 (!) der in Deutschland benötigten Gesamtenergie abgedeckt wird.

14.2. Die tatsächliche Systemfrage

Ein wissenschaftlicher Blick mit den Naturgesetzen als „Brille" lässt außerdem noch etwas ganz Anderes, viel Schwerwiegenderes und damit Essentielles in den Focus rücken, wenn wir Bruno Latour folgen wollen. Es sind die **Wachstumskurven von Bevölkerung und Wirtschaft**, die unser System sprengen können. Das eigentliche Problem des modernen Menschen ist nämlich, dass unser Planet zu klein geworden ist – zu klein für uns. Genauer gesagt:

Wir sind zu viele geworden, und wir haben das falsche Betriebssystem installiert, ohne die notwendigen Rückkopplungsmechanismen.

Unser ökologischer Blick muss daher ein ganz anderer werden, auf die wirklichen Ressourcenverbraucher: Auf die **Vermüllung der Meere**, auf das **Artensterben** (täglich sterben 130 Tiere und Pflanzen aus), auf **die globale Verteilung der Schadstoffe** durch die Entropie und auf die gravierendsten Faktoren, die Ursache unserer Probleme: Nämlich auf die **Überbevölkerung des Planeten**, auf das **systemimmanente Wirtschaftswachstum** und auf das **Finanzsystem** (s. Diskussion oben).

Überbevölkerung	Wirtschafts-wachstum und Finanzsystem	Ausbreitung Müll und Schadstoffe durch Entropie	Artensterben

Die wichtigsten Ursachen für den Ressourcenverbrauch und seine Folgen auf unserem Planeten.

Wollen wir das? Oder wollen wir uns weiter auf einen Bösewicht CO_2 konzentrieren, weil das so schön reduziert und unterkomplex ist, aber moralisch und emotional favorisiert wird? Mit dem man so schön die Demokratie lenken kann? Mit dem wir die großen Fragen umgehen, weil diese eben zu komplex sind, und es keine einfachen Antworten gibt?

Und weil diese vielleicht wirklich weh tun? Denen, die bisher vorrangig von diesem System profitieren? Aber wie will man sonst dem drohenden Fiasko entgehen?

Nun, das ist eine Frage, die sich mit unserem derzeitigen System allerdings nicht lösen lässt.

Und das ist dann die Systemfrage.

Wir müssen endlich anerkennen, dass ein Weg, in dem wir Menschen weiter unser eigenes unnatürliches System leben wollen und hier und da einzelne Kollateralschäden wie einen CO_2-Anstieg bekämpfen, nicht einmal ansatzweise geeignet ist, um unsere Zukunft zu sichern.

Das Bisherige kann nicht mehr die Zukunft sein.

Und das alles ist nun unsere Überforderung (s. Kapitel 1): unser Wirtschafts- und Finanzsystem als Auslaufmodell, in der die Schuldenfrage nie durch eine neue realwirtschaftliche Produktion oder durch neue Sparsamkeit gelöst wurde, sondern durch künstliche Geldvermehrung. Unser leichtfertiges „Abschalten ohne Ersatz" in der deutschen „Energiewende". Unsere fragmentierte Gesellschaft, unsere moralisierende Gleichmacherei in nahezu allen gesellschaftlichen Fragen bis hin zur Sprache, unser Monismus, der nicht nur biologisch unterschiedliche Geschlechter verneint, sondern auch zum Verstehen der Komplexität der Welt und zum Umgang mit ihr einfach ungeeignet ist, wie auch unser gleichzeitiger Wunsch nach absoluter Kontrolle, der eine Flut von Informationen schafft, für die wir keine Brille mehr haben, die in der Lage wäre, diese Flut zu ordnen. Hinzu kommt die Unfähigkeit, die Diskurse zu führen, die zur Korrektur notwendig wären. Wie es unsere Auseinandersetzung mit der Covid-19-Pandemie zeigt, weil wir das Virus besiegen wollen, statt seine Existenz und damit einen Zustand mit fortbestehendem Restrisiko zu akzeptieren und ihn angemessen zu bekämpfen, und zwar ohne unser Gesellschaftssystem zu destabilisieren. So sind wir nicht mehr handlungsfähig.

Wir stehen zeitgleich vor einer weiteren großen Bedrohung, die unser Gesellschaftssystem unweigerlich angreifen wird. Es betrifft die Frage der Migration, die von zahlreichen Organisationen und sogar Parteien moralisch gestützt wird. Selbst wenn wir jedes Jahr in Deutschland 500.000 Migranten (davon fast nur Männer, wenig Frauen, mit verheerenden Folgen für die Parität der Geschlechter) aufnehmen würden, stehen schon jetzt viele weitere Millionen – und deren Zahl nimmt stetig in Dimensionen zu, vor denen wir die Augen verschließen – in den arabischen und afrikanischen Ländern bereit, ohne dass irgendein Ende sichtbar wäre. Es zeigt sich an dieser Stelle die historische Konstellation einer Gesellschaft, die in der Frage der Selbstbehauptung (s. Spieltheorie) einem moralischen Verbot unterliegt und jede Wehrhaftigkeit verliert.

Es ist ein europäischer und vor allem deutscher Humanitarismus, der sich von den Konsequenzen seiner Moral und Handlungen freigemacht hat.

Wenn wir heterarchisch der Pathologie anheimfallen, keine Unterschiede zwischen Ethnien, Kulturen, Geschlechtern oder Nationen mehr zu machen und eine Gesellschaft propagieren, in der es monistisch und heterarchisch nur noch Menschen der „hier Lebenden" gibt, berauben wir uns mit diesem moralischen Universalismus selbst aller Mittel und Instrumente, unsere Gesellschaft auch nur einigermaßen sinnvoll zu ordnen und zu schützen. Das sind nun einmal die natürlichen Gesetze der Spieltheorie, und es sind die systemischen Erkenntnisse von Niklas Luhmann..

Daher noch einmal: Mit Moral, mit Emotionen und mit Political Correctness – so leid es mir tut – ist diese vielfältige Systemfrage, ist diese Überforderung nicht zu lösen – aber genau das versuchen wir. Wenn jedoch nur noch die richtige moralische Haltung gilt, ist aber die Fähigkeit unserer Demokratie zu den notwendigen Lösungen gestorben.
Und dabei habe ich bei dieser Zusammenstellung der Überforderungen die noch dringenderen Umweltfragen nicht einmal mehr erwähnt.

Ist es tatsächlich eine Art sanfter Wahnsinn, der gesellschaftsfähig wurde? Mit dem wir lieber gendern als über die Herausforderungen nachzudenken und nach Lösungen zu suchen? Mit dem wir lieber nichts sehen, hören, sagen wollen?
Steckt mehr als ein Körnchen Wahrheit in deftigen Schlagworten wie „Wahn als Intelligenz" oder „Zeitalter der emotionalen Inkontinenz" oder „Herrschaft des Unsinns"? Ich selbst muss dabei jedenfalls zunehmend an ein von mir geleitetes Symposium in der Freiburger Waldhofakademie denken – das Thema war „Wie wollen wir in der Zukunft leben?" –, bei dem in jedem von 8 Vorträgen das Wort Schizophrenie vorkam. In jedem! Und ein Dozent sprach sogar: „Man muss in der heutigen Zeit am besten professionell schizophren sein".

Damit Sie mich nicht missverstehen: Es ist nicht falsch, moralisch im Recht zu sein, aber die Welt ist nun einmal kein Ponyhof, es braucht ganz einfach auch die andere Seite, die Beachtung der Naturgesetze.

Wenn wir unsere Gesellschaftsordnung auch nur einigermaßen in die Zukunft retten wollen, müssen wir mit diesen Gesetzen – ohne sie geht es nicht – schon bald die Systemfrage lösen.

Es braucht ein Neues Denken, und den Willen dazu. Wie geht das?

14.3.   Der freie Wille und Neues Denken

Erst mit der Erkenntnis eines grundlegenden Dualismus´ in der Welt mit seinen chaordischen Eigenschaften und dem Wissen um die Eigenschaften komplexer Systeme lässt sich endlich auch ein uraltes Problem der Physik lösen: Es geht um den freien Willen, der wiederum eng verbunden ist mit der Frage, wie wir unser Denken ändern können.

14.3.1. Der freie Wille

So gibt es in der Physik immer noch diesen Wunsch, die Makrophysik mit ihrer Relativitätstheorie und ihrem Determinismus mit der Quantenphysik und ihren Wahrscheinlichkeiten und vor allem Zufälligkeiten, in denen alles möglich ist, in einem einzigen **monistischen** Modell zu verbinden. Es wäre ein Modell, in dem entweder die Quantenphysik in die Gesetze der Makrophysik eingebunden wäre oder die Makrophysik in die Gesetze der Quantenphysik. Dies führt in der Physik jedenfalls zum umstrittenen Problem des freien Willens, das tatsächlich von einer ganz eigenen zentralen Bedeutung ist. Die Grundlage des Problems ist, dass wir Menschen uns alle für fähig halten, über einen freien Willen zu verfügen und mit ihm Entscheidungen zu treffen.

Das Dilemma der immer noch vom Monismus überzeugten Wissenschaftler ist nun folgendes:

Wenn – wie es die Makrophysik fordert – die Welt einem Uhrwerk gleicht und die Zukunft durch die Gegenwart eindeutig determiniert ist, wie lässt sich das mit dem angeblich freien Willen des Menschen vereinbaren?
Zutreffend wäre dann eher Dostojewski, der in seinen *Aufzeichnungen aus dem Kellerloch* formuliert: „*Sollte jemals eine Formel entdeckt werden, die unser Wollen und Trachten auszudrücken vermag ... dann wird der Mensch aufhören, einen eigenen Willen zu haben – mehr noch, er wird aufgehört haben, zu existieren.*"

Wenn aber nur die Quantenphysik die Wirklichkeit richtig beschreibt, wie ließe sich dann mit Zufall und Chaos ein zielgerichteter Wille erklären?

Wir sehen, es ist dieses monistische „Entweder-oder" statt „Sowohl-als auch", das zu diesem Problem führt: Entweder hat die Quantenphysik alleine Recht oder Einstein mit seiner deterministischen Relativitätstheorie.
Anhänger eines mechanistischen Weltbildes vertreten als Ausweg denn auch heute noch gerne die These, unser Eindruck, eigene Entscheidungen frei zu fällen, sei eine gelungene Illusion, die das Gehirn seinem Besitzer vorgaukle. Vertiefen wir ruhig dieses Problem. Wäre die Welt deterministisch, wären alle Handlungen der Individuen vollständig unfrei

und wir alle wären reine Marionetten von Funktionszusammenhängen, von denen wir uns dann auch niemals befreien könnten. Damit wären wir auch – ein interessanter Aspekt für die Juristen und auch Philosophen – nie schuldfähig bei „falschem" Verhalten.

Und es gibt ja auch im Alltag immer wieder diesen klaren Determinismus: Wenn wir uns vom Dach eines Hochhauses stürzen, werden wir nie langsam stürzen und dann sanft landen und gesund und heil an Knochen weitergehen. Die Fallgesetze und die Umgebungsbedingungen determinieren eindeutig den Verlauf, wenn wir es tun. *Wenn.* Wir haben nämlich andererseits die Möglichkeit, zu entscheiden, ob wir springen oder nicht. Das ist unserer freier Wille. Mein Tipp: Springen Sie nicht.

Die Wirklichkeit lässt sich aber auch nicht mit dem Gegenteil erschließen, dass alles zufällig sei. Dass die Fallgesetze zufällig einmal wirken und einmal nicht. Dann würden Wirklichkeiten nur durch zufälliges Zusammentreffen von Möglichkeiten entstehen. Alles wäre zufällig, und jede Erkenntnis von irgendwelchen Zusammenhängen ließe sich wieder umstoßen.

Auch so ist man – gilt alleine das quantentheoretische Modell – nie „schuldfähig".

Machen wir uns keine Illusion: Zu einem großen Teil ist unser Wille nicht frei, sondern vordeterminiert. Wir müssen für diese Erkenntnis nur darauf schauen, wie uns die Erziehung, Gesellschaft und die Naturgesetze und die Einbindung in viele Wechselwirkungen mit der Umgebung prägen und wie deshalb viele Routinen unseres Verhaltens ablaufen. Das Woher und der Bezug zur Umgebung bestimmen das Wohin – noch dazu im weiteren Rahmen der Regeln der Natur. Unsere „Freiheit" ist damit eingeschränkter als wir glauben.

Dies belegen auch oft zitierte Untersuchungen, die Benjamin Libet und seine Mitarbeiter an der Universität von Kalifornien durchführten. Im Ergebnis dieser Forschungen wurde festgestellt, dass unser Verhalten in hohem Maße unbewusst abläuft, nach längst vorgegebenen Mustern, die wir im Laufe unserer Alltagserfahrungen gebildet haben. Bewusste Entscheidungen *für* eine Aktion sind daher oft eine Illusion. Eher ließ sich bei diesen Untersuchungen ein bewusster Wille, also eine Art Freier Wille, dann feststellen, wenn ein Nichtwollen vorlag, also man etwas *nicht* tun wollte.

Diese Beobachtung ist schon ein Hinweis auf folgendes: Gravierende Änderungen in unserem Verhalten und damit bewusste Entscheidungen *für* etwas anderes sind eigentlich nur dann zu erwarten, wenn mehr oder minder starke „Störungen" auftreten. Diese Störungen können von außen kommen, indem wir mit einer deutlichen Veränderung in der uns beeinflussenden Umgebung konfrontiert werden (wie z.B. hoher materieller Zuwachs, Verlust des Partners oder der Existenz), oder indem sich im Kernsystem, in uns etwas ändert (wie z.B. plötzliche Krankheit, psychischer Leidensdruck etc.) ... oder auch indem sich andere völlig neue Situationen ergeben, auf die wir bisher nicht vorbereitet sind und für die wir noch kein Verhaltensmuster haben. Es ist tatsächlich genau wie in der obigen Diskussion zur Veränderung von Organisationsstrukturen in Systemen und erinnert an die Dissipation oder Evolution von Systemen.

Hinzu kommt jetzt aber etwas Besonderes, es ist unser Bewusstsein.

Im Unterschied zu allen anderen „Störungen", auf die wir *reagieren*, ist das Bewusstsein etwas, das es uns grundsätzlich ermöglicht, unser Verhalten bei gleicher Umgebung und bei gleichem Zustand des Kernsystems innerhalb eines Augenblicks, also im Jetzt, quasi frei zu verändern, quasi frei zu *agieren*.

Von großem Einfluss für diese potentielle Wahl des Bewusstseins ist dabei, wie sehr sich ein neues Verhalten vom bisherigen unterscheidet, wie eingefahren die alten Verhaltensweisen in uns geprägt wurden, und wie bedeutsam die Folgen eines veränderten Verhaltens sind.

Das hat für mich eine hohe Bedeutung, wenn ich meinem Leben einen Sinn geben möchte. Auch wenn ich jetzt etwas philosophisch werden sollte, ich betrachte mein Leben als Geschenk, verbunden mit der Aufgabe, ihm einen Sinn zu verleihen, und es nicht einfach zu verleben oder „wegzuschmeißen". Dafür ist es nach meinen Erfahrungen hilfreich, auf das bisherige Leben zu schauen und nach einem roten Faden zu suchen.

Gibt es dafür ein praktisches Rezept? Durchaus, denn es kommt noch etwas hinzu, ein Mechanismus, nach dem unser freier Wille funktioniert. Das Geheimnis der Freiheit dieser Wahl besteht daraus, dass die Ordnung einer alten Denkstruktur abgebaut und aufgelöst wird – z.B. in einer Meditation – und danach die Bildung einer neuen Denkstruktur abläuft. Das erinnerte mich an dieser Stelle an die Arbeiten von Zurek und seiner Entstehung von Strukturen aus dem dynamischen Quantenvakuum, aus dem Chaos. Die entscheidenden Hinweise auf diesen Mechanismus stammen vom Stirnlappensyndrom und von den Mechanismen der radikalen Innovation.

14.3.2. Das Stirnlappensyndrom

Diese Überlegungen zum „Freien Willen" – mit seinem Schwingen zwischen den Polen von Ordnung und Chaos – werden vom **Stirnlappensyndrom** eindrucksvoll bestätigt. Grundlage dieses Syndroms sind das rationale und das emotionale Zentrum im Frontallappen des menschlichen Gehirns:
Wird nun dieses emotionale Zentrum im Frontallappen durch einen Unfall oder eine Operation massiv geschädigt, resultiert ein sehr rational denkender Mensch, von dem man annehmen sollte, dass er nun, ungestört von emotionalen Anteilen, gut in der Lage sein sollte, Entscheidungen zu treffen. Das Gegenteil ist aber der Fall, er ist über-

raschenderweise **kaum entscheidungsfähig**. Umgekehrt gilt das gleiche: Fällt das rationale Zentrum aus, ist ebenfalls Entscheidungsunfähigkeit die Folge. Offensichtlich braucht der Mensch also für seine Entscheidungen beide (!) unterschiedlichen, komplementären Gehirnregionen und einen (dualistischen) Mechanismus, der sie verbindet und in eine Dynamik der Wechselwirkung bringt.

Die Zweiteilung des Gehirns macht also viel Sinn, sie sorgt für die Möglichkeit, Entscheidungen zu treffen, auch wenn diese außerhalb von Routinen ablaufen. Danach wäre das menschliche Gehirn eine Art körperlicher „Träger" für den dualistischen Mechanismus zwischen Determinismus und Chaos. Wird dieser Mechanismus durch den Ausfall des rationalen oder ersatzweise des emotionalen („chaotischen") Pols zwangsläufig erschwert oder sogar unmöglich, ist annähernd eine Entscheidungsunfähigkeit die Folge und der „Freie Wille" fällt größtenteils aus.

Ansatzweise deutlich wird dieses Phänomen bereits bei der unter Psychologen bekannten Entscheidungsschwäche besonders gefühlsarmer oder besonders in ihrer Rationalität gestörter („chaotischer") Personen.

Dies führte mich zur Überlegung, ob nicht für das Fällen von bewussten Entscheidungen, die außerhalb von Routinen ablaufen, eine kurzzeitige völlige Auflösung einer rationalen Struktur in den emotionalen Bereich und dann darauffolgend der „Rückschwung" in das Rationale notwendig ist.

Untersuchungen zur **Kreativität** und zur **Entstehung innovativer Ideen** bestätigen das jedenfalls. Das sind Aussagen, die nicht nur in künstlerischer Hinsicht eine große Rolle spielen, sondern auch in der Ökonomie für die Innovationsfähigkeit von Betrieben ganz wesentlich sind.

14.3.3. Kreativität und Innovation

Im Rahmen eines Auftrags zu einem Vortrag über „Radikale Innovation" beschäftigte ich mich mit der Frage, ob es bestimmte Mechanismen gibt, nach denen völlig neue Ideen und Problemlösungen in die Welt kommen. Um dann festzustellen, dass es diese Mechanismen tatsächlich gibt, und dass sie große Ähnlichkeiten mit dem Freien Willen, wie er oben erklärt wurde, aufweisen. Und dass auch an diesem Beispiel wieder ganz praktisch deutlich wird, wie die Natur offensichtlich „arbeitet". Deshalb möchte ich etwas ausführlicher darauf eingehen.

In der bisherigen Theorie (nach Dörner) wird ein Innovationsdruck dadurch erzeugt, dass es 1.) einen unerwünschten Anfangszustand gibt, 2.) einen erwünschten Endzustand, und dass eine Barriere überwunden werden muss, die eine Transformation von 1.) nach 2.) verhindert und für diesen Druck sorgt. Diese Definition halte ich für sehr unvollständig.

Die Beobachtungen zeigen nämlich, dass Druck zwar oft für eine provisorische Lösung sorgt, die durchaus kreativ ist („*Not macht erfinderisch*"), aber *wirkliche* Kreativität und Innovation auch ohne Druck auskommen, ja Druck für den kreativen Teil des Innovationsprozesses oft sogar schädlich ist. Getreu dem Ausspruch von Teresa Amabile (Harvard Business School): „*Wenn man der Kreativität die Pistole auf die Brust setzt, überlebt sie das gewöhnlich nicht.*" Ihre Untersuchungen zeigten einen Leistungsabfall der Kreativität bei Stress in Höhe von 43 %.

Der Grund dafür liegt meiner Ansicht nach in den oben beschriebenen quantendynamischen Vorgängen des Denkens. Wie bei dem brodelnden Quantenvakuum, das dauernd neue Möglichkeiten hervorbringt, gibt es bei kreativen Menschen eine Lust am Tüfteln, auch ohne jeden Druck von außen. Damit diese neuen Gedanken aber entstehen können, braucht es – wie es beim Stirnlappensyndrom deutlich wurde – wieder beide Pole, den der Ordnung und den des Chaos. So zeichnen sich kreative Menschen auch durch besondere, „duale" Persönlichkeitsprofile aus, die sich als sehr „lebendig" bezeichnen lassen, und die daraus bestehen, dass in diesen Menschen beide Pole gleichermaßen intensiv besetzt sind. Was man – will man es einfach ausdrücken – mit gleichzeitiger, auffälliger Arbeits- und Lebenskunst beschreiben kann.
So können diese Personen zwischen intensiver Arbeit und Ruhepausen schwingen, sie sind hochintelligent und manchmal unstrukturiert naiv, verspielt und diszipliniert, phantasiereich und realistisch, gleichzeitig extra- und introvertiert, dialogisch und monologisch. Sie sind gleichzeitig bescheiden und stolz, analytisch und intuitiv, konservativ und rebellisch und leidenschaftlich und objektiv der eigenen Arbeit gegenüber. In ihrer Kindheit wurden sie, das ist auffällig, nie übermäßig strukturiert.
Das Problem ist nun – zumindest gilt das aus meiner Sicht für Deutschland – dass diese Menschen ungern eingestellt werden, weil sie sich (zu Recht) einer Disziplinierung durch z.B. Hierarchien etc. intuitiv dann schnell widersetzen, wenn diese negativ wirkt. Es gibt also durchaus Nachholbedarf in Wirtschaftsunternehmen und Universitäten, dieser Kreativität endlich mehr Raum zu schaffen.

Diese Beobachtungen und Schlussfolgerungen wurden bei meinen Untersuchungen zur Praxis radikaler Innovationen bestätigt. Untersucht man nämlich, *wie* völlig neue Ideen in die Welt kamen und kommen, wird auffällig, wie sich die Geschichten gleichen. Entstanden diese Innovationen nicht gerade durch Zufall (wie bei Gustav Röntgen und seinen Röntgenstrahlen mit ihrer medizinischen Anwendung), so wird ein Mechanismus sichtbar, der immer der gleiche zu sein scheint. Ein Mechanismus mit 3 Phasen: Konvergent – divergent – konvergent.
Konvergentes Denken ist nun ein Denken, bei dem alle für eine Problemlösung notwendigen Informationen vorliegen und die Lösung rational gefunden werden kann.

Divergentes Denken ist anders, die Lösung erscheint aus intuitiven Gedanken heraus und war aus den bisherigen Informationen nicht schlüssig abzuleiten. Das sind die zwei Pole des Denkens.

Es ist offenbar so, dass für wirklich neue Ideen eine Schwingung zwischen (a) rationaler Arbeit, (b) intuitiven losgelösten Gedanken und danach, nach einer „zufälligen" Idee (dieser „Zufall" ist diskutierenswert), (c) wieder eine rationale Aufarbeitung erfolgen muss, soll die Idee nicht im Chaos stecken bleiben. So ist die Geschichte der neuen Ideen voll davon, wie nach einer Phase des intensiven, konvergenten Beschäftigens mit dem Problem erst in einer Phase der Entspannung, also in dieser divergenten Phase die entscheidende Idee kam, die dann wieder mit viel Arbeit umgesetzt werden musste.

Zur Illustration hier einige Beispiele: Der Mathematiker Gauß hatte seine genialen Ideen meistens im Dahindämmern nach dem morgendlichen Aufwachen. Charles Darwin hatte seine Idee der Auslese nach jahrelangem vergeblichem Denken auf einer Kutschfahrt, als er gerade völlig entspannt war. Ampère erhielt die sieben Jahre lang gesuchte Lösung seiner Probleme mit der Wahrscheinlichkeitstheorie im Halbschlaf, Kekulé den Benzolring im Traum, der spätere Nobelpreisträger Loewi seine Ergebnisse zur Wirkung von Chemikalien auf die Übertragung von Nervenimpulsen im Schlaf, wie auch Mendelejew sein Periodensystem der Elemente. Mullis erhielt seine Idee zur Polymerase-Kettenreaktion, für die er den Nobelpreis bekam, auf einer nächtlichen Autofahrt im Anblick der vorbeihuschenden Scheinwerferlichter. Poincaré erkannte einen lange gesuchten mathematischen Zusammenhang beim völligen Abschalten an einem Strand und Newton sein Gravitationsgesetz intuitiv beim Betrachten eines Apfelbaums im Garten.

Selbst der strenge Wissenschaftsphilosoph Popper vermutete hinter jeder Entdeckung ein „irrationales Element", eine „schöpferische Intuition". Es ist offenbar so – und das ist mein Erklärungsversuch – dass nach einer intensiven Beschäftigung mit einem Problem die Gedanken und Ideen weiter im quantendynamischen Denken (im Unterbewusstsein) herumschwirren und beständig neu kombiniert werden. In einer Phase, in der dann die zur Problemlösung benutzte, alte Denkstruktur weitgehend aufgelöst ist, also in einer Art Phase der Entspannung, können sich dann ohne die Behinderung durch die alte Denkstruktur spontan neue Ideen zur Lösung bilden. Dies geschieht dann oft von selbst, oft aber auch durch einen äußeren Anstoß in dieser Phase. Wie bei dem Apfel von Newton oder der Badewanne von Archimedes. Als ob zwei Gedanken mehr oder minder zufällig zusammenkommen und, da sie gut zusammenpassen, in Resonanz geraten und sich gegenseitig verstärken. In manchen Kreativitätsseminaren spricht man in diesem Zusammenhang auch von „Freien Radikalen", die eine Lösung anstubsen sollen.

Die Fähigkeit des Menschen zur Innovation lässt sich also mit der Fähigkeit des Freien Willens sehr gut vergleichen. Die Innovationen selbst unterliegen dann – wie die

Gedanken auch – wieder dem Naturgesetz des Darwinismus. Es braucht dann eine Umgebung, die diese Innovation (oder die innovativen Gedanken) aufgreift und in die Welt bringt.

Damit ist der Weg zu einem Neuen Denken eigentlich klar:

Wir haben die Aufgabe, Komplexität zu bewältigen.

Es geht nun darum, sich intensiv mit **allen Aspekten der Systemfrage** zu beschäftigen, es geht darum, so weit wie nur irgend möglich ihre Komplexität zu erfassen und nach den Fehlern im Organisationsmuster unseres „Betriebssystems" oder besser Netzwerksystems zu suchen und diese zu definieren. Und zwar mit Verantwortungsethik statt Gesinnungsethik.
Um dann, wenn ausreichend Informationen da sind, loszulassen. Und aus einer Entspannung heraus auf die richtige Intuition zu warten. Für ein neues „Betriebssystem"

Und – sollte das Ergebnis der Intuition dann tatsächlich vielversprechend sein und eine neue Stabilität versprechen – als nächstes zu überlegen, wie der Übergang zum neuen System möglichst ohne große Turbulenzen oder Verluste erfolgen kann. Es ist der Mechanismus der Evolution, der hier wirksam wird.
Am Schluss dieser Entwicklung stünde dann der erste Schritt im Rahmen des neuen Systems. Möge dann eine Umgebung da sein, die ihn unterstützend aufnimmt und in die Realität bringt. Was dann aber nicht alleine durch Planung oder Überzeugung gelingt, sondern meist noch etwas ganz Anderes braucht, nämlich den Zeitgeist.

Soziologische Untersuchungen, die sich damit beschäftigten, herauszufinden, was das stärkste Moment für die Entscheidungsfindung der Menschen ist, wurden nämlich davon überrascht, als bei Korrelationsprogrammen herauskam, dass der **Zeitgeist** das bestimmendste Moment ist. Die Individuen einer Gesellschaft folgen in hohem Maße dem aktuellen Zeitgeist. Wie es derzeit die Überzeugung eines menschengemachten Klimawandels ist. Es müssen also nicht unbedingt Fakten sein, es reicht schon der Zeitgeist.
Untersuchte man den Zeitgeist, ließ sich wiederum feststellen, dass dieser Zeitgeist schwingt, wie eine Art Pendel von einer Seite zur entgegengesetzten, wie es die Mode ja auch macht. So folgt auf einen bestimmten Trend dann irgendwann wieder ein ziemlich entgegengesetzter. Das betrifft sogar die Managementmethoden: Vom Outsourcing geht es zum Insourcing, von der Diversifikation zur Kernkompetenz. Und der Zeitgeist wird wohl dafür sorgen, dass aus dem Atomausstieg wieder ein Einstieg werden könnte.

Die weitere Frage, der die Soziologen nachgingen, war nun: Was bestimmt den Zeitgeist? Wieder waren es nicht einzelne Individuen, sondern große Ereignisse (wie Kriege,

Klimaerwärmung etc.), die den Zeitgeist im Rahmen dieser natürlichen Pendelbewegungen bestimmten. Was an den bekannten Satz zur Charakterisierung von Individuen erinnert: „Er war seiner Zeit voraus". Strukturen oder neue Ideen können sich erst dann darwinistisch ausbreiten, wenn die Umgebung dazu bereit ist.

Aber es gibt noch mehr zu beachten, auch wenn der Wegweiser zu Neuem Denken jetzt stimmt. Schließlich befinden wir uns alle in einem komplexen System, das nach dem Tipping Point instabil geworden ist.

Es geht nun darum, Instabilität und Komplexität gleichzeitig zu bewältigen.

Teil 3

Der Umgang mit Komplexität

und Instabilität

15. Das Management komplexer Systeme

„In meinem Gasthaus ernähren sich selbstorganisierende Systeme nicht nur von Ordnung, für die stehen auch Störungen auf dem Speiseplan."

Heinz von Foerster

Wir müssen also dringend lernen, mit komplexen Systemen umzugehen – vor allem, wenn sie massiv unter dem Einfluss von Störungen stehen und wir beim Umgang mit ihnen überfordert sind.

15.1. Gleichzeitige hohe Komplexität und Instabilität

Bei der Suche nach Leitlinien, wie man mit Überforderung umgehen kann, entfernte ich mich von der Politik, die die Komplexität der heutigen Welt nur unzureichend und nicht wirklich ernsthaft diskutiert, und wandte mich der Unternehmenskultur zu. Unternehmen müssen sich der Realität stellen und anders als ein politisches „Auf-Sicht-Fahren" einen Blick für die Zukunft haben. Dabei stieß ich auf den Neurophysiologen und Unternehmensberater **Peter Kruse** (1955-2015).

Er beschäftigte sich auf der Basis der Funktion dynamischer komplexer Systeme (!) mit dem Management von Instabilität und Komplexität.

Als Grundlage für die Diskussion seiner Einsichten beginne ich mit seinem Modell dieser 4 Quadranten:

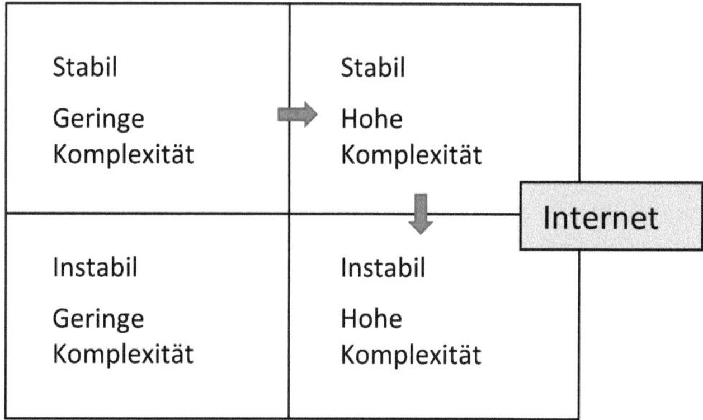

In Kruses Arbeiten fehlt vor allem noch der Tipping Point, aber ich komme später noch darauf, wenn ich sein Modell erweitere.

Betrachten wir den 1. Quadranten (links oben). Er beschreibt eine Wirtschaftswelt der Stabilität und geringen Komplexität. Stabilität bedeutet, dass sich das System vorhersagbar verhält und man aus dem vergangenen Verhalten das zukünftige einschätzen kann. Instabilität hingegen beschreibt, dass das System spontan sprunghafte Zustandsveränderungen durchläuft und die Zukunft nicht als Verlängerung der Vergangenheit vorhersagbar ist. Alle biologischen Systeme sind für ihr Überleben auf die Einhaltung stabiler Bedingungen angewiesen. Und wann immer ein Manager einen Prozess mit der Definition einer Zielvorstellung, eines Sollwertes und mit einer Situationsanalyse beginnt, unterstellt er die Stabilität des Systems. Es wird die Planbarkeit einer Entwicklung unterstellt.

Das war einmal.

Denn die hohe globale Vernetzung hat die Welt verändert. Großen Anteil daran hat das **Internet**, das zusätzlich einen Informations-Tsunami produziert. Die Folgen sind eine wachsende Komplexität und Veränderungsgeschwindigkeit in Markt und Gesellschaft. In einer Zeit, in der durch Erhöhung der Vernetzungsdichte durch z.B. Social Media auch unser Privatleben immer komplexer wird, ist – so Kruse – eine Netzwerkökonomie entstanden, die von einem international operierenden Kapitalmarkt geprägt wird und Wirtschaftsimperien entstehen lässt, für deren internationale Vernetzung die bestehenden regulativen Prinzipien der staatlichen Institutionen nicht ausgelegt sind.

Peter Kruse
1955-2015

Es ist bis heute bei weitem noch nicht geklärt, wie wir mit diesen Wirkungen der globalen Vernetzung angemessen umgehen können, zumal mit wachsender Vernetzung auch – hier kommen die Erkenntnisse zur Funktion komplexer Systeme ins Spiel – die Zahl der Rückkopplungseffekte steigt. Nichtlineare Rückkopplungen dieser Anzahl machen irgendwann **jede Vorhersage unmöglich**.
Im Internet gibt es z.B. kein lineares Wachstum, seit einiger Zeit schon verdoppelt sich jedes Jahr die Datenmenge. Der Markt explodiert und die Komplexität und die Veränderungsgeschwindigkeit wachsen mit ihm. Und doch ist vielen Unternehmern und Führungskräften inzwischen bewusst, dass die Herausforderungen durch das Optimieren des Bestehenden nicht mehr zu bewältigen sind, zumal sowohl die Eigendynamik der vernetzten Systeme lawinenartig zunimmt als auch die Forderungen nach einer Schonung der Umwelt genauso drastisch steigen. Damit verändert sich auch die Situation der Wirtschaft, wir gehen vom 2. Quadranten (oben rechts) direkt zum 4. Quadranten (unten rechts).
Wir alle leben also heutzutage in einer Welt, die instabil geworden ist und eine hohe Komplexität aufweist. Das ist die Falle der heutigen, menschengemachten Komplexität und Instabilität. Und des Erfolgs unserer Spezies.

Kruse sieht hier ein hochvernetztes System mit den Tendenzen zur Nichtlinearität und zu Spontanaktivitäten, die im Netz hochgejagt werden und „kreisende Erregungen" produzieren mit einer Tendenz zur Selbstaufschaukelung. Das ist eine völlige Änderung der Systemarchitektur, alte Strukturen lösen sich mehr und mehr auf, Anweisungen der Führung und eine Kontrolle im alten Muster sind nicht mehr möglich. Und auch die Macht im Markt hat sich verschoben: Vom Anbieter zum Nachfrager.

Das alles ist brisant und hat schwerwiegende Folgen. Die Forderungen der Wirtschaft an die Wissenschaft, natürliche und kulturelle Ereignisse vorherzusagen und zu erklären, stößt angesichts der Komplexität und Instabilität an fast unüberwindbare Grenzen. Mit anderen Worten: Die Vorhersagbarkeit der Welt ist zusammengebrochen und mit dieser Komplexität und Instabilität, die wir bisher nicht gekannt haben, folgt eine fachliche und sachliche Überforderung auf allen Ebenen und eine Auflösung von Sinnzusammenhängen. Das bedeutet nichts weniger, als dass damit das Konzept der Führung in Frage gestellt wird.

Führung, wie wir sie bisher kannten, ist nun nicht mehr möglich, nicht nur in der Wirtschaft, sondern auch in der Politik.

Bei instabilen Systemen mit hoher Komplexität funktionieren also die vertrauten Strategien nicht mehr und angesichts der Komplexität wird nun das Handlungsrisiko sehr groß, es kann ungeahnte Folgen haben. Wie Kruse zusätzlich erkennt, reicht in der heutigen Zeit eine Funktionsoptimierung des bestehenden Systems nicht einmal mehr aus. Die Suche nach neuen Konzepten wird damit zur unmittelbaren Herausforderung.

Was also tun? Kruse fordert hier nun einen Prozessmusterwechsel in Unternehmen und Institutionen. Dafür benutzt er die Erkenntnisse aus der Theorie der dynamischen komplexen Systeme als Verständnisrahmen und als Gestaltungskonzept. Es geht genau um die Eigenschaften der komplexen Systeme der Adaption und Evolution, die ich recht ausführlich versucht habe, für Sie zusammenzustellen. Es ist dieses Wissen, das es nun anzuwenden gilt.

Für Peter Kruse ist nun die Fähigkeit wichtig, in einem Unternehmen eine angemessene Balance zwischen Stabilität und Instabilität sowie zwischen dezentraler Autonomie und zentraler Vorgabe zu schaffen – um auf die wachsende Komplexität und Dynamik einer vernetzten Außenwelt mit einer Kultur zu antworten, in der jederzeit eine adaptive Neuvernetzung der internen Strukturen möglich ist. Neben Konkurrenz und Kooperation tritt nun die Adaption in den Vordergrund – angesichts der schnellen und wenig vorhersehbaren Änderungen in der Umgebung (s. Spieltheorie).

Es geht ihm also darum, in Unternehmen das Verständnis des Verhaltens komplexer Systeme um die Aspekte Instabilität und autonome Ordnungsbildung zu erweitern. Denn – wie ich Ihnen gezeigt habe – eine grundlegende Musteränderung benötigt immer eine

Instabilität bzw. wird durch eine Instabilität erzwungen. Diese Instabilität kann nun systemintern entstehen oder extern bewirkt werden. In der Instabilität selbst – und das kann ein Risiko werden, das einzugehen ist – ist dann aber die weitere Entwicklung des Systems prinzipiell nicht vorhersagbar. Man muss also die Instabilität mit dem Risiko ertragen können und den Schmerz des Übergangs einkalkulieren.

Ein typisches Beispiel ist die deutsche Wiedervereinigung. Anstatt auf systemische Prinzipien der Selbstorganisation zu vertrauen, versuchte die Regierung Kohl, die Situation über Steuerung und Regelung zu bewältigen – so wurden der Einfachheit wegen einfach die Soll-Werte des Westens auf den Osten übertragen. Systeme haben nun einmal eine ausgeprägte Tendenz zur Trägheit und damit, bestehende Stabilitäten zu erhalten. Da verleibt man sich doch gern etwas ein, ohne sich ändern zu müssen.

Man verpasste allerdings auf diese Weise eine bessere Lösung; denn in dynamischen Systemen entstehen unter entsprechendem Druck (s. z.B. 11.5.3.) spontan Ordnungsübergänge, ohne dass von außen eine systemexterne Kraft einwirkt. Phasen der Instabilität oder von Störungen im System sind – wie Sie mittlerweile längst gelernt haben – die Voraussetzungen für das Entstehen neuer und dann wieder stabiler Systemordnungen. Denn kurz bevor in einem System ein neues Ordnungsmuster entsteht, wird die bisherige Ordnung instabil. Das wollte man anscheinend nicht aushalten.

Zumal in der Phase des Übergangs Leistungseinbrüche die Regel sind. Und auch so mancher Fehler als Teil des Lernprozesses dazu gehört. Man sollte deshalb in Unternehmen die Phase des instabilen Übergangs möglichst kurz gestalten, meint Kruse, denn Geld verdient man vor allem in der Phase der Stabilität.

Kruse empfiehlt dabei, **kein** Vordenken zuzulassen; denn grundlegende Veränderungen brauchen das nicht. Veränderung entsteht erst einmal durch die Bereitschaft der Träger der alten Ordnung, sich auf Instabilität einzulassen! Um dann – nach Durchlaufen einer Durststrecke – auf die Mechanismen der Selbstorganisation zu bauen und diese zu begleiten und nicht zu behindern; sonst kann es zum unproduktiven Gegeneinander von Stabilisierungstendenzen kommen und das System handlungsunfähig werden.

Kruse illustriert dies mit einem netten Beispiel aus dem Film „Die Blechtrommel“. Auf einer Nazi-Kundgebung wird ein Parteifunktionär mit Marschmusik begrüßt – das Geschehen läuft mit der Präzision eines Uhrwerks ab. Es herrscht ein Zustand maximaler Ordnung. Unter der Tribüne sitzt aber der kleine Oskar Mazerath mit seiner Blechtrommel. Er beginnt gegen den Marschrhythmus zu trommeln und bringt nach und nach immer mehr Musiker aus dem Takt, und schließlich geht der Zusammenhang des gesamten Orchesters verloren (Phase der Instabilität), bis plötzlich ein neues Muster entsteht und sich durchsetzt. Das Orchester schwingt mit um und spielt den Walzer „Schöne blaue Donau“. Die Menschen beginnen zu tanzen und die Nazi-Kundgebung löst sich auf. Das ist die autonome, selbstorganisierende Bildung einer neuen Ordnung.

Das Führungsverhalten muss sich also wandeln und sich mit grundlegenden Veränderungsprozessen konfrontieren lassen. Überhaupt werden neue Eigenschaften gefragt, um in dieser Welt der Komplexität und Instabilität zu bestehen.

Wir müssen heute in der Lage sein, Zusammenhänge zu verstehen. Und die Fähigkeit, Zusammenhänge zu verstehen, ist heute die absolute Schlüsselfähigkeit, um Komplexität zu bewältigen. Wir müssen Muster und die Musterbildung erkennen. Denn es ist die einzige Möglichkeit, Komplexität einigermaßen zu reduzieren ohne sie zu trivialisieren. Erst dann kann ich für einen kleinen Zeitbereich wieder handlungsfähig sein, bis eine neue Dynamik abläuft, auf die ich dann wieder neu reagieren muss.

Wohin wird sich das System bewegen? Empathie, Gefühl für die Resonanzmuster wird dafür wichtig. Und ich muss mich dann auf Prozesse einlassen können, die offen sind. Es sind also grundlegende gedankliche Neuorientierungen notwendig, will man mit den subversiven Systemänderungen klarkommen.

Angesichts der Komplexität und Dynamik der Marktsituationen reicht aber die individuelle Intelligenz nicht mehr aus, um angemessene Lösungen anzubieten. Der einzelne ist kaum noch in der Lage, die notwendige **Komplexitätsreduktion** zu leisten. Notwendig werden daher, so Kruse, Teambildung und Diskurs auf der Führungsebene: „Für die Zukunft wird offenbar eine nächste Stufe der organisatorischen Intelligenz erforderlich: Die Bildung von horizontalen, hierarchie- und bereichsübergreifenden Netzwerken, in denen Einzelne und Teams in freier Dynamik miteinander kooperieren."

Dabei gilt es nun, gut aufzupassen; denn der Kopf bzw. der Verstand kontrolliert gerne, er will über sein Wissen Macht und Kontrolle erlangen. So neigen wir dazu, bei Komplexität alles gerne durch Ausblenden so mancher komplexer Anteile auf eine Einfachheit zu reduzieren, was gefährlich für Entscheidungsprozesse ist. Wie wir es bei der Corona-Krise und der Klimakrise erkennen können, wird gerne alles, was nicht mit einfachen, wenigen Worten erklärt werden kann, vom Bewusstsein, sei es in der Politik, in den Medien oder in den Köpfen der Menschen, nicht wahrgenommen. Die Überforderung der Führungsebene zeigt sich dann in Begriffen wie „alternativlos", und Gegenmeinungen werden dann als unsachlich oder polemisch unterdrückt. Stattdessen werden dann einfache Narrative gebildet, die oft falsch sind. Die Rolle von Narrativen gilt es daher genauer zu untersuchen, wie ich es bereits ganz am Anfang (S. 23) und auch später gefordert hatte.

Der Verstand ist ein guter Diener, aber ein schlechter Herrscher. Man darf ihm nicht zu viel Spielraum geben. Komplexität kann man nicht über Details verstehen. Im Gegenteil, wir zerstören das Verstehen komplexer Systeme, wenn wir trivialisieren. Es bliebe dann die sachliche und fachliche Überforderung der Führung, was in der Folge oft zum „Bashing" von Führungskräften führt.

Ein instabiles System mit hoher Komplexität lässt sich eben nicht von „oben herab" steuern. Es braucht dafür andere Fähigkeiten. Nach Kruse sind es „archaische Fähigkeiten" wie Intuition, die auf viel Erfahrung und Wissen fußt.

So ist das einzige Instrument, das wirklich verlässlich in der Lage ist, Spuren und Musterbildungen in komplexer Systemdynamik aufzuspüren, der Mensch, ist seine Intuition. Denn unser limbisches System beinhaltet die Summe aller im Laufe des individuellen Lebens gelernten Bewertungen. Alle Handlungsentscheidungen, die wir treffen, werden durch unser Bewertungssystem überprüft und entweder verworfen oder akzeptiert – menschliches Handeln ist hochgradig emotional und intuitiv. So sind wir mit unserem menschlichen Gehirn fähig, mit viel Informationen klarzukommen und aus der dabei entstehenden Musterbildung die Konsequenzen zu ziehen. Wenn wir das denn aber begründen müssen, sind wir wieder in der rationalen Erklärung und suchen nach Ursache- und Wirkungskontexten. Das hilft dann aber selten bei nichtlinear gekoppelten Dynamiken. Das ist denn auch der Grund, warum ich die überforderten Politiker nicht beneide. Und doch frage ich mich oft, warum sie ihre Handlungsentscheidungen nicht sorgsamer vorbereiten. Mag ja sein, dass es daran liegt, dass sie – anders als Unternehmer – keine persönlichen Verantwortungen für Erfolg oder Misserfolg tragen.

Jedenfalls: Eine gute Intuition bekommt nun eine hohe Bedeutung. Unser Gehirn hat – jenseits unseres rationalen Verstehens – Musterbildung gelernt. Wie Studien zeigten, ist in komplexen Situationen das Unterbewusste tatsächlich das bessere Instrument für Analysen. Wenn der Verstand sich mit zu vielen Informationen herumquält, trifft Intuition aus dem Erfahrungsschatz heraus eine Wahl und liegt dann damit meistens richtig.

Nun hat aber nicht jede Führungskraft eine gute Intuition. Kruse fordert daher, dass man eine lange Lerngeschichte am Rande der Überforderung haben sollte, auch wenn das neue Problem dabei sein kann, dass die Intuition im alten System gelernt wurde und jetzt im neuen nicht mehr passt. Wichtig ist damit, im welchen Rahmen von Krisen die Intuition erworben wurde. Daher schlägt Kruse eine kollektive Intuition durch Teambildung und Diskurs (s.o.) vor. Nur darf der Diskurs nicht langsamer sein als die Änderung der Realität.

Als Führungskraft, die steuern will, ist man damit – so Kruse – in einer Situation wie beim Steuern eines Schiffes, wenn man in fremden Gewässern auf der Suche nach unbekannten Küsten ist, und zwar ohne Seekarten oder andere Informationen, nach denen man sich richten könnte.
Ein Vorgehen nach Versuch und Irrtum wäre unverantwortlich, da es den Schiffbruch einkalkuliert. Es bleibt nur – und das wäre dann die optimalere Strategie – das Vertrauen auf Intuition.

Intuition bedeutet auch eine Sensibilisierung für die Beobachtung aktueller Wahrnehmungen und ein bewegliches Sich-Einlassen auf jede noch so kleine Änderung. Der Planungshorizont wird also stark verringert. Der Kurs entsteht damit in einem Prozess mit einer schrittweisen, wechselseitig aufeinander bezogenen Abstimmung von Zielvorstellungen und vorgefundenen Bedingungen. Das Handeln ist das Ergebnis einer spontanen eigendynamischen Ordnungsbildung. Man spricht hier von einer **kognitiven Selbstorganisation**.

Es geht Kruse auch nicht darum, die Akzeptanz von (politischen) Entscheidungen im Nachhinein zu schaffen, sondern darum, gemeinsam die Entscheidung herzustellen. Das ist eine Forderung an den Staat zum offenen Diskurs mit den Bürgern, bei dem es gilt, diese gut zu informieren und mündig zu machen – und nicht zu willfährigen Mitläufern oder betreuten Menschen, die nur einseitig instruiert werden. Kruses Kritik an den Politikern ist deutlich: Nur mit dem offenen Umgang und dem Eingeständnis von temporärer Ratlosigkeit in den Handlungsalternativen lässt sich danach das Vertrauen in die politische Führung wiedergewinnen. Demokratie lebt nun einmal vom Diskurs verschiedener Alternativen. In Zeiten von hoher Komplexität und Instabilität sind scheinbar entscheidungsstarke Politiker keine gute Wahl.

Derzeit ist leider das Gegenteil zu beobachten: Man versucht, den Bürgern die Meinung der Regierenden als der Wahrheit letzter Schluss aufzudrängen, ist aber selber überfordert. Wo Politik aufklären und überzeugen sollte, herrscht sie zunehmend mit der Verhängung von Verboten, Hausarrest und Strafandrohungen für den Fall des Ungehorsams. Nach Luhmann kann die Politik nicht anders, weil sie in ihrer ganz eigenen Kommunikation gefangen ist.
Aber es ist dringend, sie muss dazu lernen. Wir brauchen dringend Politiker (und Medien), die bereit sind, aus ihrer „Meinungsblase" auszusteigen und deren Narrative kritisch in Frage zu stellen, die sich wieder der Realität stellen, trotz der Luhmannschen Vermutung, dass sie es gar nicht können.

Als Hilfestellung gibt es die 4 Zimmer. Es ist eine Management-Methode für Prozesse der Veränderung.

Spannend wird es, wenn man diese Methode etwas abwandelt und auf die Basis der Naturgesetze stellt. Weil man sich dann endlich diesen Gesetzen stellen muss, verbunden mit der wichtigen Frage, warum man das gemacht hat.

15.2. Das 4-Zimmer-Modell

Grundlegend hilfreich für Veränderungen in Unternehmen ist nach Kruse eine 4-Zimmer-Strategie wie das House of Change von Kirkbridge, das aus der Psychologie kommt.

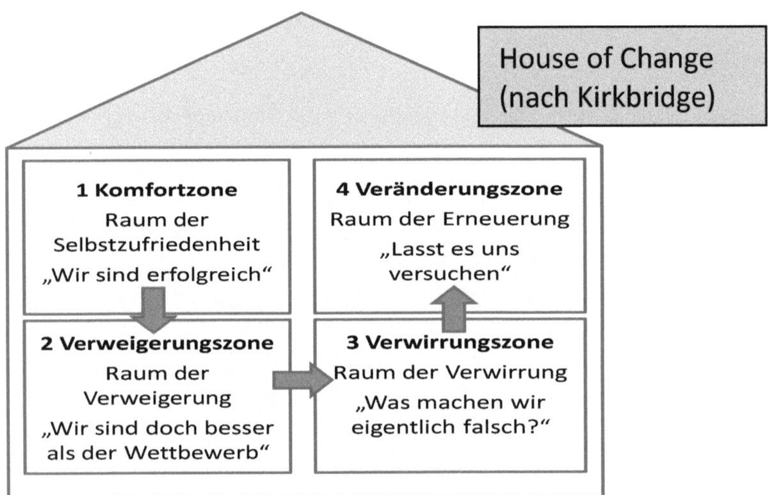

Danach sind für eine Veränderung in Unternehmen alle folgenden 4 Stadien unerlässlich: Aus dem Raum der Selbstzufriedenheit (läuft doch gut) kommt man in den Raum der Verweigerung (Skepsis und Widerstand gegen Veränderung), dann in den Raum der Verwirrung (mit der Suche nach der richtigen Strategie) und dann in den Raum der Erneuerung.

In meinem Buch „Physiconomics" habe ich eine andere, aus meiner Sicht wirkungsvollere 4-Zimmer-Aufteilung gewählt. Sie kennt keine Komfortzone, sondern beginnt bereits beim Suchen und Akzeptieren der Wahrheit.

Sie lautet daher so:

1. Zimmer: Wir müssen als erstes die Wahrheit erkennen und akzeptieren, dass es so nicht weitergeht.
2. Zimmer: Wir müssen die Überzeugung gewinnen, dass die Probleme lösbar sind und die Wege zur Lösung skizzieren.
3. Zimmer: Wir müssen die Details der Lösung definieren.
4. Zimmer: Wir beginnen, die Lösung umzusetzen.

Mittlerweile bin ich der Überzeugung, dass in der heutigen Zeit eine andere 4-Zimmer-Strategie notwendig ist. Was wiederum am ökologischen **Tipping Point** unseres Planeten (s. Bruno Latour) liegt, der die Analyse von Peter Kruse noch einmal massiv erweitert und verschärft.

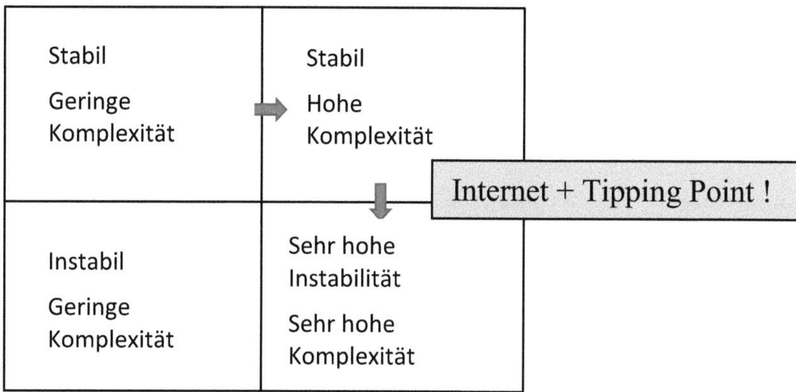

Mit dem Tipping Point haben nämlich sowohl die Instabilität als auch die Komplexität noch ganz andere Größenordnungen erreicht. Die Empfehlungen von Peter Kruse – so wertvoll sie sind – reichen nun auch nicht mehr annähernd aus.

Denn mit dem Tipping Point ist sogar eine **völlige** Überforderung des Führungspersonals die Folge. Wenn wir also jemals eine Art Kontrolle über die Entwicklungen in der Welt hatten, ist dies seit dem Tipping Point endgültig Illusion.

Wir verlieren Macht gegenüber einer nun erstmals spürbar machtvolleren Natur. Es gilt, nun die Natur mit ihren Gesetzen als so mächtig anzuerkennen, dass wir uns ihr beugen und danach handeln müssen.

Demzufolge beginnt mein eher naturwissenschaftliches als psychologisches Modell, das ich auch im Privaten mehrfach erfolgreich genutzt habe und das ich als das am besten geeignete für Coaching-Prozesse halte, **mit den Gesetzen der Natur**. Die dazugehörige Abbildung folgt auf der nächsten Seite.

Dieser Ansatz ist neu, aber nach meiner Auffassung elementar in der Bedeutung für den Umgang mit dem Tipping Point.

Neu ist zum Einen, dass **als Basis für alle Überlegungen nun die Naturgesetze** fungieren, und zwar geht es darum, wo oder wie ich gegen sie verstoße ... und mir damit gemäß Seneca selber Probleme einhandle. Sie erinnern sich sicher an seinen Spruch: *„Wo die Natur nicht will, ist die Mühe umsonst."* Und auch Bruno Latour hätte sicherlich seine Freude daran. Für diese erste Stufe ist es aber essentiell, die relevanten Naturgesetze zu kennen – das war ja das Ziel meiner Arbeiten.

Völlig neu ist zum Anderen auch der nächste Schritt, es geht in ihm darum, was es mit mir (als Führungskraft) bzw. mit uns (als Gesellschaft) und meinem/unseren Handeln zu tun hat. Das hat durchaus eine bedeutsame psychologische Komponente. Die weiteren Stufen 3 und 4 ergeben sich dann folgerichtig aus den Einsichten von 1 und 2.

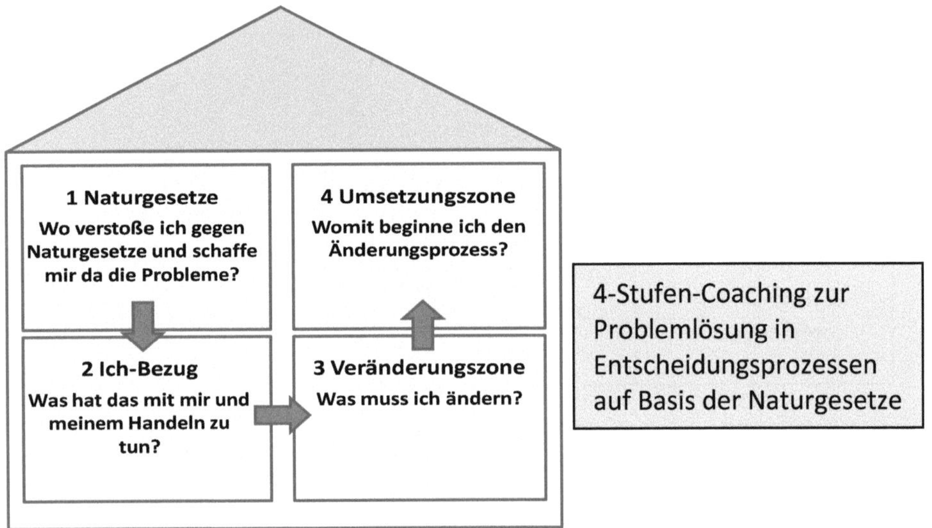

Beginnen wir einfach einmal probeweise mit **Stufe 1**: Wo verstoßen wir gegen Naturgesetze und schaffen uns da die Probleme? Was haben wir falsch gemacht?

Nun können auch Sie selbst eine Aufzählung starten, indem Sie dieses Buch von vorne an noch einmal durchgehen und sich eine lange Liste dieser Verstöße zusammenschreiben. Das Handwerkszeug dafür gibt ihnen jedenfalls dieses Buch. All diese Naturgesetze sind aus meiner Sicht nun die Basis von allem, wenn Sie Erfolg und zusätzliche Weisheiten erlangen wollen.

Ich habe dann überlegt, Ihnen diese Arbeit abzunehmen … um dann doch lieber endlich einmal die Natur selbst sprechen zu lassen. Damit wir lernen, auf die Stimme der Natur zu hören.

Hier ist sie.

15.3. Die Natur spricht

Ihr Menschen denkt tatsächlich, dass die Welt verrückt geworden ist. Das ist großer Unsinn. Als nächstes denkt ihr dann, weil für euch alles so kompliziert geworden ist, dass ihr verrückt geworden seid. Auch das ist Unsinn. Die natürliche Wahrheit ist, dass ihr es seid, die alles durcheinander gebracht haben.

Ihr habt – ganz einfach – nicht meine Spielregeln verstanden. Und so spielt ihr nun euer eigenes Spiel, mit Regeln, die ihr erschaffen habt, die aber nur wenig mit mir und der Welt, in der ihr lebt, zu tun haben. Und das ist das Verrückte.

Ich werde euch jetzt nicht belehren, was ihr zu tun habt. Aber ich werde euch zeigen, was ihr falsch macht, wo ihr gegen meine Regeln verstößt. Ich werde es tun, damit ihr die Welt und alles, was gerade mit euch und eurem Leben passiert, besser verstehen könnt. Es geht mir also um euer Verständnis für mich, da ich die Grundlage eures Lebens bin.

Das Handeln selbst überlasse ich euch. Ihr müsst mich und meine Welt nicht retten, ihr seid mir sogar ziemlich egal, ich komme auch ohne euch aus. Ihr müsst für euch also selber sorgen.

Ihr modernen, ach so aufgeklärten Menschen habt euch mir und meinen Regeln schon lange ziemlich entfremdet, ihr glaubt an klare Ursache-Wirkungs-Beziehungen, so wie die Schwerkraft dafür sorgt, dass alles zu Boden fällt. Ihr reduziert mich gerne darauf und auf einen Monismus, den ich nie hatte.

Ich bin in vielem anders. Ich bin auch dualistisch, komplementär und komplex ... und ich mag sogar ein Sowohl-als-auch. Ich bin nicht immer logisch, ich bin immer lebendig.

Damals, im Altertum und in euren Mythen habt ihr es gespürt, und eure Vorsokratiker und auch die altchinesischen Philosophen wussten es.

Vor langer Zeit gab es auch noch diese Achtung vor mir, die ich verdiene. Man suchte nach Weisheiten, und sah das Ganze (!) ... man beschrieb mich in Geschichten ... ja, ich erinnere mich noch gut an diese Zeit. Es waren vor langer Zeit die Nomaden, die mit mir lebten – in Respekt und Achtung vor mir und meinen Gesetzen. Dann, ja dann wurden sie abgelöst – durch die Siedler und Ackerbauer, die einfach Land in Besitz nahmen. Es begann in Mesopotamien. Damals entstand der Mythos vom Ackerbauer Kain, der den Hirten Abel erschlug. Und die Menschen, die nun sesshaft geworden waren, mussten lernen, mich zu beherrschen, wenn sie Jahr für Jahr auf demselben Boden wieder genug ernten wollten. Sie mussten dazu vom Baum der Erkenntnis essen. Sie düngten und bearbeiteten mich und versuchten, all diese meine Gesetze zu finden, mit denen sie dabei Erfolg hatten. Und wurden aber gleichzeitig aus dem paradiesischen Nomadendasein vertrieben. Das war Evas Apfel, und das war der Preis dafür.

Es war ein Lernprozess, ein wichtiger, der es euch Menschen schließlich sogar ermöglichte, zum Mond zu fliegen und dort herumzuspazieren. Euer Erfolg war verdient, aber er machte euch blind für mich, wie ich wirklich bin.

Denn ihr denkt falsch!

So glaubt ihr bis heute immer noch an die **monistische Logik,** obwohl euch ein Wissenschaftler namens Kurt Gödel bereits vor fast 100 Jahren gezeigt hat, dass die Welt auch ganz anders ist. In Wirklichkeit besteht nämlich eure Welt, wenn ihr Logik sucht, aus einzelnen logischen Inseln, die – miteinander verknüpft – allerdings von einem Meer aus Wahrscheinlichkeiten und Unentscheidbarkeiten umgeben sind, und sogar Widersprüche zwischen den logischen Inseln sind erlaubt. **So** müsst ihr lernen zu denken.

Und ... was macht ihr? In eurem unverwüstlichen Glauben daran, dass alles einer gemeinsamen Logik gehorcht, sucht ihr auch gerne nach Detailwissen, das ihr dann zusammensetzt. Ihr lasst immer noch vor allem reproduzierbare Ergebnisse in euren „exakten" Wissenschaften zu, ihr akzeptiert nur noch Fakten, die validiert werden können, ihr glaubt an die eine Wahrheit und seht nicht, dass – wenn sich zwei widersprechen – es durchaus sein kann, dass beide recht haben und daraus, aus dem Gesamtbild, aus dem Sowohl-als-auch eher eine Art Wahrheit sichtbar wird.

Lernt wieder, das Ganze zu sehen!

Ihr aber schafft euch eine fatale, ungebremste Informationsgesellschaft, in der nicht ein Gesamtbild, sondern nun die Algorithmen und die Fakten einzelner Details zunehmend über euch als Menschen bestimmen. So habt ihr euch im Glauben an die Logik eine künstliche Welt geschaffen, die mit mir als Natur kaum noch etwas zu tun hat.

Im Streben nach mehr, höher und besser macht ihr eure Gesellschaften zu einem immer feineren und effizienteren monistischen Uhrwerk, in dessen Getriebe nun kein Sandkorn mehr kommen darf. Nichts darf mehr stören, damit es weiter funktionieren kann. Ich nenne es eine Optimierungsgesellschaft, und so sehe ich bei euch einen Hang zu einem Overcontrolling, zu immer mehr Vorschriften und Regulierungen, mit denen ihr jedes Sandkorn entfernt und alles im Griff behalten wollt, die aber zunehmend eure Wahlmöglichkeiten und Handlungen ersticken. So habt ihr euch mit all eurem Wissen und Können eine posthumane Welt geschaffen.. Ihr seid in die Falle des Monismus gegangen. Da sitzt ihr nun ... und versteht die Welt nicht mehr.

Es ist dieser Monismus, der euch zunehmend handlungsunfähig macht.

Denn ich bin anders.

Meine Natur kann man nämlich nur zum geringen Teil über Einzelheiten verstehen. Das Anhäufen von Detailwissen, es verstößt, wenn ihr nicht gleichzeitig nach dem Ganzen sucht, gegen meine **Gesetze der Komplexität**. Wenn ihr euch und mich verstehen wollt, dann sucht nach den Verknüpfungen, nach dem weißen Elefanten. Fakten alleine werden nicht genügen. Denn Fakten kennen bedeutet noch längst nicht, etwas zu verstehen. Aber nur aus einem Verstehen heraus kann man richtig handeln und gestalten.

Ihr könnt damit aber anscheinend nicht umgehen, mit dieser Ambiguität in mir. Und so ist es nun kein Wunder, dass eure Wissenschaft voller Wissenslücken ist, mit denen ihr nun sogar eure Existenz gefährdet. So seid ihr – ich muss es noch einmal sagen – nicht wirklich handlungsfähig.

Bei euch sehe ich immer mehr Weltvergessenheit durch Arbeit und Konsum, nun noch verstärkt durch die digitale Welt und Kakophonie der Information, die euch überall erreicht. Big Data. Die vielen Daten überschwemmen euch, ihr könnt sie nicht mehr sortieren, sie verunsichern euch und eure Intuition. Und so ist es kein Wunder, dass viele von euch sagen, dass sie die Welt nicht mehr verstehen.

Es gibt da ein Dreieck des Wissens und der Technik. Ich habe es für euch hier aufgezeichnet.

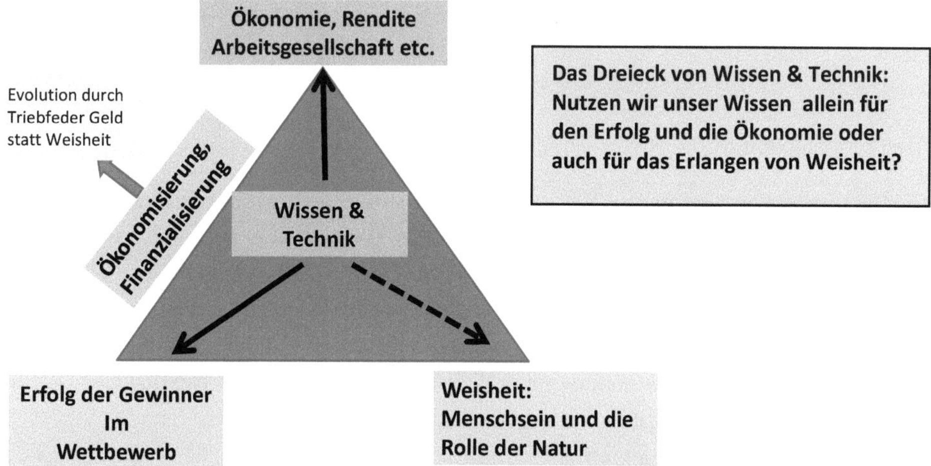

All das Wissen, das ihr euch schafft, und all die Technik, die ihr entwickelt, habt ihr vor allem den Zielen Erfolg im Wettbewerb sowie Wachsen eurer Ökonomie gewidmet. Bei euch Menschen, in eurem Wettbewerb, gewannen bisher schließlich immer die, die glaubten, alles erfolgreich unter Kontrolle zu haben und sich machtvoll und mir überlegen fühlten.

Es waren dieselben, die an die logische Wissenschaft glaubten, und an deren Fortschritte und Technologien. Es sind diese Menschen, die bis heute versuchen, mich mit kleinlicher Logik und deren Errungenschaften genauso kleinlich zu beherrschen. Zugegeben, sie waren damit ziemlich erfolgreich. Alles wuchs, auch eure Bevölkerung, eure Städte und euer Wohlstand. Chapeau.

Aber es ist fatal für euch; denn diese Zeit ist nun vorbei.

Doch ihr könnt nicht aufhören. Mit der permanenten Entwicklung neuer Technologien treibt ihr Menschen euch nun vor euch selber her. Nur … als Mensch kommt ihr nicht mehr mit. Ihr lebt in einem permanenten Aufholmechanismus, eure Fähigkeiten halten nicht Schritt – und so wacht ihr inzwischen eigentlich jeden Morgen etwas dümmer, irritierter oder unsicherer auf.

Anstatt dass ihr also eure Technik und die Wissenschaft nutzt, um euer Leben menschlicher zu machen, habt ihr es geschafft, dass ihr euch an die neuen Techniken und eine einseitige Wissenschaft und einseitige Ökonomie funktionell einpassen müsst. Und all dies beschleunigt euer Leben. Euer Leben nach euren Vorstellungen zu gestalten? Es ist sehr schwer geworden, denn ihr werdet immer mehr diktiert. Und so ist es kein Wunder, dass eure Gesellschaft müde geworden ist. Permanente Optimierung und Anpassung an neue Technologien und Algorithmen machen nun einmal müde. Zu müde und auch zu ratlos zu einem Handeln, das etwas ändern kann. Doch genau dieses Handeln ist jetzt wichtig. Jetzt, da irgendwann euer System kollabieren kann.

Aber was macht ihr?

Ihr flüchtet weiter vor meiner Komplexität und stürzt euch in Algorithmen und digitale „Superintelligenzen", die scheinbar alles besser können als ihr. In Gebieten (Inseln), in denen Logik herrscht, mag das sogar oft stimmen und funktionieren, bei Komplexität wird es aber gefährlich. Und doch, ihr verlagert sogar Autorität und damit immer mehr Macht an diese Algorithmen. Eure künstliche Intelligenz ist aber grundsätzlich monistisch. Sie kann eine wertvolle Unterstützung sein, solange sie nicht damit beginnt, euer Denken in eine logizistische Zwangsjacke zu stecken. Aber genau das passiert.

Ihr passt euch an ihre Logik an, an sie und all die Technologien, die ihr in euer Leben hineinnehmt, weil sie es scheinbar einfacher machen, die aber entwickelt wurden, weil sie für Wirtschaftsunternehmen profitabel sind. Ihr benutzt euer Smartphone, und merkt nicht, wie es immer mehr euer Leben bestimmt. Bis ihr es verliert. Ihr nutzt Facebook, um euch sozial zu verbinden, und merkt irgendwann, dass ihr plötzlich einem Wettbewerbsdruck um Likes und Selbstoptimierung ausgesetzt seid.

Ihr seid – wenn ihr nicht aufpasst – schnell einer narzisstischen Maschine erlegen, die eigentlich nur Geld produzieren soll.

Eines, vielleicht sogar das wichtigste meiner Grundgesetze ist **Evolution**. Eure Evolution war aber nun schon lange eine Evolution mit der Triebfeder Geld. Ihr suchtet mit einer Art Gier nach mehr … nach mehr Erfolg, mehr Geld, mehr Konsum, mehr Besitz. Ihr wart gut darin und ziemlich erfolgreich, aber es war dumm. Denn ihr habt dabei etwas vergessen: Die Weisheit und euch als Menschen.

Selten suchtet ihr nach Weisheiten, sie brachten keinen materiellen Gewinn. Ich selbst mit meinen Bedürfnissen und das Menschsein und das Schaffen von Weisheit habt ihr kaum gefördert und nur selten honoriert. Mag sein, dass so manche Weisheiten ja euer System irritiert hätten – oder euch in eurem Glauben gestört haben, alles im Griff zu haben. Und damit Geld zu machen.

Hört auf damit! Hört auf damit, mit diesem Denken, dass ihr mich im Griff haben könnt, dass ihr alles (und mich) unter Kontrolle habt.

Fangt endlich an, komplexer zu denken, fangt an, mich und meine wirklich wichtigen Gesetze zu studieren! Und lernt dringend, in Prozessen zu denken, denn ich kenne keine Stagnation. Alles, was ihr aufbaut, wird wieder zerfallen. Nichts ist für die Ewigkeit.

Akzeptiert es; denn es ist nicht nur für euer Menschsein wichtig, es geht auch um eure Existenz!

So war ich bisher sehr spendabel zu euch; ich habe euch Menschen alles, was ich habe, zur Verfügung gestellt, ohne irgendeine Gegenleistung zu verlangen. Es ging ja auch lange Zeit gut mit euch, ich hatte viel zu bieten, und ich habe euch alle Fehler verzeihen können, aber ihr habt einfach nicht aufgehört, weiter wachsen zu wollen.

Aber jetzt mache ich nicht mehr mit. Diese Zeiten sind seit 20 Jahren vorbei. Und so stelle ich nun die Machtfrage!

Viel zu viel ging auf meine Kosten. Ihr habt mich schlecht behandelt, ihr habt mich hemmungslos ausgebeutet, ihr habt mich krank gemacht und meine Ressourcen auf diesem Planeten erholen sich nicht mehr. Jetzt, da ihr den letzten Winkel eurer Erde entdeckt und in Besitz genommen habt, fällt euch auf, dass sie zu klein für ein weiteres Wachstum geworden ist. Was daran liegt, dass ihr gegen ein zentrales Gesetz der Evolution verstoßen habt: Nachhaltigkeit, auf der Grundlage von Respekt und Demut vor mir. So hatte ich mir eine Partnerschaft mit euch vorgestellt. Es war vergebens.

Es reicht mir jetzt, und so ich mache nun ernst! **Ab jetzt gelten meine Regeln.**

Und ihr werdet schnell spüren, dass ihr jetzt jeden Tag mehr an Macht über mich verlieren werdet; Macht, die ihr eigentlich nie hattet; denn ich bin das Fundament, auf dem ihr lebt.

Jetzt, da ich nicht mehr genug für euch liefern kann, ändert sich nämlich alles, denn je mehr ihr mich zerstört, um so mehr zerstört ihr euch selbst. Das ist der **Tipping Point,** das ist der Punkt, an dem ich nun die Macht ergreife und ich die Spielregeln ändere, und zwar um 180 Grad! Merkt euch endlich: ihr seid abhängig von mir! Ihr seid es die ganze Zeit gewesen. Und so ist es nun eure einzige Chance, wenn eure Zukunft gelingen soll, mich nicht weiter auszubeuten, sondern in Freundschaft mit mir zu leben, nach meinen (!) Regeln, die ich nun durchsetzen werde. Sonst wird es dramatisch. Für euch, nicht für mich – ich kann auch ohne euch..

So nehmt mich also endlich ernst! Schaut auf meine Komplexität! Und **sucht** endlich nach mir, nach meinen Regeln, die ihr so gerne missachtet habt, weil sie euch keinen schnellen Gewinn brachten.

Wisst ihr, was ein stabiles System ausmacht? Einige kluge Wissenschaftler unter euch haben es doch längst herausgefunden. Es muss, ich helfe euch jetzt ein bisschen, ...

- angepasst an meine Naturgesetze sein,
- die Fähigkeiten zur Selbstorganisation, zur Selbsterhaltung (wie Nachhaltigkeit) und zur Selbstabgrenzung (incl. Verteidigungsfähigkeit) der Organisationsstruktur nach außen haben,
- die Fähigkeit zur fortlaufenden, lernenden Anpassung an die Umwelt haben,
- einen regelmäßigen Input durch genügend Material- und Energieressourcen bekommen,
- einen Output ohne Destabilisierung des Systems aufweisen.

Wenn ihr gründlich nachdenkt, müsste euch eigentlich deutlich werden, dass ihr schon länger mit eurem System keine dieser Bedingungen mehr wirklich erfüllt. Und ich euch nun den Spiegel vorhalte.

Insgeheim spürt ihr vielleicht längst, dass euch die Kontrolle entgleitet und ihr nicht mehr überlegen seid, eure gefühlte und gepriesene Herrschaft über mich, die Natur, eine reine Illusion war. Und doch denkt ihr beim Klima und bei Sars-Cov-2, ihr müsst euch nur mehr anstrengen, dann erobert ihr die Kontrolle und Verfügungsgewalt über euch und mich zurück. Ihr sträubt euch mit allen Mitteln gegen das Eingeständnis der eigenen Machtlosigkeit. Und macht weiter, mit dieser Illusion des Herrschens über mich, die Natur.
Es ist vergebens; denn ihr habt diese Macht nicht, ihr habt sie eigentlich nie gehabt, und das spürt ihr jetzt. Das macht euch Angst. Es ist diese Angst, die in euch wächst, die in euch das Lebendige, das Vertrauen ins Leben zerstört und euch dazu treibt, noch mehr und noch mehr nach Kontrolle zu streben.

Es gibt willige Controller und Juristen, die euch dabei helfen. Auch sie sehen mich nicht – im Gegenteil. So klammert ihr euch an euer Spezialistentum, an das euch Vertraute, bis ... ja, vielleicht bis alles den Bach runtergeht.

Eure gesamte Kultur gründet heute auf Angst. Es ist die Angst vor Kontrollverlust – ihr wollt nun, da euch langsam die Begrenztheit meiner Ressourcen klar und der Wettbewerb um sie härter wird, alles festhalten. Ihr verneint das Gesetz von Kommen und Gehen, von Entstehung und Zerfall von Ordnung, ihr verschließt euch dem Grundgesetz des Lebens. Ihr macht alles immer verrückter, ihr duldet keinen Diskurs, keine anderen Meinungen mehr, ihr beharrt auf euer Rechthaben ... und zerstört euch selbst ... Stück für Stück, bis ihr am Ende seid. Die Poesie der Welt, des Lebens habt ihr vergessen und verloren.

So zerstört ihr mit eurem Monismus eure Lebendigkeit, weil ihr mich nicht seht, mich nicht versteht, obwohl ihr ein Teil von mir seid.
Vielleicht hätte ich damit rechnen sollen, dass ihr modernen Erfolgsmenschen zu dumm seid. So schaut ihr auch eher neidisch auf ein Land wie China, das in der global verknüpften Wirtschaftswelt mit einem totalitären Kapitalismus und einer durch Algorithmen gesteuerten Gesellschaft erfolgreich ist, obwohl ihr eigentlich ahnt, dass dies – wenn alle so handeln würden – der schnellste und schonungsloseste Weg ist, die Menschlichkeit in der Welt auszutreiben und sogar euren Planeten zu ruinieren.

Auch wenn ich mich wiederhole: meine Regeln sind anders. Sucht sie! Denn es ist wirklich dringend für euch. Sucht nach den Spielregeln meiner Komplexität!

Ein weiteres wichtiges Gesetz von mir ist nämlich das Gesetz der Anpassung – an mich und meine Regeln. Studiert mich und denkt daran, dass euch dabei keine Gesinnung oder Moral den Weg zeigt; denn Moral kenne ich nicht. Meine Spielregeln, das wisst ihr längst, sind nun einmal nicht verhandelbar, es geht bei mir immer ums Leben und Überleben. Beim Leben braucht es hier und da – vor allem in der Kindheit – tatsächlich so etwas wie „safe spaces" oder einen Ponyhof, aber übertreibt nicht damit; denn es gibt immer auch die andere Seite, den Kampf ums Überleben, dem man sich stellen muss. Macht euch also auf die Suche nach den verschiedenen (!) Gesetzen dafür, und schaut nicht, ob es euch Geld oder wissenschaftliche Meriten einbringt.

Ein mächtiger Gegenspieler für euren Monismus ist zum Beispiel das, was ihr Entropie nennt. Es ist die Größe, die alles gleichmäßig verteilen will, auch euren Müll und eure Schadstoffe, und die ihr viel zu wenig beachtet. Ihr baut gerne etwas auf, und überseht dann diese Kraft in Richtung Chaos, die dafür sorgt, dass z.B. eure Windanlagen nach 20 Jahren abgewrackt werden müssen. Eure Virologen führen sogar Forschungsexperimente durch – ihr nennt sie Gain-of-Function-Forschung –, die Viren „menschenwirksam" verändern und dermaßen risikoreich sind, dass sie große Teile der Menschheit gefährden können, ungeachtet der Gesetze der Entropie und damit der Gewissheit, dass künstlich mutierte Viren irgendwann freigesetzt werden. Ihr habt auch diese meine Kraft nicht im Griff, und ihr werdet sie auch nie in den Griff kriegen.

Deshalb: lernt, in Prozessen des Entstehens und Vergehens zu denken!

Denn diese Kraft in Richtung Chaos ist nur der eine Partner in einem Dualismus zweier Prinzipien, die sich ineinander umwandeln und ergänzen. Und das bin ich jetzt, dieses **dualistische Gegenspiel von Chaos und Ordnung.** Es sind zwei Prinzipien – manche sagen auch Attraktoren dazu. Zwei! Und erst wenn ihr endlich diesen Dualismus von zwei komplementären Prinzipien erkennt und akzeptiert, werdet ihr die Welt und das, was in ihr abläuft, verstehen können. Mir selbst ist egal, wie ihr diesen Dualismus nennen wollt, ob Yin und Yang, oder „weiblich" und „männlich". Wichtig ist, dass ihr versteht, dass beide Prinzipien sich gegenseitig brauchen, beide gleichwertig sind und sie gemeinsam die Lebendigkeit der Welt ausmachen. Sie sind die Grundlage von allem.

Und was macht ihr?

Ihr macht genau das Gegenteil. Ihr denkt und handelt weiter monistisch. Ihr verleugnet sogar den Dualismus von weiblich und männlich und debattiert tatsächlich darüber, auf Geschlechterbezeichnungen bei euch Menschen zu verzichten. Chromosomen, Anatomie und körperliche Eigenschaften sollen keine binäre Rolle mehr spielen. Ihr verleugnet eure menschliche Biologie, meine Natur der zwei Attraktoren, ihr verwechselt meine biologischen zwei Geschlechter mit euren kulturell geformten Geschlechterrollen, ihr verneint die gegenseitige Ergänzung von männlichen und weiblichen Eigenschaften und Fähigkeiten, ja: das wunderbare Spiel der Geschlechter mit all seiner Poesie, all das habt ihr längst geopfert. So vermischt ihr etwas, was nicht vermischt werden kann und darf, schafft das Mantra der totalen Gleichstellung bis hin zur Gleichheit. Ihr verwandelt euren Monismus der Logik und Ordnung in einen Monismus der Gleichheit und Heterarchie und habt nun das Ergebnis: Irritation und kraftraubende Auseinandersetzungen zwischen den Geschlechtern anstatt ein nährendes Miteinander. Alles dies Lebendige macht ihr jetzt mit einem Diktat von woker Gleichheit und heterarchischer und moralischer Bevormundung kaputt.

Hört auf damit!

Und erkennt auch, dass eure Art von Feminismus wenig hilft, die weibliche Sphäre zu unterstützen ... und damit den zu schützenden Bereich der Familien, der so wichtig ist. Hier machen die „safe spaces" Sinn, hier werden sie gebraucht. Hier geht es um die Bedürfnisse eures Nachwuchses, um die Erneuerung und Zukunft eurer Gesellschaft..

Stattdessen sind Kinder bei euch immer noch ein großes Armutsrisiko und ihr nehmt euch vor lauter Karriereplänen und Geldverdienen viel zu wenig Zeit für sie. Selbst in euren Plänen, die Corona-Pandemie in den Griff zu bekommen, spielen sie für eure Politiker nur eine lästige Nebenrolle. Welche psychischen Auswirkungen eure Maßnahmen auf eine ganze Generation von Kindern hat – das ist scheinbar Nebensache. Wie es überhaupt erschütternd ist, wie ihr Politiker mit den Seelen euer Bürger umgeht.

Das große Problem ist, dass ihr so zu einer wehrlosen Gesellschaft mutiert seid, weil ihr längst dissonant geworden seid. Euer Feminismus missachtet die „weibliche Welt" der Familien und Kinderbetreuung, stärkt die „männliche Welt" der Konkurrenz um Arbeit und verachtet dort gleichzeitig das männliche Prinzip. Und jeder Versuch einer Rückbesinnung und Akzeptanz auch des männlichen Prinzips als Teil meines Dualismus wird moralisch und ideologisch erledigt, mit einem Schimpfen auf Patriarchat und alte weiße Männer. Eine dissonante Gesellschaft? Dann seid ihr wehrlos, dann habt ihr keine Zukunft.

Denn meine Natur ist nun einmal dualistisch und damit auch die des Kampfes und Wettbewerbs, es gibt nicht nur Frieden und „Ponyhöfe" auf der Welt, es gibt nicht nur das Thema „Leben", es geht auch ums „Überleben", will man nicht untergehen. Das müsst ihr wieder mehr beachten, wenn ihr verantwortungsvoll und erwachsen mit mir und meinen Gesetzen umgehen wollt. Und ihr wisst es längst und ich sage es noch einmal: ich bin nicht moralisch, und meine Gesetze sind nicht verhandelbar.
Aber wenn ihr lieber überall und nicht nur dort, wo sie für Kinder (!) notwendig sind, „safe spaces" schafft und euch von Political Correctness, Wokeness und Gender-Lehrstühlen euer Leben bestimmen lasst oder schaut, ob nicht irgendjemand sich gerade persönlich diskriminiert fühlen könnte und euch das am wichtigsten ist, wie wollt ihr dann verantwortungsvoll handeln? So seid ihr – wieder einmal – nicht mehr handlungsfähig.

So habt ihr auch in Deutschland die Migrationskrise nicht dadurch gelöst, dass ihr euer Hoheitsrecht auf Zurückweisung an der Grenze wiederhergestellt habt, sondern indem ihr „Deals" mit fremden Mächten vereinbart und harte Maßnahmen den einzelnen Randländern der EU überlassen habt. Auf diese Weise lasst ihr hunderttausende zornige junge Männer eines anderen Kulturkreises in euer Land, bei denen zu einem Doppelelend von Arbeitslosigkeit und Hormonüberdruck – ihr habt in eurer Wokeness schlicht vergessen, die gleiche Anzahl von jungen Frauen ins Land zu holen – die Erfahrung der Perspektivlosigkeit ein hohes Maß an Aggression, Wut und Enttäuschung auslöst.

Ihr wisst ganz offensichtlich auch viel zu wenig von euren Impulszuständen und Trägheiten, die euch und euer Handeln bestimmen, und macht lieber weiter wie früher, wenn etwas nicht mehr so richtig klappt – jetzt erst recht, auch ökonomisch, selbst nach dem Tipping Point.

Alte Denkweisen gebt ihr nicht auf, ihr bleibt bei euren Narrativen, auch wenn sie aus einer „alten und guten" Zeit stammen, in der ich noch spendabel zu euch war.

Stellt alle eure Narrative in Frage!

Denn es sind so manche dieser Narrative, die euch in eine Art Treibsand geführt haben, und je mehr ihr daran festhaltet und strampelt, desto eher werdet ihr darin versinken. So könnt ihr mit eurem Denken auch nicht die Rettungsseile erkennen, die über euch schweben, in eurem Denken sind sie unsichtbar. Haltet daher nicht an euren veralteten ökonomischen Strategien fest, überwindet eure Trägheit und denkt neu. Sucht nach diesen Seilen.
Denn ihr braucht eine neue Ökonomik. So versucht ihr, eure Schuldenkrise durch künstliche Geldvermehrung zu lösen, aber ihr braucht etwas anderes, ein nachhaltiges Geldsystem.

Werdet also nachhaltiger! Auch in eurem Geld- und Finanzsystem.

Denn Nachhaltigkeit, ihr wisst es inzwischen, ist ein wichtiger Teil der Evolution. Achtet ihr nicht darauf, schlagen irgendwann – ich habe Geduld – meine Gesetze zu. Und so drohe ich euch nun mit meiner stärksten „Waffe", einem ökologischen Kollaps. Ihr riskiert also euer Habitat, wenn ihr so weitermacht. So ist es dringend, dass ihr eure Wachstumskurven von Wirtschaft und Bevölkerung neu diskutiert.

Das System Erde ist längst zu klein dafür. Damit wird für euch nun meine wirkliche Natur sichtbar, und meine Gesetze der Komplexität fangen an zu wirken. Was auch an euch liegt. Ihr selbst steigert Tag für Tag die Komplexität eurer Lebensweise und so überfordert euch längst der globalisierte Austausch von Waren und Informationen – letztere mit Hochgeschwindigkeit und riesigen Mengen. Ihr steigert sogar die Komplexität mit der Intention, die Komplexität zu beherrschen, indem ihr in alten Mustern denkt. Und dann wisst ihr nicht weiter und trivialisiert und verbaut euch die Lösungen. Ihr schaut nicht richtig hin, ihr nehmt euch nicht einmal die Zeit dafür.

Nehmt sie euch.

Ihr werdet dann erkennen, dass meine natürlichen komplexen Systeme Rückkopplungsmechanismen haben, deren Aufgabe es ist, Stabilität zu gewährleisten. Okay, ihr konntet bisher darauf verzichten, aber das ging nur, weil meine Natur scheinbar unbegrenzt war, meine Welt war damals für euch groß genug. War! Denkt nun daran, baut für die Zukunft: Rückkopplungsmechanismen ein. Und stoppt damit euer Wirtschafts- und Bevölkerungswachstum.

Akzeptiert also endlich meine Komplexität, mit den vielen logischen Inseln in dem Meer von Wahrscheinlichkeiten und Unentscheidbarkeiten, die miteinander verbunden sind, und zwar in der Regel nichtlinear. Erkennt dabei, dass sich deshalb meine Komplexität nur begrenzt erschließen lässt, wie auch Vorhersagen – ihr kennt es vom Wetter – entsprechend sehr schwierig sind.

Es ist nämlich die Natur von komplexen Systemen, dass sie in vielen Fragen außerhalb von Beweisbarkeiten sind. So versagen denn auch meist eure logischen Lösungsversuche, und eure scheinbaren Beweise sind dann gar keine mehr. Um mit meiner Komplexität umzugehen, braucht ihr neben all den Informationen über die betroffenen „logischen Inseln" nun noch etwas Anderes: eine gute Intuition. Gute Intuitionen entstehen, wenn ihr viele Erfahrungen in eurem Leben in meiner Natur gesammelt, wenn ihr viele schwierige Situationen durchlebt hat. Das Mittel der Wahl sind also eure hochkomplexen Gehirne, die meine Evolution über zigtausende von Jahren in euch geschaffen hat. Das ist doch eine gute Nachricht: ihr könnt es, wenn ihr es versucht.

Verlasst euch also nicht auf eure Algorithmen. Eine gute menschliche Intuition wird nun zu einer Schlüsseleigenschaft für euch. Bloß … in euren Führungsetagen wird sie gerne belächelt, da rationale Begründungen zu Intuitionen in der Regel nur begrenzt möglich sind. Es ist schade, dass ihr damit lieber in der Rationalität, im Monismus bleibt … und mich und meine Gesetze auf diese Weise trivialisiert.

Mit Corona und Klima habe ich euch nun erste kleine Aufgaben gestellt, an denen ihr lernen und meine Gesetze begreifen könnt. Aber schon wieder bleibt ihr in Details stecken, weil ihr die Komplexität überseht, in der ihr lebt. So steht ihr weiter vor der Aufgabe, nicht nur die vielen Details, sondern endlich auch das Ganze zu sehen.
Denn es gilt, bei Eingriffen in komplexe Systeme wie eure Gesellschaften auf das gesamte System zu achten … und die Folgen des Eingriffs auf das gesamte System zu taxieren, damit ihr nicht versehentlich eure gesamte Gesellschaft destabilisiert.

Bei Covid-19 musste ich beobachten, wie eure gewählten Politiker mit Angstmacherei und Hysterie statt mit Ruhe und Verantwortungsbewusstsein und so mit immer mehr unsinnigen Anweisungen arbeiteten – bis hin zur Einschränkung eurer Grundrechte. So nimmt der Ausnahmezustand auch kaum ein Ende, weil man das Virus besiegen will, statt einen betreuten (!) Normalzustand mit fortbestehendem Restrisiko als Ziel zu akzeptieren.

Ihr führt denn auch diverse Impfstoffe ein, und ausgerechnet in dem Moment, wo sich diese als nur wenig wirksam erweisen bzw. permanente Auffrischungen (Boosters) brauchen und immer mehr Nebenwirkungen der Impfstoffe und Mutationen der Viren bekannt werden, versucht ihr eine Impfpflicht durchzusetzen. Da muss doch geradezu der

Verdacht aufkommen, dass es euch Politikern gar nicht um einen vernünftigen Schutz der Gesundheit eurer Bürger geht, sondern um den gesteigerten Absatz fragwürdiger Impfstoffe, die nicht halten, was sie versprechen. Ein Macht- und Goldrausch von Medizin und Pharmaindustrie, das ist die Folge.

So haltet ihr an dem Narrativ einer tödlichen Pandemie und der rettenden Impfungen fest, obwohl es sich zunehmend als eine Fiktion erweist, eine Fiktion von Politik, Medien und ökonomischen Interessen. Ihr schränkt nicht nur Grundrechte ein, sondern auch die Pressefreiheit, ihr verletzt Aufklärungspflichten und demokratische Grundregeln, ihr unterminiert sogar die Wissenschaft, weil ihr nur noch willfährige Wissenschaftler zu Wort kommen lässt. Und dann wundert ihr euch, wenn ihr eure Bevölkerung spaltet.
Euer Ergebnis ist wieder einmal eine gelähmte und fragmentierte Gesellschaft, und wichtige Verknüpfungen und Bestandteile sind längst instabil geworden. So übersteigen die Kollateralschäden längst die gewünschten positiven Folgen in den Kliniken
Die Corona-Aufgabe habt ihr so nicht gelöst. Der Lernprozess geht daher nun weiter. Lasst euch sagen: Ihr seid erst am Anfang.

Aber auch bei den Klimafragen benehmt ihr euch wie Dilettanten und versucht, diese zu trivialisieren und isoliert mit einem einzelnen Sündenbock CO_2 zu lösen. Ich verstehe es nicht: Ihr schaltet in der wichtigen Energieversorgung die Grundlastversorger Stück für Stück ohne Ersatz ab, obwohl euch, wenn ihr wirklich das CO_2-Thema als dringend zur „Weltrettung" anseht, klar sein müsste, dass ihr für eine unbestimmte Übergangszeit auf Kernenergie jedenfalls nicht verzichten könnt. Kernkraftwerke sind aber die ersten, die ihr abschaltet, noch vor den emissionsstarken Kohlekraftwerken. Und was ist mit den Gaskraftwerken? Man könnte fast meinen, dass eure „Klimaretter" die eigene Erzählung vom Kippen des Weltklimas durch CO_2 selbst nicht besonders ernst nehmen. Und wieder einmal ist die moralische bzw. ideologische Lösung nichts wert.

In euren Bemühungen, Sars-Cov-2 und das Klima in den Griff (welchen Griff?) zu bekommen, erkenne ich mittlerweile sogar quasi-religiöse Züge, mit der ihr die Kritiker eures Vorgehens schnell als Leugner oder sogar schon als Staatsfeinde bezeichnet. Was soll das? Wo ist die Verantwortung, nach Wahrheit zu suchen? Oder geht es euren Politikern nur darum, an der Macht zu bleiben und nicht an die wirklichen Systemfragen gehen zu müssen?
So lebt ihr zunehmend in der Lüge, und es sind nicht nur die Energieversorgung oder euer Gesundheitssystem. Komplexe Systeme wie auch eure Gesellschaften beruhen nämlich grundsätzlich auf instabilen Gleichgewichten, sie sind also nur relativ stabil, sie sind fragiler als ihr anscheinend denkt. Komplexe Systeme brauchen denn auch ein grundlegendes, einheitliches Organisationsmuster, das die benötigte Ordnung liefert.

Auch deswegen sind heterarchisches Denken und Wokismus, wie ihr es eingeführt habt und die den Diskurs zensieren, schnell brandgefährlich. Sie können eine Gesellschaft schnell fragmentieren, und das ist es, was ich beobachte: Vieles in eurer Gesellschaft gerät nun aus dem Gleichgewicht, sie fällt auseinander.

So ist eure Politik, die eigentlich eure Gesellschaft führen sollte, nun von Instabilitäten, Komplexitäten und dem globalen wirtschaftlich-industriellen Komplex völlig überfordert, zumal sie weder die notwendigen Diskurse führt noch mit den notwendigen Gesetzmäßigkeiten vertraut ist. Diese Diskurse – ihr meidet sie.

Und so bleibt ihr bei euren inkonsistenten, einer verantwortungsvollen Überprüfung nicht standhaltenden Narrativen. Weiterführende Einsichten oder eine vertiefte Beschäftigung mit den wachsenden Instabilitäten des Systems sind nicht gewünscht. So werden diese Narrative eurer Politik, die doch nur reine Glaubenssätze sind, immer mehr zu einer Art Mehltau, der sich meist moralisierend auf die Realität legt.

Wie wollt ihr da neues Denken lernen? Das so notwendig wäre?

Seit langem schon lehrt ihr in den Schulen eine Art zu denken, indem ihr alte Informationen aus Büchern in euren Köpfen speichern lasst. Vertrauen in eure Fähigkeiten, eure Kreativität und Innovationsfähigkeit lernt ihr so jedenfalls nicht. Wie wollt ihr damit erfolgreich sein, nun, da ihr vor der Systemfrage steht?

Ihr steckt nämlich mitten in einem Prozess einer Evolution – der Evolution eures Systems des Lebens und Wirtschaftens, das instabil geworden ist und schon bald teilweise oder ganz kollabieren könnte und dann von euch Lösungen haben will. Dort solltet ihr forschen, statt all diese Lehrstühle und Studiengänge zu schaffen, die euch nicht helfen werden – wie z.B. über 200 Genderlehrstühle allein bei euch in Deutschland.

Statt vor lauter political correctness eure Sprache zu zerstückeln, solltet ihr lieber im Rahmen meiner Naturgesetze eure Ökonomie völlig neu denken ... und, wenn möglich, endlich mehr für euch denken, den Menschen, statt für das Finanzwesen.

Ihr müsst lernen, dualistisch zu denken, damit eure Kreativität und eure Intuition eine Chance bekommen, ihr müsst lernen, verschiedene Standpunkte und Meinungen einzuholen und zusammenzubringen, um meiner Komplexität gerecht zu werden. Denn das ist die Diskursfähigkeit, die ihr braucht, immer auf der Grundlage meiner Gesetze.

Ermöglicht diesen Diskurs, und löst euch von der political correctness!

Aber was macht ihr? Bei unbequemen Wahrheiten oder Entwicklungen, die euren Narrativen oder Moralsätzen widersprechen oder eure schon fast ubiquitären „safe spaces" tangieren, schaut ihr lieber weg. Ihr beeinflusst den Diskurs dann gerne durch Weglassen von Informationen und sogar mit Denk- und Sprechverboten. Ich nenne es

„Informationsreinigung“. Das ist gefährlich. Denn Verschweigen ist wirksamer als die Propaganda der Unwahrheit und das Resultat ist nun eine gelenkte Wissenschaft, es ist damit eine Pseudo-Wissenschaft. Für die Annäherung an objektive Wahrheiten ist das nicht hilfreich. Das ist schade. Ihr beraubt euch so den wichtigsten Möglichkeiten der Wahrheitsfindung, ihr behindert euch selbst.

Ihr müsst daher dringend anfangen, Fragen über Fragen zu stellen.

Auch wenn ihr die Antworten noch nicht kennt und euch vielleicht Fehler oder Ratlosigkeit eingestehen müsst. Evolution ist nun einmal ein Lernprozess, aus dem Entwicklung entsteht, und Evolution ist mein wichtigstes Gesetz.

Evolution heißt natürlich auch Wettbewerb, und der bisherige Erfolg eurer Spezies war zu erwarten, ich will euch da keinen Vorwurf machen. Es liegt also in der Natur, erfolgreich zu sein. Und eure Frauen lieben erfolgreiche Männer. Die großen Fragen aber sind: wann hört man damit auf, mit dieser Art von Erfolg? Und wie? Und was hat das mit euch zu tun?
Vielleicht ist es euer um sich selbst kreisendes Ego, mit dem ihr dachtet, ihr könntet mich beherrschen und das einer Akzeptanz meiner Natur entgegensteht. Dann wäre es schwer für euch, nun meine Macht einzugestehen und die notwendige Demut vor mir zu erlangen. Vielleicht fehlt euch ja auch ganz einfach die Beziehung und Nähe zu mir, die ihr in euren Städten und Büros verlernt habt; denn ich sehe, euch fehlt in eurer global vernetzten Wirtschaftsgesellschaft so etwas wie Genügsamkeit, wenn etwas genug ist.
Oder ist es dieses kurzfristige Denken wie das der Aktionäre oder auf Zeit gewählten Politiker, in einer Zeit, in der nun – mitten in diesem Prozess der Evolution – der Weg in die Zukunft nicht mehr vorhersagbar ist?
Es ist für euch daher nun notwendig, langfristiger zu denken und nicht die Details, sondern das Große und Ganze zu sehen; denn erst dann werdet ihr erkennen, was wichtig und grundlegend ist und wohin es sich zu gehen lohnt.

Geht also raus aus eurem Ego, raus aus eurer ständigen Beschleunigung des Wettbewerbs und der Technologien, raus aus der Anbetung logischer Fakten und Algorithmen. Wissen ist nun einmal nicht verstehen. Eine Symbiose aus Herz und Verstand, ein Blick für die Poesie des Lebens, könnte das euch helfen, wieder mehr Mensch zu sein, euch mit dem Menschsein auseinanderzusetzen? Eine Balance zwischen eurem Erfolg und meiner Natur zu finden?
Wir wäre es mit einem System, in dem ihr auch Mensch sein könnt, also als Mensch ein Erfolg seid, das dem wirtschaftlichen Erfolg entgegensteht und dessen Bedeutung und Ressourcenverbrauch abmildert? Könnte das in euch einen positiven Anreiz setzen, sich damit zu beschäftigen und eine Vision dazu zu entwickeln? Mit Genügsamkeit statt

rastlosem Effizienzstreben mehr Zeit für das eigentliche Leben zu haben? Um dann Strategien zu überlegen, diese Vision umzusetzen, mit oder gegen andere?

Eure Spieltheoretiker haben da doch sicher gute Ideen. Denn deren Wissen, dessen Bedeutung euch noch gar nicht klar ist, braucht ihr dafür. Deren Erkenntnisse zu blauen und roten Strategien, Tit-for-tat, Trittbrettfahrern sowie zur Logik des kollektiven Handelns oder zur Diktatur von Minoritäten werden viel zu wenig in euren politischen Entscheidungsprozessen berücksichtigt.

Und schaut – es ist wichtig – darauf, wo und warum ihr handlungsunfähig geworden seid.

Ich gebe euch noch einen weiteren Tipp: Zerstört nicht eure Errungenschaften, auch wenn das manche von euch und eurer Umweltbewegung wollen, behaltet die Technologien, die euch Wohlstand bringen, Ergänzung und Umwandlung statt Zerstörung ist gefragt.

Aber werdet nachhaltiger.

Damit es euch nicht so ergeht, wie es in einer Rede heißt, die ihr dem Indianerhäuptling Seattle (1855) zuschreibt:

„Erst wenn ihr den letzten Baum geschlagen,
 den letzten Fluss vergiftet,
den letzten Fisch gefangen habt,
werdet ihr feststellen,
dass man Geld nicht essen kann“.

Das alles ist der Lernprozess, in dem ihr steckt. Ich kann ihn nicht für euch lösen, ich komme gut auch ohne euch aus, obwohl ich es doch ein bisschen schade fände, wenn ihr scheitert. Ihr wart ein liebevoller Versuch von mir. Und was ich an euch mag, das ist die Kultur, die Poesie der Musik, der Worte und der Bilder, die ihr in meine Welt gebracht habt.
Und vielleicht ist es ja genau diese wunderbare Kultur, die mich hoffen lässt und die mich dazu bringt, euch helfen zu wollen. Indem ich euch nun meine Gesetze offenbart habe. So habe ich jetzt viel geredet.

Jetzt seid ihr mit euren Fähigkeiten gefragt. Es ist nun eure Aufgabe, vor dem möglichen Scheitern den Fortschritt zu denken. Ich wünsche euch, dass ihr dafür eure Angst ablegt, wie auch die Panik und Hysterie. Angst ist nun einmal kein guter Ratgeber. Habt Vertrauen auf euch, werdet kreativ. Mit Verantwortung und Weisheit, statt mit diesem dummen Moralisieren. Und nehmt euch Zeit dafür, seid gründlich.

Denn ihr müsst jetzt dringend eure Narrative überprüfen. Sie sind es, die euch in dieses Schlamassel geführt haben.

Ihr werdet beim Suchen der Lösung weiter unweigerlich darauf stoßen, dass ihr euch mit der Frage des Menschseins beschäftigen müsst. Wie ihr euch als Menschen definiert. Als Teil von mir, der Natur.
Gebt dafür eurer Zeit, eurer Existenz auf diesem wunderschönen Planeten einen Sinn. Würdigt mein Geschenk an euch, bewahrt bei allem Kampf die Schönheit und die Poesie meiner Welt und eures Lebens. Und werdet euch wieder bewusst, dass ihr ein Teil vom Ganzen seid; denn Bewusstsein schafft Verantwortung für sein Tun.

Gebt also grundsätzlich eurem Tun und eurem endlichen Leben einen Wert, den jeder von euch für sich formulieren und anstreben sollte, und findet dabei die **Balance** zwischen eurem Erfolg und meinen Möglichkeiten und Gesetzen. Mit mir und nicht gegen mich. Genießt also die Möglichkeiten, die ich euch biete und geht verantwortungsvoll damit um.

Und lasst wieder mehr Vertrauen und Freude auf die kommenden Aufgaben in euer Leben.

Diese Aufgaben waren absehbar, sie mussten auf euch zukommen; denn das ist das Gesetz der Evolution.

Und ihr seid ja ein Teil von mir.

Ich bin gespannt auf euren Weg.

Schlussbemerkung

Mit der Begrenztheit unseres Planeten stehen wir nun am Anfang einer neuen Epoche, in der die Gesetze der Natur uns in eine neue Rolle zwingen. Vom Beherrscher und Benutzer der Natur werden wir nun übergehen müssen zu einem mehr oder minder demütigen Partner der Natur. Einer Natur, die nun, da die Ressourcen knapp geworden sind, mächtiger ist als wir.

Um als Partner und nicht als Verlierer da zu stehen, werden wir die Naturgesetze viel stärker als bisher beachten müssen, und zwar Naturgesetze, die wir bisher übersahen, da sie für unser Wachstum nicht hilfreich waren oder uns zu komplex schienen.

Wir müssen also lernen, komplex zu denken.

Ich habe in diesem Band II mit dem Titel „Wie die Welt wirklich funktioniert" versucht, mich gemeinsam mit Ihnen auf die Suche nach diesen Gesetzen zu machen, die wir nun dringend entdecken und uns bewusst machen müssen, um in der Welt nach dem Tipping Point zu bestehen, und ... ich für meinen Teil bin erleichtert, dass diese Suche so gut gelungen ist.

Ohne die Existenz zweier Prinzipien, nennen wir sie hierarchisch und heterarchisch oder (volkstümlicher) Yin und Yang oder Ordnung und Chaos, die sich gegenseitig komplementär ergänzen, ist die Natur nicht zu verstehen, wie auch die Funktion der komplexen Systeme. Zusammen mit vielen anderen Gesetzen zwingen sie uns nun, in einen Prozess der Evolution zu einem gänzlich neuen System unserer menschlichen Gesellschaft zu gehen, das nicht mehr auf der Basis unserer Wünsche, sondern auf der Basis der Naturgesetze, die ich Ihnen hier ausführlich zusammengestellt habe, funktionieren wird.

Es wird und muss das bisherige System des Wirtschaftens und unserer Leistungsgesellschaft unweigerlich ablösen.

Es gilt nun, die Natur zu sehen, wie sie wirklich ist und ihr aufmerksam zuzuhören, wenn sie zu uns „spricht" und uns auf unsere Fehler im Zusammenleben mit ihr hinweist, wollen wir als Spezies erfolgreich bleiben. Es braucht dafür ein neues Wertesystem, das Erfolg nicht an Geld misst, sondern an einem gelungenen Leben, das sich auch Zeit fürs Menschsein im Verhältnis zur Natur und ihren darwinistischen Prinzipien nimmt.

Wir haben als Menschheit diese Aufgabe zu lösen, global. Und es war klar, dass sie uns irgendwann gestellt würde.

Bruno Latour hat uns rechtzeitig vor der neuen Macht der Natur gewarnt. Und so sollten wir die Aufgabe jetzt sehr ernst nehmen.

Es wäre aber fatal, wenn wir nun in Angst und Hysterie oder Schuldsyndrome verfallen würden, wie es manche Zeitgenossen in den Klimafragen vormachen.

Es gilt stattdessen, „langsam" (gemäß Kahnemann) und konsequent zu denken, mit Verantwortungsbewusstsein statt Moral oder Ideologie.

Und dann entsprechend zu handeln.

Werden wir diese Aufgabe annehmen, und wer von uns wird es sein? Bevor uns ein heftiger Leidensdruck, eine Art Kollaps dazu zwingt? Oder werden wir in einen Prozess des Aufschiebens gehen, wie es oft der Fall ist, wenn etwas Altes und Vertrautes abgelöst werden soll, oder es einen nicht-trivialen Lösungsansatz erfordert oder zu anstrengend erscheint oder weil sich niemand so richtig zuständig fühlt? Bis es zu spät ist?

Es ist wieder einmal wie beim Kanufahren. Wir steuern auf die Stromschnelle zu, aber noch ist sie ja nicht da. Werden wir bis dahin die Fähigkeit haben, wie wir sie meistern?

Ich bin nicht sicher, aber ich wünsche es uns.

Und ich hoffe, ich konnte mit diesem Buch meinen Teil dazu beitragen, dass es gelingt.

Anhang: Eine Situationsanalyse

A1.   Resilienz

Wir alle stehen persönlich vor schwierigen und turbulenten Zeiten. Das betrifft jeden einzelnen von uns. Wir alle sind Teil dieses Prozesses der Änderung, der Evolution des Systems, ob wir wollen oder nicht.

Der darwinistische Wettbewerb von uns Menschen und von den Unternehmen untereinander in Verbindung mit einem systemimmanenten globalen Geld- und Finanzwirtschaftswachstum forderte bisher geradezu ein permanentes Wachstum – wohl auch deshalb stand dieser Begriff in diesem Buch zuletzt immer wieder im Vordergrund. Wir Menschen unterwerfen uns ökonomischen Zwängen und nun, im Rahmen der Finanzialisierung, sogar den Zwängen des Geldes selbst.

Dieses Wachstumsdogma wird bisher – soweit ich es beobachten kann – immer noch nicht aufgegeben, sondern es verstärkt sich noch. Obwohl das Gebot der Stunde eigentlich eindeutig ist: Es lautet **Nachhaltigkeit**, national und sogar global. Das macht mich nachdenklich, obwohl das (Systemträgheit!) fast zu erwarten war.

Ich kann auch keinen Plan erkennen – weder bei den etablierten Denkern an den Hochschulen noch bei den Politikern – der sich an der Realität misst und dieser angemessen begegnet. Man diskutiert einen weltüberspannenden, untauglichen „Great Reset" oder weicht gerne auf Nebenschauplätze aus, die meist von moralischen Gedanken ausgesucht werden.
Nun bin ich aber gleichzeitig Realist, und so frage ich mich, ob unsere Gesellschaft für den Änderungsprozess wirklich bereit ist, oder ob nicht doch die Systemträgheit obsiegt und uns dann plötzlich die schmerzhafte Rechnung („la dolorosa") gezeigt wird.
So ähnelt unsere Wachstumsgesellschaft, auch das ist eine bittere Erkenntnis, einem Zug, der auf eine Art Abgrund zufährt. In unserem System ist ein Stopp des Zuges oder sogar ein Rückwärtsfahren unmöglich. Das ist der evolutionäre Zwang zur Systemänderung.

Systemänderungen, selbst wenn sie ohne Kollaps ablaufen, sind aber immer mit Einbrüchen verbunden und sie benötigen eine Gelassenheit und gute Intuition, mit ihnen umzugehen (s. Peter Kruse).
Und so erwarte ich denn auch im kommenden Systemübergang (möglicherweise ist es gar ein Kollaps) große Verwerfungen in unserem Wirtschafts-, Finanz- und Gesellschafts-system. Das tatsächliche Ausmaß und ihr Ablauf sind nicht abzuschätzen. Es wird also eine spannende Zeit, um es positiv auszudrücken.

Was automatisch zur Frage führt, wie wir uns auf die kommenden Umbrüche vorbereiten können? Wenn wir noch für einige Zeit im System bleiben werden?

In meinen Vorträgen benutze ich dazu gerne das Bild eines Segelbootes, das schon bald einem Sturm ausgesetzt sein wird. Man kann den aufkommenden Wind durchaus nutzen, um kurzfristig schneller vorwärts zu kommen. Man sollte aber nicht versäumen, rechtzeitig das Boot sturmfest zu machen, für den Moment, wenn das Gewitter tatsächlich eintrifft.

Für diesen Schritt leistet uns die Systemtheorie einen wichtigen Baustein: **Resilienz.** Die folgenden Ausführungen gelten daher für ein Szenario, das tatsächlich eine Eruption der vielfältigen Systemeinbrüche in einem heftigen Sturm vorsieht.

Als Resilienz wird die Widerstandsfähigkeit existierender Strukturen gegen Änderungen in der Umwelt bezeichnet. Also das, was Sie und ich, aber auch Unternehmen brauchen können.

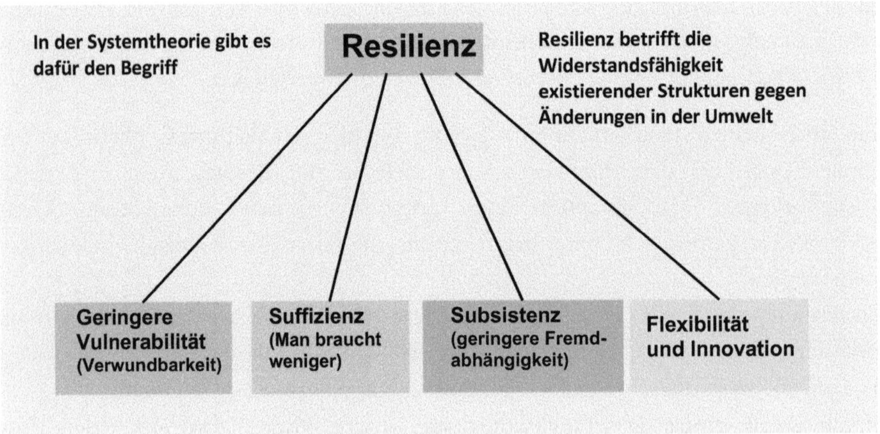

Eine bessere Resilienz lässt sich grundsätzlich erreichen durch geringere **Verwundbarkeit** („Vulnerabilität"), höhere „**Suffizienz**" (man braucht weniger), mehr „**Subsistenz**" (geringere Fremdabhängigkeit = ich mache es selber) sowie verbesserte „**Flexibilität**" (incl. Innovation).
Egal, ob Sie Privatmensch oder Unternehmer sind, Sie sollten – so meine Empfehlung – angesichts des aufkommenden Gewitters zielgerecht Ihre Resilienz erhöhen.

Mein Vorschlag ist, dass Sie dafür als erstes Ihre Existenz auf Verwundbarkeit untersuchen, und dann dort ansetzen und diese verringern. Prüfen Sie Ihr eigenes Erfolgssystem und schließen Sie Ihre verwundbaren und verstärken Sie ihre wehrhaften

Seiten (Tit-for-tat). Und dann machen Sie weiter. Sie können Ihre Existenz beispielsweise durch mehr Autarkie sturmfester machen, indem Sie Ihre Fremdabhängigkeit verringern, oder ihre Resilienz durch mehr Suffizienz stärken, indem sie weniger brauchen. Sie können das aber auch durch mehr Kooperation bewirken. Seien Sie flexibel und innovativ. Nun gibt es aber einen großen Unterschied zwischen Privatmenschen und Unternehmen (incl. Banken): Unternehmen sind viel stärker als Privatleute dem (finanziellen) Erfolg verpflichtet. Die Geldgeber fordern es. Unternehmen müssen also wirtschaftlich erfolgreich sein, und zwar im bestehenden System, solange es läuft, und gleichzeitig in die Zukunft planen, für die Umbruchzeiten des Systemübergangs als auch für das kommende neue System. Das Problem dabei ist, dass seit dem Tipping Point niemand genau sagen kann, wie das ablaufen wird. Und wie das neue System aussehen wird.

Unsere Analysen zeigen weiter, dass sich damit wir alle und natürlich auch Unternehmen heute in einer Art **„schizophrenen" Situation** befinden. Denn wir müssen einerseits mit den bisher erfolgreichen Strategien weiter arbeiten, andererseits uns aber darauf vorbereiten, wenn das „Gewitter" der drohenden Krisen tatsächlich eintrifft – und dann vielleicht auch noch darüber nachdenken, welche Strategie für die Zeit nach dem Sturm die erfolgversprechendste sein könnte.

Die Planungen zur Erhöhung von Resilienz und das intuitive Beobachten „des Wetters" werden hier eine wichtige Rolle spielen.
Erst recht, wenn der Umbruch des Systems schief läuft und die Ressourcen unseres Planeten im globalen Wettbewerb weiter bis zum bitteren Ende ausgeschöpft werden, sei es durch den gesteigerten Verbrauch von Rohstoffen, weiteres Bevölkerungswachstum oder verstärkte und ungebremste Pollution der Biosphäre auf diesem Planeten.

A2.   Humanitarismus und Zukunft

Was ist, wenn es also zum Kollaps kommt?

Es ist fraglich, was dann passiert, wenn wir zu viel und zu viele geworden sind. Gehen wir dann aufeinander los, wie es plötzlich Ratten tun, wenn sie im Käfig zu viele geworden sind, und verlieren wir dann jede Menschlichkeit? Was ist dann mit unserer westlichen menschenfreundlichen Gesinnung und Denkhaltung, unserem **Humanitarismus?** Wie ist das nun mit diesem worst case? Wenn er eintrifft?

Studien sehen in diesem Zusammenhang eine Zunahme innerstaatlicher Konflikte sowie von Konflikten zwischen Staaten, die verbunden sein könnten mit einem Zerfall von staatlichen Gewaltmonopolen und Strukturen und einer Privatisierung kriegerischer Gewalt.

Man erwartet in diesem Fall eine Plünderung von Ressourcen und zunehmend asymmetrische Konfliktparteien und Kulturen, Gefahr von Aufruhr und Terroranschlägen. Infrastrukturen werden instabil werden, wenn ein Ressourcennachschub ausbleibt; Produktion und Handel und die Grundversorgung mit Nahrung, Wasser, Energie und Gesundheit werden beeinträchtigt.

Kurz gesagt: Keine schönen Aussichten.

So ist es doch sehr fraglich, ob dann die „Agenda for Humanity" der UNO mit ihren guten Ansichten eingehalten wird. Oder die der EU mit ihrem „Europäischer Konsens zur humanitären Hilfe" von 2007. Sie bekräftigt dort die Vorrangstellung der humanitären Prinzipien einschließlich der Flüchtlingsrechte. Eine erste Nagelprobe im Rahmen der großen Flüchtlingsbewegung nach und in Europa 2015 konnte dieses Papier allerdings nicht bestehen, stattdessen gibt es seitdem handfeste Solidaritätskrisen.

So wird von manchen Humanitarismus auch als Signal des Niedergangs angesehen, wegen moralisch verminderter Wehrhaftigkeit und „ethischer Alleinherrschaft" statt einer Balance zwischen Selbstbehauptung und Menschlichkeit.

Wieviel Humanitarismus werden wir uns dann in der Praxis noch leisten können? Es ist eine Frage, die diametral entgegengesetzt zu dem ist, was – so mein Wunsch und meine Hoffnung – ein wichtiger Teil eines neuen Gesellschafts- und Wirtschaftssystems sein sollte, nämlich mehr Zeit für den Menschen in uns zu haben. Werden wir also eine Gesellschaft gestalten, die Genügsamkeit und eine Balance zwischen Selbstbehauptung und Menschsein zum Inhalt hat, oder werden wir so weiter machen bis zum Kollaps mit der Gefahr, dass unser Humanitarismus Zug um Zug verschwindet?

Meine Hoffnung ist damit verbunden, dass ein Gegenüberstellen beider Alternativen uns deutlich macht, wie wichtig es ist, dass wir überlegt und verantwortungsbewusst handeln und als Führungspersonal dafür diejenigen finden, die geeignet sind.

Möge der Vergleich beider Alternativen ein Ansporn sein.